JN222125

Geometry through Tiling

タイリングで実感する幾何学

～どんな形で敷き詰めることができるか～

小松 和志
KOMATSU Kazushi

技術評論社

はじめに

皆さんは「タイリング」(あるいは，タイル張り，タイル貼り）という言葉から何を思い浮かべるでしょうか？ 陶磁器でできたタイルを壁や床などに貼ったものでしょうか？ いくつかの形（タイル）を使って，隙間なく敷き詰めて作られる模様「タイリング」は数学の研究対象になります．アルキメデスやアリストテレスがいた昔から隙間なく敷き詰めることは考えられてきました．時を経てノーベル賞受賞者であるペンローズが考案したペンローズタイリングから，研究の大きな流れが始まりました．ペンローズタイリングは準結晶と呼ばれる物質の数理モデルであり，非周期的なタイリングになります．そして2023年には，長い間未解決だったアインシュタイン問題が解決されました．

第1章と第2章では，平面のタイリングばかりでなく，球面のタイリング，空間のタイリング（空間充填）とその周辺を巡ります．リング状の配置，螺旋の配置や回転対称性を持つ配置に興味のベクトルが向いて，あちこちを巡ります．芸術家エッシャーが描いたようなタイリング（エッシャータイリングと呼ぶ)，正多角形を使ったタイル貼り上の周遊路である正多角形リングから得られる図形パズル，キューブ・リング，球面のタイリングとしての球面曲線折り紙，コクセター螺旋からポップアップスピナーなどを紹介します．これらを実際に手を動かして作ることで，わかったという実感を得ることができるでしょう．

第3章と第4章では，ペンローズタイリングのような非周期タイリングの構成法について，もう少し詳しく見ていきます．置き換え規則，射影法，環状拡大などを紹介します．ここでも，環状のタイルの配置，螺旋状のタイルの配置，万華鏡のような回転対称性を持つタイリングが現れます．ワンの問題とアインシュタイン問題については，第3章で触れることになります．最後には，双曲平面のタイリングについても触れます．

この本は，私のこれまでの研究内容と担当してきた授業やゼミの内容がベースになっています．この本ができたのは，次の方々のおかげです．まず，私が担当する共通教育の授業「体験する数学」，専門科目での問題解決型・課題探求型授業である（科目名には変遷があり今は)「数学課題探求」のこれまでの受講生，卒業研究のゼミ生，大学院でのゼミ生，特に2023年度の卒業研究のゼミ生の明石悠平さん，北野将隆さん，木村夏綺さん，福田すずかさん（4人のおかげで本の内容を先に一歩進められました)，それから，これまで，共同研究をしてくださった方々，特に私の研究室からタイリングのテーマで博士号を取った林浩子さん（林さんとは多くの共著論文を書きました．この本の図にも，林さんによる図がたくさん掲載されています），そして，今も共同研究を続けてくれている江居宏美さん，山内昌哲さん（これからもよろしくお願いします）．

この場をお借りして，皆様に御礼申し上げます．

原稿の段階で，全体を読んで，貴重な意見をいただいた高知大学大学院博士課程の下村磨生将さんと平岡優海さん，どうもありがとうございました．

この本を書く機会を与えてくださった技術評論社の成田恭実様に感謝申し上げます．出版の過程においては，この本の要である図をきれいにしていただくなど，大変お世話になりました．

そして最後に家族に，とりわけ，画像や図の作成を手伝ってくれた娘に心から感謝を．

2024年9月

小松和志

目次

補足

本書ではいくつかの問題を取り上げています．解答を載せていない問題もありますが，ヒントをもとにぜひ各々で考えてみてください．

参考文献について

本のおしまいのほうにたくさんの参考文献を記していますが，出典を明記するためです．これらを全部あたらないといけないというわけではありません．必要に応じてあたってみてください．

第 1 章

タイリングと遊ぶ

1.1 エッシャータイリング

1.1.1 多角形によるタイリング

庭にテラスを作るために，下図のように，その床面に敷石やレンガをスキマなく並べていく．どんな広さの庭にも対応できるように，いくらでも広く並べられる並べ方だけを考えることにしよう．仮想的に無限の広さの庭（平面全体）に敷き詰めて，できた模様をタイリング，模様を作り出すための基になる多角形をタイルと呼ぶことにする．

また，タイリングを作る多角形の頂点，辺の指し示すところを，それぞれタイリングの頂点，辺と呼ぶことにする．

図 1.1　正三角形によるタイリング（左）と長方形によるタイリング（右）

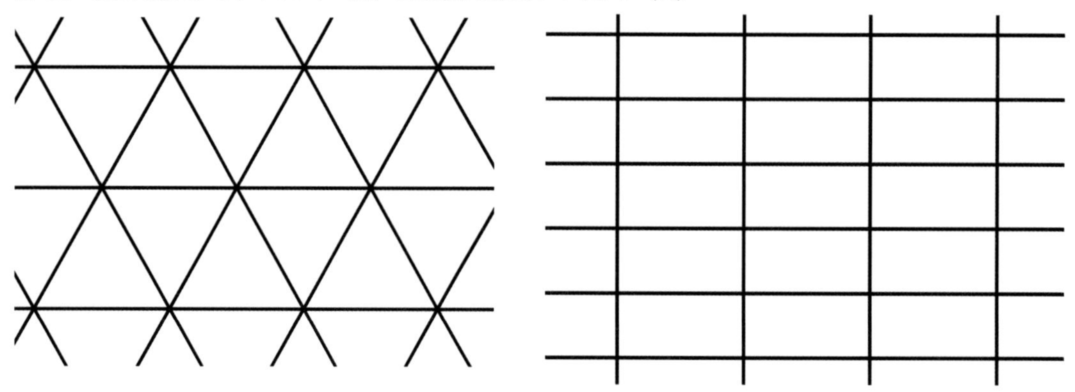

1種類の多角形をタイルとするタイリング

問題

どんな形の三角形なら，タイリングできるだろうか？
どんな形の四角形なら，タイリングできるだろうか？
四角形の場合は右図のように凸でない（1つの内角が180°を超える）ときも考えてみよう．
(次のページにすぐ答えあり．いろいろな形で実際に試して予想してから，次のページへ)

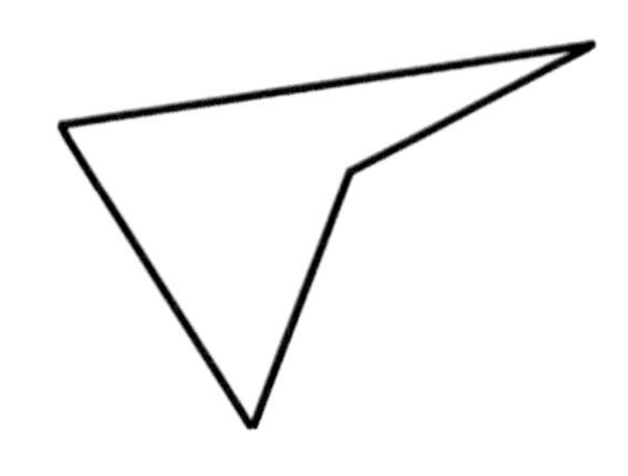

答え

どんな形の三角形でも，タイリングできる．どんな形の四角形でも，タイリングできる．たとえ凸でなくても．

解説

三角形の場合は，どんな三角形も180°回転して辺を合わせると，平行四辺形を作ることができる．その平行四辺形で平面全体をタイリングしてから，元の三角形に戻せばよい．四角形の場合は対角線で2つの三角形に分けることで，その各々に三角形のときのやり方を適用し，平面全体をタイリングしてから，元の四角形に戻せばよい．

五角形ならどうだろうか？

正三角形と正方形はタイリングできたが，正五角形ではタイリングできない（下図左参照）．また，凸でない五角形まで考えると，下図右のような（緑色の角度が360°に近い）ものまで含まれることになるため，考える五角形は凸なものに限ることにする．

図 1.2　五角形はタイリングできるのか？

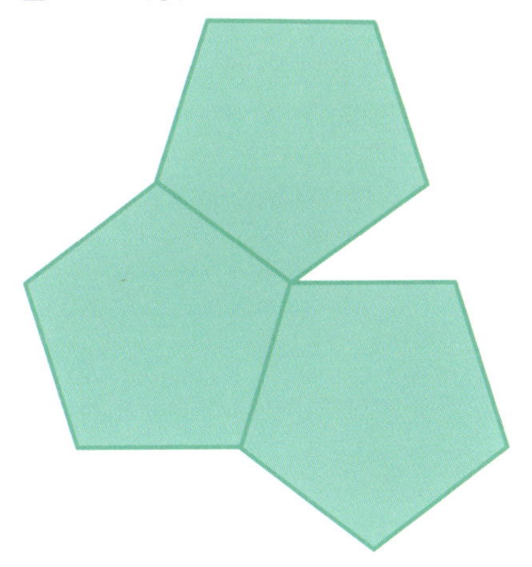

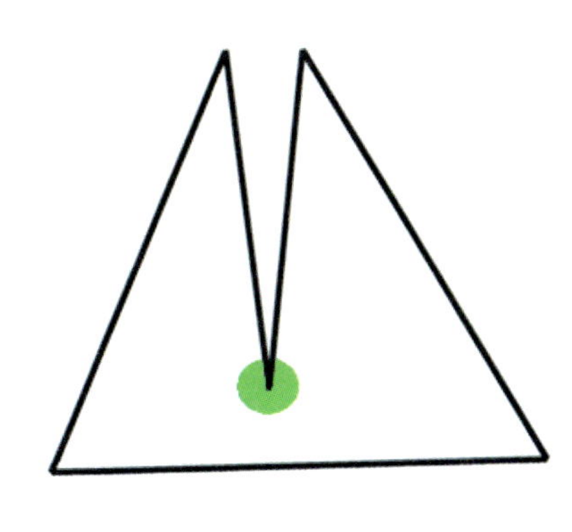

実は，凸なものに限ったとしても，どんな凸五角形ならタイリングできるのかを決定するのは難しい問題であった．ホームベース形も含めて，タイリング可能な15種類の凸五角形が知られている．15種類の凸五角形の中には，1975年に，プロの数学者ではないMarjorie Rice（マージョリー・ライス）が発見した4種類の凸五角形も含まれる．彼女が発見した凸五角形とその凸五角形によるタイリングは，次の2017年のQuanta Magazineの記事で見ることができる[注1]．

そして，30年の空白の後，2015年にC. Mannらによって，15種類目が発見された．

2017年にはM. Raoにより，論文“Exhaustive search of convex pentagons which tile the plane”が書かれ，15種類ですべてであると，やっと決着することになりそうだ．

注1　https://www.quantamagazine.org/marjorie-rices-secret-pentagons-20170711/

六以上の凸多角形の場合

六角形では3タイプの六角形だけがタイリング可能であることが知られている（1918年，Reinhardt（ラインハルト））.

七角以上になるとどんなものもタイリング可能ではないことが知られている（証明については［48］，［50］）.

正多角形に限れば，正三角形，正方形，正六角形だけがタイリング可能である.

2種類の凸多角形をタイルとするタイリング

正三角形と正方形の両方を使うと，どのようなタイリングができるだろうか？例えば，次の図のタイリングはアルキメデスタイリングと呼ばれるタイリングの仲間である.

図 1.3　[3,3,4,3,4]

アルキメデスタイリングとは1つまたは複数の正多角形をタイルとする一様なタイリングのことである．タイリングの頂点に注目すると，そのまわりのタイルの配置（頂点配置）が，どこも同じ配置をしていることが見て取れる．この性質を一様と呼び，正三角形を3，正方形を4で表して，頂点配置を反時計回りに（巡回的に）表して，図の横の[3,3,4,3,4]のような記号で表される.

例えば，この[3,3,4,3,4]は，頂点のまわりには反時計回りに，[正三角形,正三角形,正方形,正三角形,正方形]の順で頂点のまわりを取り囲んでいることを表す．始まりをどこにするかで，巡回的にずらした[3,3,4,3,4], [3,4,3,4,3], [4,3,4,3,3], ･･･ などは同じ頂点配置を表す．アルキメデスタイリングは，1つの正多角形をタイルとする3種類と複数の正多角形をタイルとする8種類の合計11種類がある.

問題

記号[3,3,3,4,4]で表されるアルキメデスタイリングはどんなものだろうか？ここでも，正三角形を3，正方形を4で表している.

ヒント：まずは，記号[3,3,3,4,4]の表す[正三角形,正三角形,正三角形,正方形,正方形]という頂点のまわりの配置を描いてみよう．

これまでに出てきたタイリングは，うまくずらす（平行移動する）と元の模様にぴったり重ねられるという性質をもっていた．正三角形と正方形の両方を使って，次の2つの性質をもつタイリングを作ってみる．

(1) ずらして重ねられない（非周期的）．
(2) 6回回転対称性をもつ（どこかを回転の中心として360°/6 = 60°回転をすると元の模様にぴったり重ねられる）．

最初に正三角形6枚を頂点のまわりに貼り合わせたもの（下図左）を用意する．このタイル配置から始めて，外側に一回りずつ広げていく（環状拡大と呼ぶことにする，詳しくは4.2で）．ここでは，広げるとき，正三角形には正方形を，正方形には正三角形を貼り付けて，スキマは正三角形で埋めるようにする．これを繰り返すことで，タイリングが作られる（下図右は4周目まで広げた配置）．このタイリングは，そのタイルの貼り方から，6回回転対称性をもつ．さらに最初の正三角形6枚の頂点配置は最初以外は現れないので，非周期的となる．

図 1.4　正三角形と正方形によるタイリング

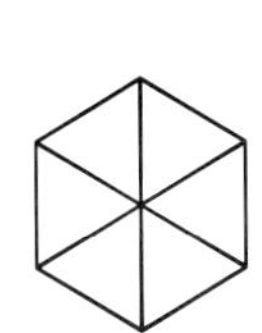

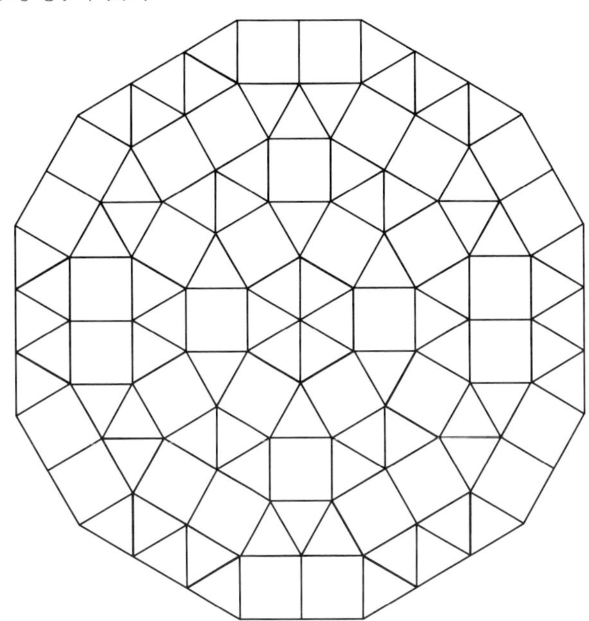

ペンローズタイリング

図 1.5　ペンローズタイリング

ペンローズタイリングは，イギリスの物理学者Roger Penrose（ロジャー・ペンローズ）氏が考案したタイリングである（[14]，[15]）．辺のところに線が入った2つのひし形（薄いひし形は鋭角が36°，厚いひし形は鋭角が72°，2つのひし形の辺の長さは同じ）をタイルにして作られる．この2つのひし形タイルをペンローズタイルと呼ぶ．

図 1.6　ペンローズタイル

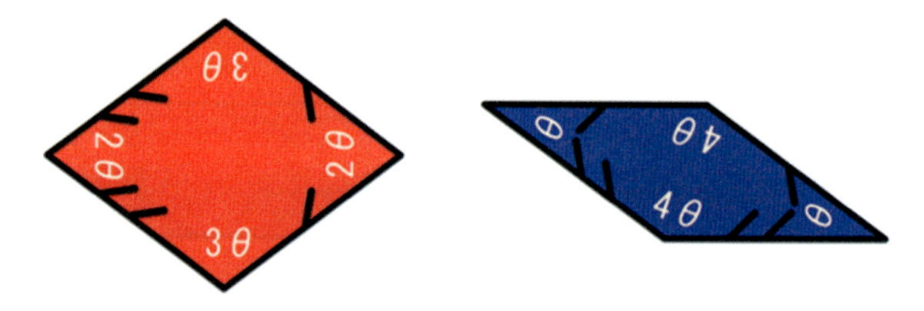

ひし形同士の貼り付け方は，貼り付けたときに辺のところに入った線で1重矢印か2重矢印かのどちらかができるような貼り付け方だけを許すというものである．このようにタイルの貼り合わせ方を定める規則を貼り合わせ規則（マッチングルール，matching rule）と呼ぶ．次の図は貼り合わせ規則によるタイル配置（パッチと呼ぶ）の例である．1重矢印，2重矢印ができている．

図 1.7 貼り合わせ規則によるタイル配置（パッチ）

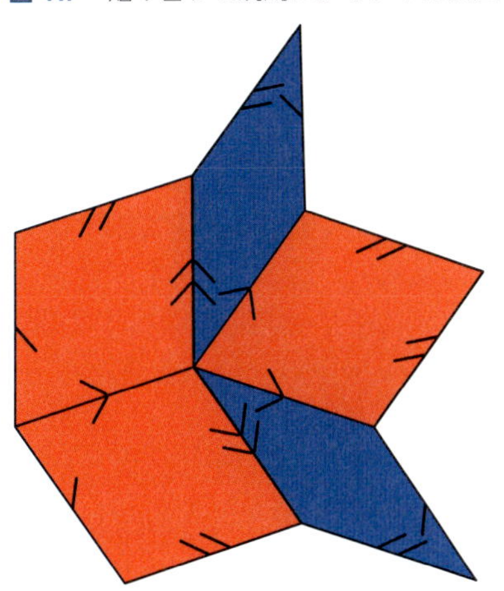

1982年にD. Shechtmanらにより，準結晶（5回対称性をもつAl-Mn合金）が発見された（論争があり，出版は1984年に）（[21]）．この業績により，2011年にD. Shechtmanはノーベル化学賞を受賞した．1982年に先立って1974年にR. Penroseが考案していた5回対称性をもつペンローズタイリングが準結晶の数理モデルとして採用された．今では何百もの金属合金に準結晶構造が認められ，また，金属だけでなく液晶や高分子にも準結晶構造が見出されている．準結晶の数理モデルとして，ペンローズタイリングのもつ特徴である非周期性や局所同型性を備えた準周期タイリングが研究されている．

ここで，定義を確認しておこう．

- タイリングのプロトタイルとは，タイリングするのに使うタイルの種類を指定する原型のことである．
- タイリングにおける頂点の次数とは，その頂点に接続されている辺の数のことである．これはその頂点に接続されているタイルの数と一致する．
- パッチ (patch) とは，タイルが辺と辺を合わせて貼られているものの集まりで，タイルが貼られている領域には「穴」がないものとする．ここで，パッチがタイリングの一部であるかや，使われているタイルの個数の有限無限までは触れず，必要な場合に言及することにする．
- 頂点配置 (vertex configuration) とは，頂点のまわりにスキマなく，貼られたタイルの配置のことである．もちろん，これもパッチである．
- タイリングが周期的であるとは，うまくずらす（平行移動する）と，元の模様に重ねられる方向が独立な2方向あるときをいう．そのずらす方向と距離をもつベクトルを周期ベクトルと呼ぶことにする．
- タイリングが非周期的であるとは，うまくずらしても（平行移動しても），元の模様に重ねられないときをいう．

ここで，“周期的でない”＝“非周期的である”ではないことに注意しよう．“周期的でない”だと，1方向への平行移動を許す場合がある．

- タイリングが局所同型性質を満たす．タイリングの任意の有限個のタイルからなるパッチに対して，ある広さが指定できて，どんな場所でもその広さの範囲内に，そのパッチと同じものが必ず見つかるときをいう．

局所同型性質を満たすタイリングの場合は，タイリングの中に自分がいるとして，自分のいる近くの状況だけでは，自分のいる場所を絞り込めない．このタイリングで周囲の状況を頼りに待ち合わせをしても，出会える可能性がほとんどないことになる．

- タイリングが準周期的であるとは，以下の (1)，(2) を満たすときをいう．
  (1) 非周期的である．
  (2) 局所同型性質をもつ．
- タイリングがn回（回転）対称性をもつとは，タイリングのどこかを回転の中心として，$(360/n)^\circ$回転をすると元の模様にぴったり重ねられるときをいう．

2007年に名古屋大学グループが高分子の準結晶を開発した（[10]）．その準結晶は光を効率よく制御する性質があるため，高分子で開発が成功したことにより，超高速の光コンピューターや強力なレーザーなどの開発につながる可能性も期待されている．高分子の準結晶には，正三角形と正方形からなるタイリングの構造が見て取れる．このことが，私たちが，後で述べる4.2の6回対称性をもつ正三角形と正方形からなるタイリングを考えるきっかけになった．

1.1.2　エッシャータイリング

ペンローズタイリングをネットで調べると，上で挙げた2種類のひし形によるタイリングではなく，星型や正五角形をタイルに含める次のようなタイリングが出てきたかもしれない．

図 1.8　星型や正五角形を使ったペンローズタイリング

これら4種類のタイルはその形状により，左から順に，正五角形 (pentagon)，星 (star)，ボート (boat)，ダイヤ (diamond) と呼ばれている ([15])．このタイリングと先ほどの2種類のひし形によるタイリングは次のMLDという関係がある．

MLD(mutually local derivable)

2つのタイリングがMLDであるとは，一方のタイリングのタイルが，より小さなタイルへの分解，隣接するタイルとの再グループ化のプロセス，または両方のプロセスの組み合わせを通じて，他方のタイルを作ることで，一方のタイリングから他方のタイリングを作れるときをいう (これはタイリングを分類する1つの基準 (同値関係) を与える)．

実際，次の図のように，ペンローズタイリングの2つのひし形タイルに切り分けるための青い線を書き込む．

図 1.9　タイルの分解

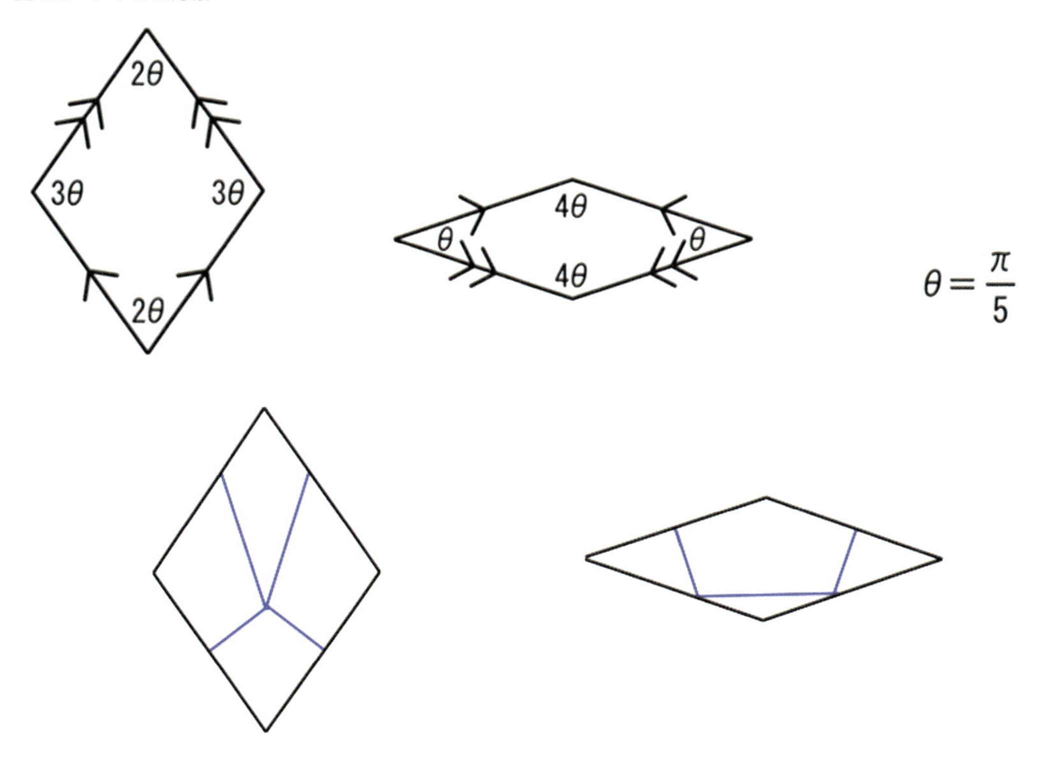

第3章で再びペンローズタイリングが登場するが，そこで103ページで示している8種類の頂点配置の内，下の図の4種類では，青い線から4種類のタイルが現れる．

図 1.10　タイリングの中に現れるタイル

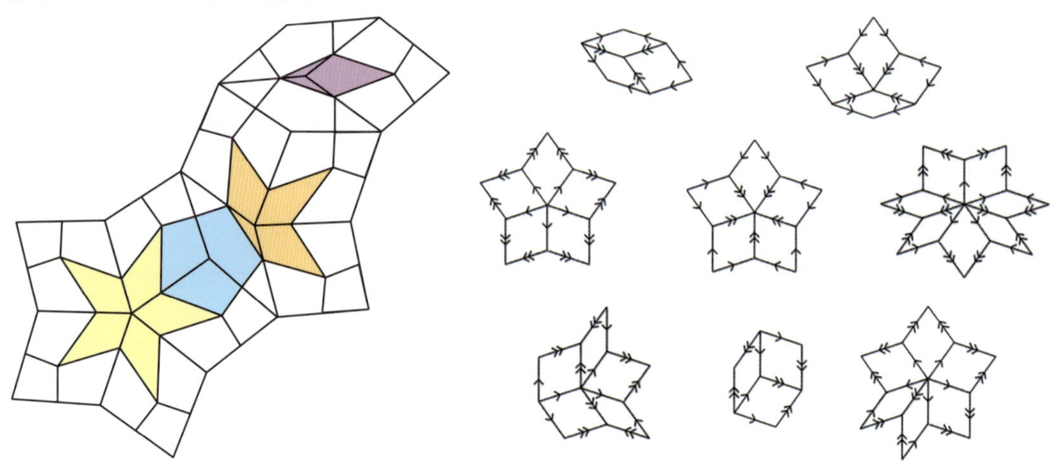

（この8種類についての詳細は103ページ参照）

問題

図1.10の右の8種類の頂点配置では，図1.8のどのタイルが現れるだろうか．残りを確かめよう．

ペンローズ氏と交流があった芸術家M. C. Escher（エッシャー, 1898-1972）はタイリングをモチーフとした作品を数多く残した．このMLDという関係をうまく使っているように思われる．

図 1.11　REPTILES へのオマージュ

この本に出てくるものの寄せ集めで拙いものあるが，REPTILES（Escher作，1943）風のオマージュを作ってみた．

一番単純な場合を例にとって，エッシャー風のタイリング（エッシャータイリング）を作るやり方を説明しよう．1つ正方形を用意して，それを平行移動することで全平面をスキマなく覆う．このようにして得られる次の表のようなタイリングを考える．ここで貼り方を指定したので，貼り合わせ規則が与えられたことになることに注意しよう．

表 1.1 エッシャータイリングの作り方の一例

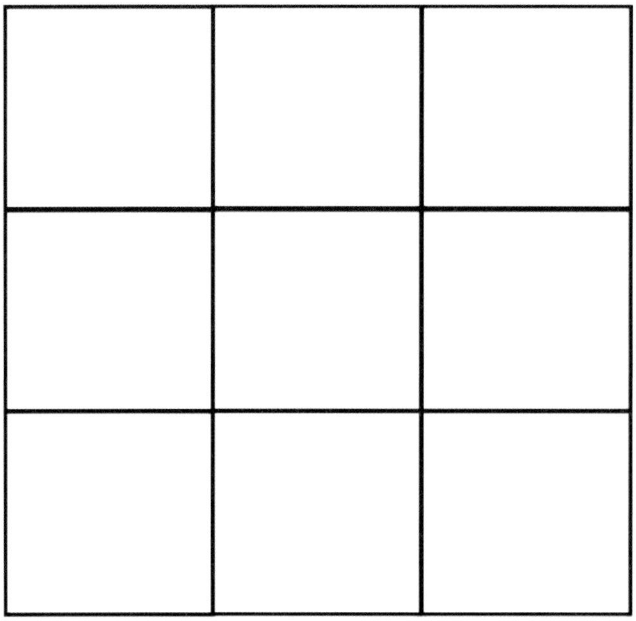	すべてのタイルは平行移動したものなので，正方形タイルの上辺（下辺）は，他の正方形タイルの下辺（上辺）と貼り合わされ，正方形タイルの右辺（左辺）は，他の正方形タイルの左辺（右辺）と貼り合わされる．
	タイルを変形してみよう．
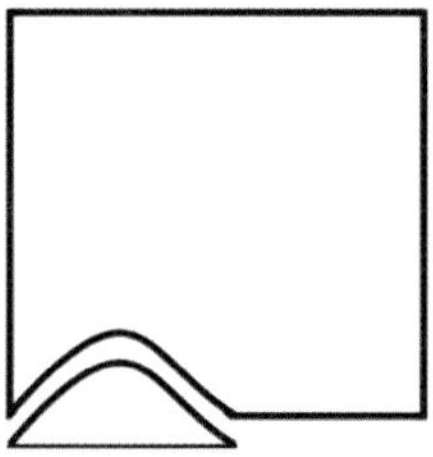	左図のように下の部分を切り取る．

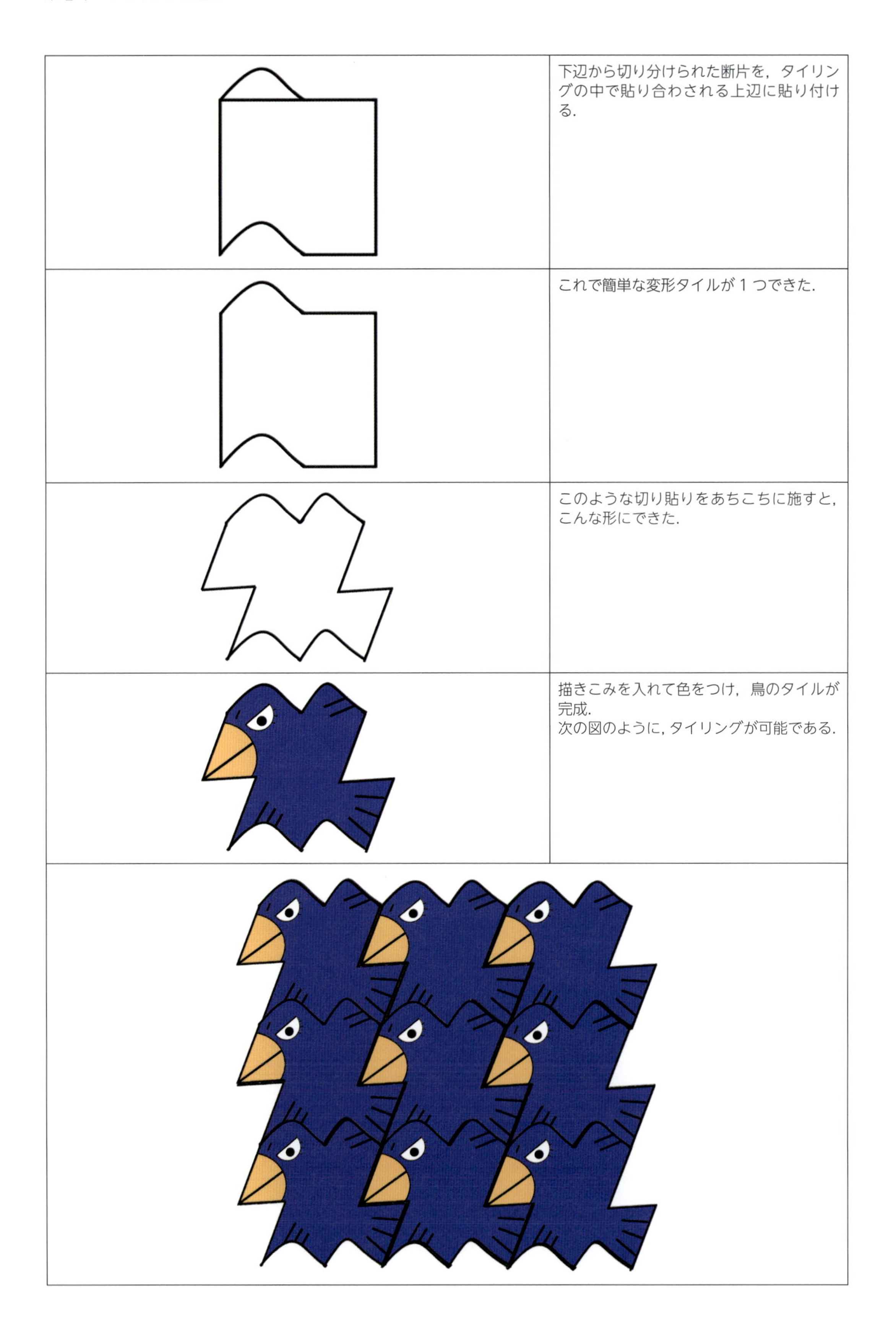

下辺から切り分けられた断片を，タイリングの中で貼り合わされる上辺に貼り付ける．
これで簡単な変形タイルが１つできた．
このような切り貼りをあちこちに施すと，こんな形にできた．
描きこみを入れて色をつけ，鳥のタイルが完成．
次の図のように，タイリングが可能である．

最初に考えるタイルの形やタイリングを変えることによって，もっといろいろなエッシャータイリングを作ることができそうだ．今度は次のような正六角形によるタイリングの場合を考えてみよう．今度は単純に正六角形を平行移動で動かして並べるのではなく，回転運動も考える．その変換の様子がわかるように，正六角形を装飾してみた．矢印の色と向きが合うように正六角形を並べるという貼り合わせ規則が与えられたことになる．図において，黄色で塗られた3つの六角形タイルからなる領域を，装飾も考慮に入れて平行移動して貼り合わせていくと平面全体に広げることができる．このように，平行移動して平面全体に広げることができる過不足のない極小の領域のことを，平行移動に関する基本領域と呼ぶ．基本領域の取り方は1つだけに定まるというわけではないことに注意しよう．平行移動以外の変換においても，基本領域という考え方はできる．平行移動の場合には，結晶との関わりから，単位胞（unit cell）と呼ばれることもある．

図 1.12 正六角形の貼り合わせ規則の一例

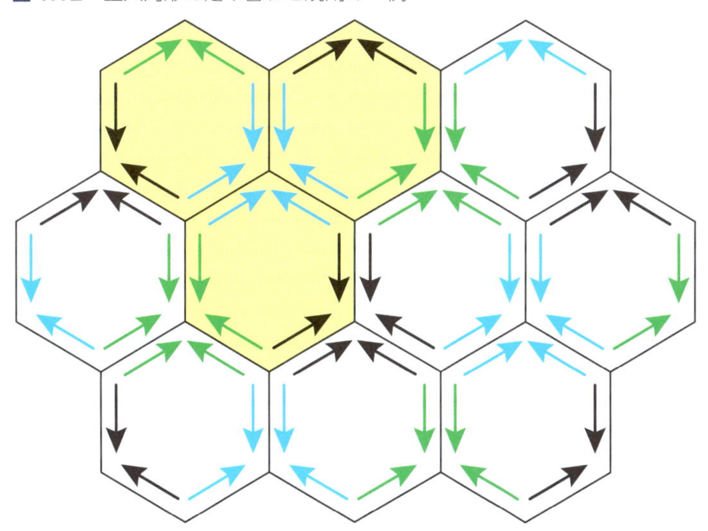

この正六角形のタイリングを基に，エッシャータイリングを作ってみた．ネコをモチーフにしてみたが，なかなかに難しい．1つ目はしっぽを折り曲げることで，無理やり形に押し込んだ．2つ目は猫の張り子にしてみた．本家のエッシャー氏がされていたように，まず形を作って，それを見立てるというやり方の方がいいのかもしれない．続いて，ひし形のペンローズタイリングでもエッシャータイリングを作ってみた．エッシャー氏はペンローズタイリングをモチーフとした作品を残してはいない．ペンローズタイリングが考案されたのは，エッシャー氏が他界された後だったからだ．ペンローズタイリングは貼り合わせ規則が与えられているので，エッシャータイリングをかえって考えやすいかもしれない．矢印の貼り合わせ規則が，「ハリ」に見えてしかたがなかったので，ハリネズミをモチーフにした．

ぜひ，エッシャー風のタイリングを作ってみて欲しい．

図 1.13　図 1.12 の貼り合わせ規則でのタイリング作成例 1

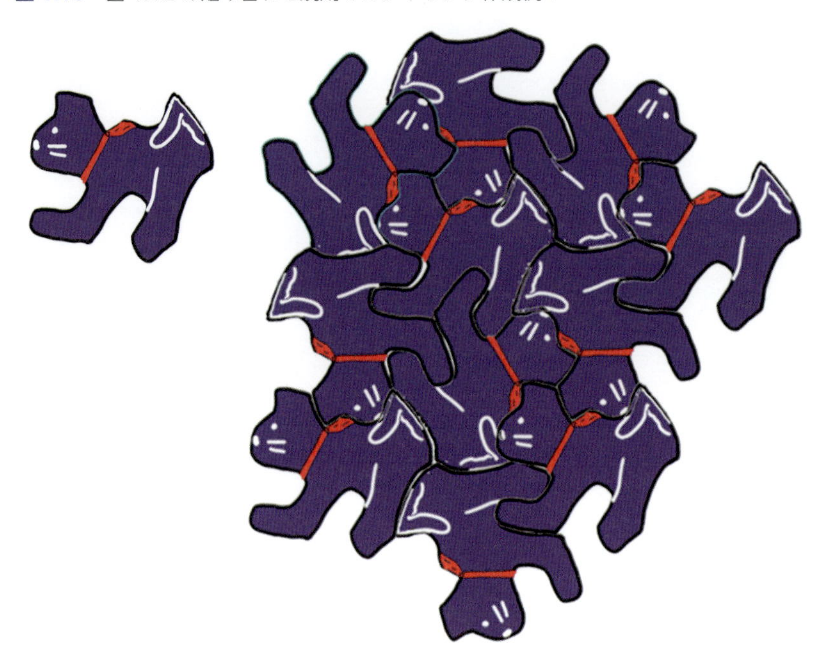

図 1.14　図 1.12 の貼り合わせ規則でのタイリング作成例 2

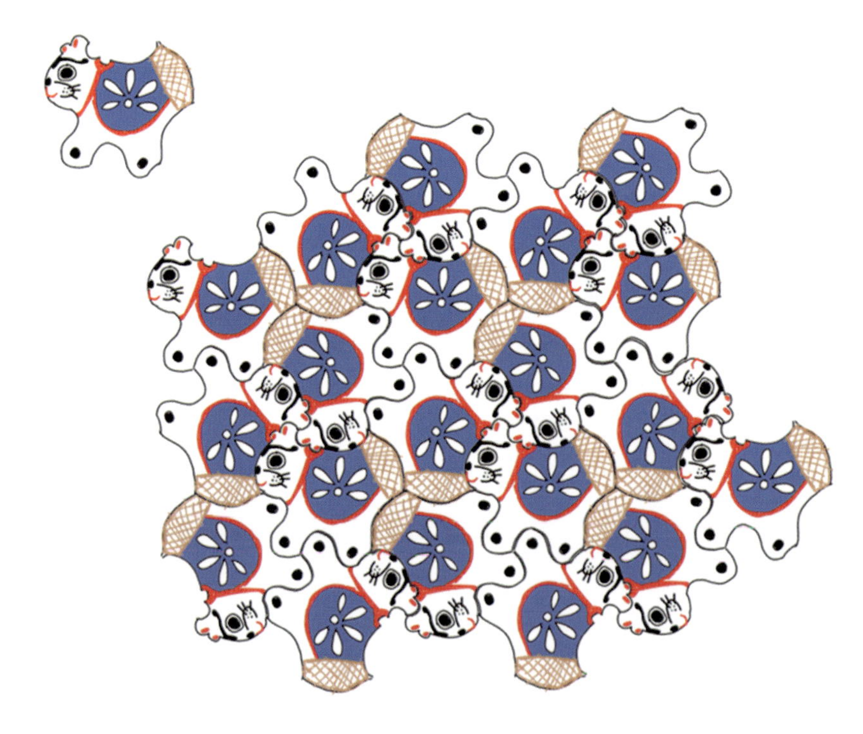

図 1.15　ペンローズタイリングの貼り合わせ規則の様子

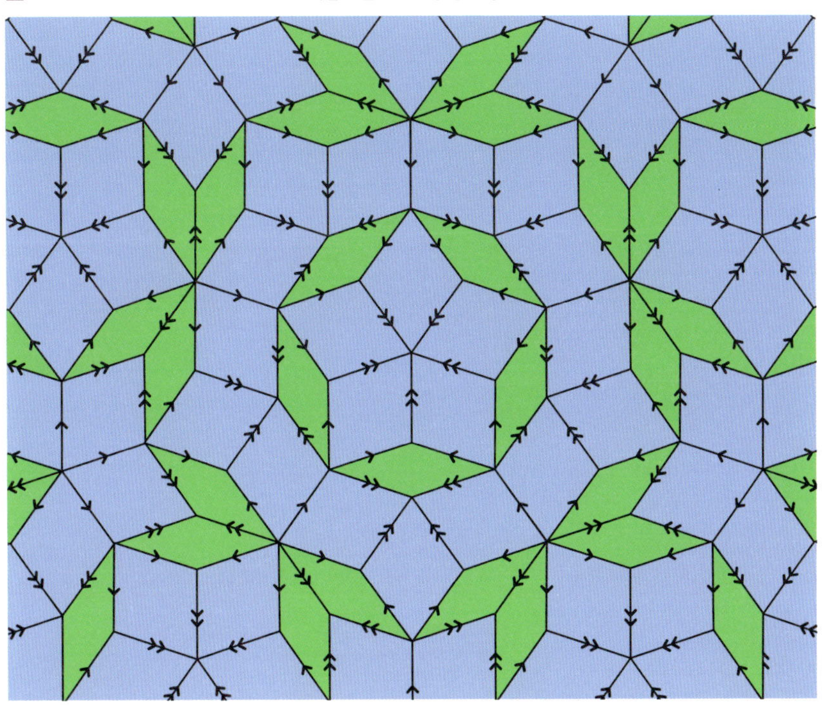

図 1.16　ペンローズタイリングからのタイリング作成例 3

1.1.3 エクセルでタイリング

表計算ソフトのエクセルでタイルを貼ろう．とはいっても，エクセルの表の画面をタイリングを貼るためのキャンバスにするだけだ．筆者が担当する授業「体験する数学」の受講生から教えてもらった．目盛り線を消して，タイルの画像ファイルを画面に挿入しよう．背景色は透明にできるし，平行移動や回転移動も自由にできる．表なので，タイルを貼る場所を任意に拡張できる．難点は手作業なので，誤差が出てくること．ハリネズミのペンローズタイリングもスキマが空きまくっているのを誤魔化している．タイルの画像ファイルはペイントでも描ける．パソコンで図を描くことの初歩は，うちの研究室で，タイリングのテーマで博士号を取った林浩子さんから習った．林さんはフォトショップの使い手．この本の図にも林さんによるものが結構ある．

COLUMN

タイリングを描くためのソフト

筆者が使っているのは，パソコンでは，だいぶ昔のバージョンのペイントショッププロ（最近よくフリーズする）とiPadではアイビスペイント（操作感がペイントショッププロと似ている気がする）．イラストレーターも試してみたが，自分のパソコンでは動作が重くて，さらに多機能過ぎるので手に負えなかった．最近，CADを使い始めたところである．

図 1.17　エクセルによるタイリング 1

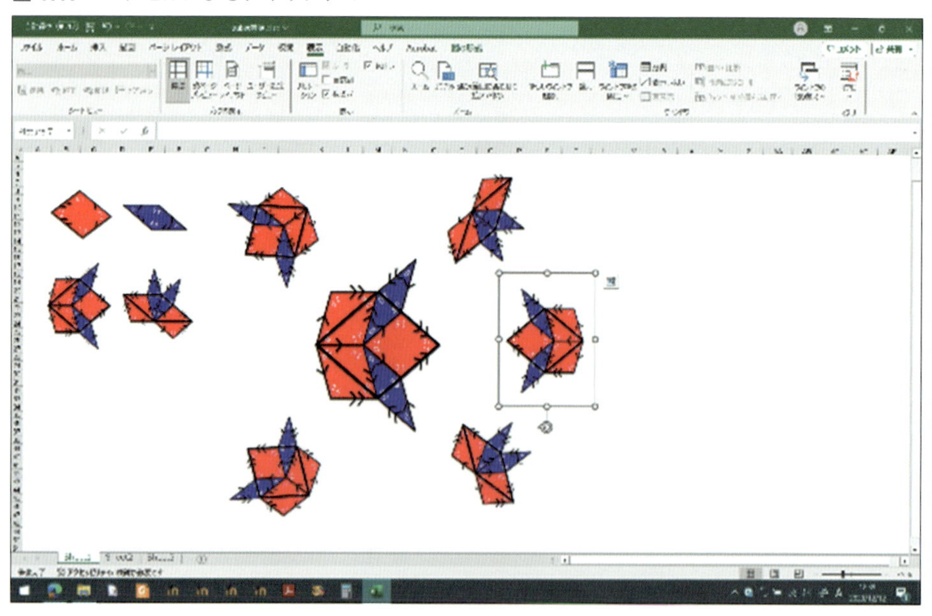

図 1.18 エクセルによるタイリング 2

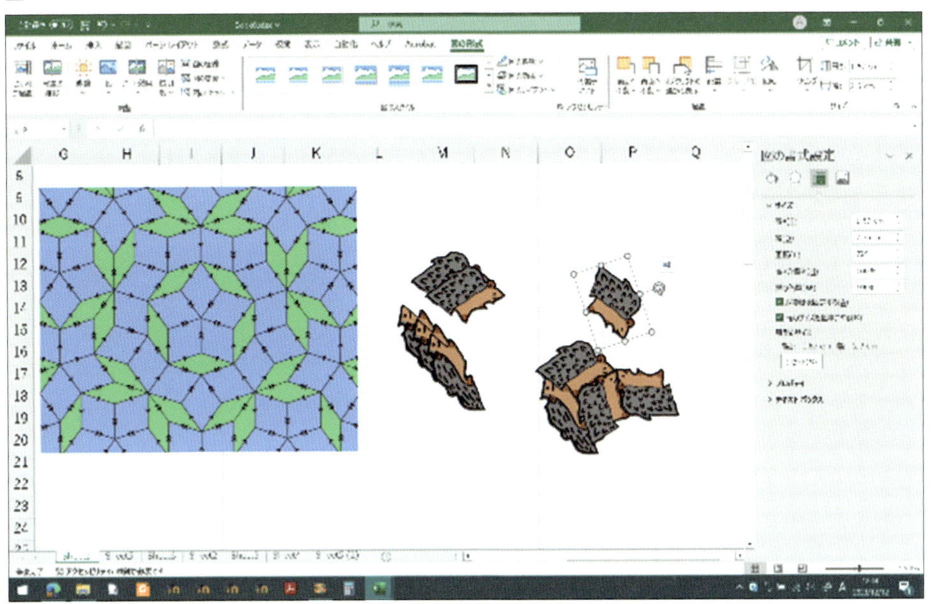

1.2 正多角形リング

このセクションでは，平面上で正多角形を辺でつなげていって，リング状にしたもの（正多角形リングと呼ぶ）を考えよう（[2]，[6]，[23]，[27]，[28]）．正三角形，正方形，正五角形，正六角形の場合は，タイリングの中をタイルをたどりながら，周遊する閉路だと思える．

まずは，ペンローズタイリングと関係してくる正五角形リングについて考えてみよう．

1.2.1 平面的な正五角形リングの折りたたみ問題

定義　正五角形リング

平面上の正五角形のn個のコピーを，3次元空間内で，結び目が生じないように環状に，辺でつなげて得られるものであり，それに含まれる正五角形Pと辺を共有する正五角形が下の図のようになっているものを長さnの正五角形リングという．正五角形リングを$M = P_1 \cup P_2 \cup \cdots \cup P_n$と表す．ここで，$P_1, P_2, \cdots, P_n$は正五角形の$n$個のコピーとする．

図 1.19　正五角形のつながり方

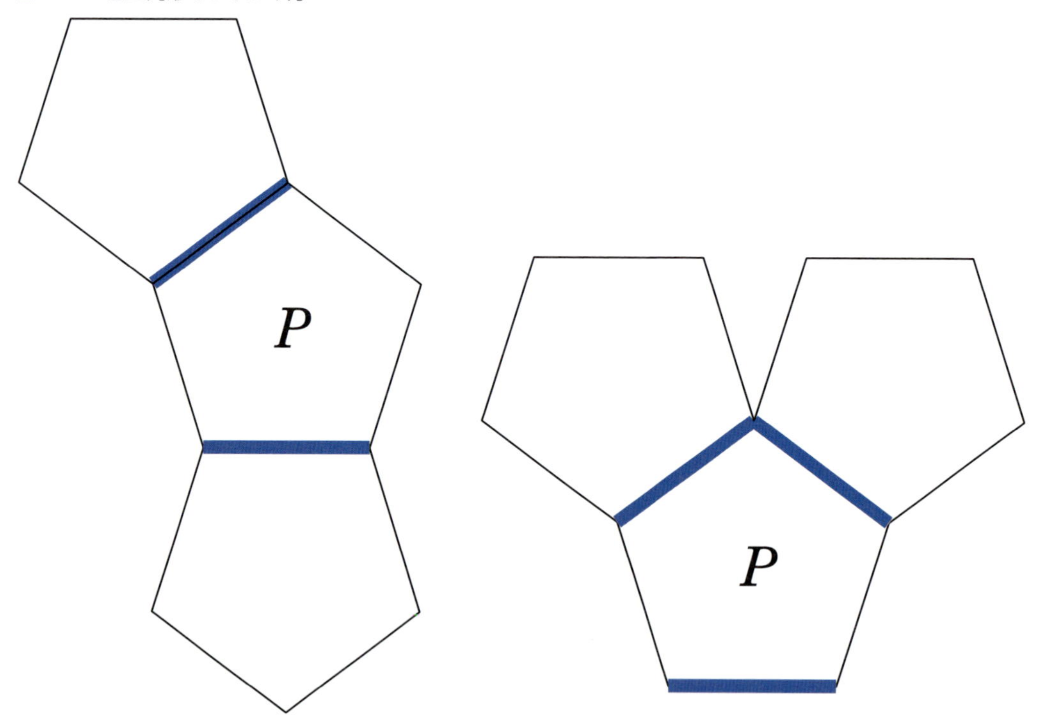

正五角形リングMのすべての正五角形が，互いに重ならず同一平面上にあるとき，Mを平面的正五角形リングという．

右の図のようなものが平面的正五角形リングである.
辺 $\ell_1, \ell_2, \cdots$ を正五角形同士をつなぐ辺とする.

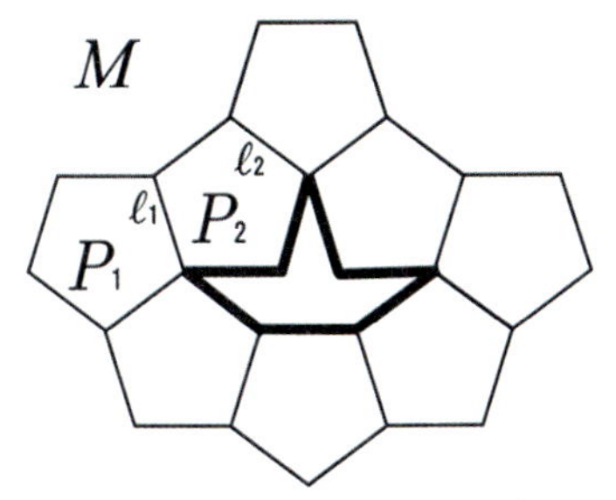

図 1.20　平面的正五角形リング

いくらでも大きな正五角形リングが存在することが示されている([27]).
この正五角形リングを正五角形同士をつないでいる辺のところで，折りたたむことを考えてみよう．そのときには，折りたたんだ後の状態が，いつもリング状であるとは限らないので，次の定義が必要となる.

定義　**正五角形曲面**

環状になっていない場合も含めて，$M = P_1 \cup P_2 \cup \cdots \cup P_n$ を長さ n の正五角形曲面という．例えば，P_n と P_1 が辺を共有していない場合は正五角形曲面である（後述のアコーデオン条件参照）.

折りたたむための折り変形の定義を与えておこう.

定義　**折り変形**

正五角形曲面 M のある辺 ℓ_k を折り，新しい正五角形曲面 M' を得る変形を折り変形といい，次のように定義する.

- 折り変形の過程で各正五角形の面は曲げてよい.
- 面同士が重なってもよいが，貫通してはいけない.
- 各面は伸縮不可
- 折り変形後は辺 ℓ_k で折られて面 P_k, P_{k+1} が重なっている．そこで，これらの面を同一視する（つまり，これらの面を糊付けする).

このとき，次の定理が成り立つ.

定理([6])

平面的な正五角形リングは折り変形を繰り返すことにより，1つの正五角形からなる正五角形曲面に変形することができる.

この定理は，折り紙のような柔らかい素材でできた正五角形リングが平面的であれば，各辺

$\ell_0, \ell_1, \ell_2, \cdots, \ell_{n-1}$ をうまく折って（折るのはこの順番とは限らない），1つの正五角形にまで（折り紙なので，伸縮は不可，破らないで）折りたたむことができることを意味している．

定理を証明するための準備として，平面的正五角形リングの特徴を調べていこう．

- 正五角形曲面（リング）上のある頂点 v に接続している辺の数を頂点の次数といい，$\deg(v)$ と書く．
- 正五角形曲面の場合，$2 \leq \deg(v) \leq 4$ であることに注意しよう．

図 1.21　平面的正五角形リングの特徴

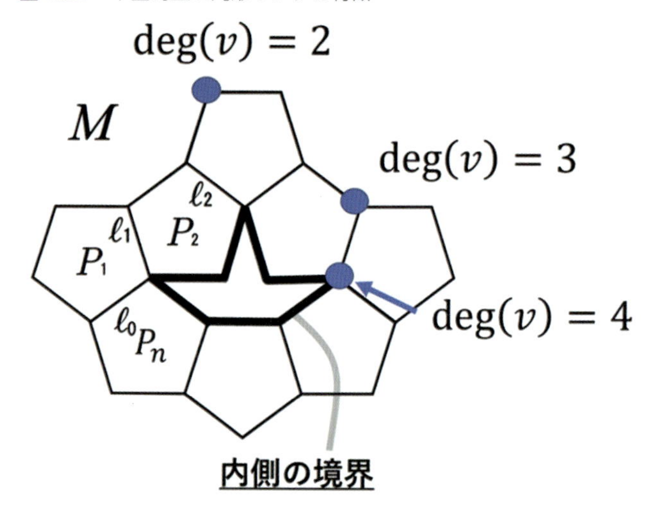

平面的正五角形リングの頂点次数に関して，次の補題が成立する．

補題　頂点次数について

長さ n の平面的正五角形リング M に対して，M の内側の境界にある，次数 i の頂点の個数を V_i とする（$i = 2, 3, 4$）．このとき，次が成立する．

(1)　$4V_4 + V_3 - 2V_2 = 10$

(2)　$2V_4 + V_3 = n$

(3)　V_3 および n は偶数

この補題は，次のような観察によりわかる．平面的正五角形リングの内側の境界の頂点以外の適当なところからスタートして一周回ると，2π 回転する．内側の境界の頂点では，その次数により，方向転換する角度が下図のように決まる．

図 1.22　角度と次数の関係

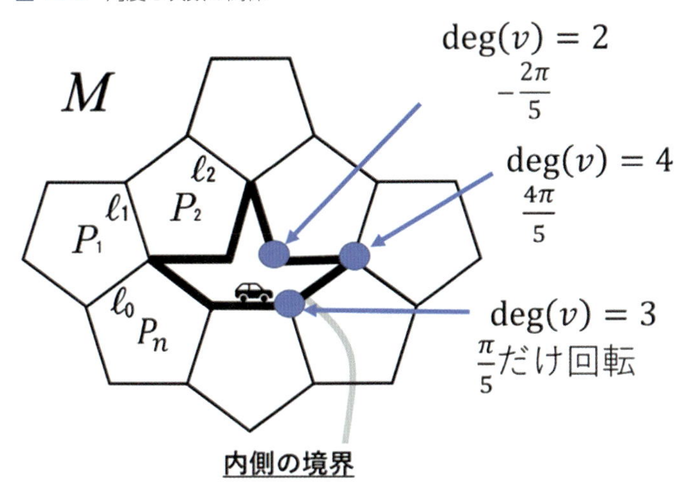

このことを式にすると，$\frac{4\pi}{5}V_4+\frac{\pi}{5}V_3-\frac{2\pi}{5}V_2=2\pi$ となる．よって，補題(1)の等式 $4V_4+V_3-2V_2=10$ が得られる．

また，平面的正五角形リングの内側の境界上の各頂点に，何枚の正五角形が接続しているかを考えると，補題 (2) の等式 $2V_4+V_3=n$ が得られる．さらに，補題 (1) から，V_3が偶数であり，補題 (2) と合わせてnが偶数であることがわかる．

1つの正五角形に折りたたむことができるということに関して，本質的な性質が次のアコーディオン条件と名付けた性質である．

定義　アコーディオン条件

正五角形リングMの辺の1つを選び (例えば，ℓ_0)，その辺にマークを付けて，切り離す．そのとき，切り離してできる正五角形曲面の辺で山折り谷折りを繰り返し，アコーディオン折りして1つの正五角形に折りたたむ．もし，マークをしている辺が重なれば，正五角形リングはアコーディオン条件 (以下では，A条件と呼ぶ) を満たすという．

図 1.23　アコーディオン条件

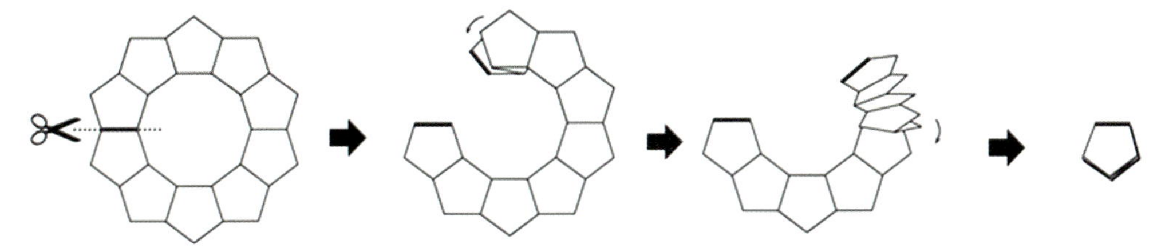

次の命題が成り立つ．

命題

平面的正五角形リングはA条件を満たす.

証明を可能にするアイデアは，正五角形リングの辺のラベル付けにある．下図の左のように，P_1の辺 ℓ_0 にラベル0を付け，辺 ℓ_0 をもつP_1の残りの辺に時計回りに1, 2, 3, 4のラベルを付ける．P_1の隣にあるP_2へのラベル付けは共有する辺 ℓ_1 のラベルを引き継いで（この場合は3），それに続くようにP_2の残りの辺に反時計回りにラベルを付ける（この場合は4, 0, 1, 2）．さらに，P_3, P_4と時計回り，反時計回りにラベルを付ける操作を元の辺 ℓ_0 に戻るまで続ける．このラベル付けは辺で折りたたんだときに，重なる辺が同じラベルをもつように付けられていることに注意しよう．

図 1.24　正五角形リングのラベル付け

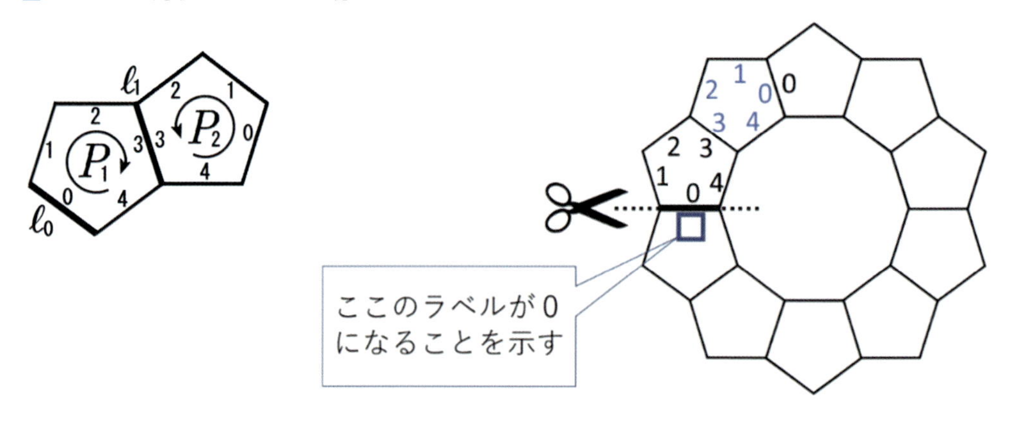

命題を証明するためには，上図の右のように，ℓ_0 に戻ってきたときのラベル付けが最初に付けた0になることを示せばよい.

証明

Mを長さnの平面上の正五角形リングとする．上の補題により，nは偶数であることを思い出そう．Mのすべての辺に0, 1, 2, 3, 4のいずれかのラベルを上で見たように付ける．内側の境界と ℓ_0 の交点に移動点pを置く（下図参照）．点pが時計回りにP_1の辺に沿って内側の境界の ℓ_1 の終点まで歩き，次に点pが反時計回りにP_2の辺に沿って内側の境界の ℓ_2 の終点まで歩くとする．続いて，点pはP_kの辺を，$k = 3, 4, \cdots, n$の順に，内側の境界の ℓ_{k-1} の終点から ℓ_k の終点まで，kが奇数なら時計回りに，kが偶数なら反時計回りに歩く．点pの軌跡Cは，すべての辺 ℓ_k，$k = 0, 2, \cdots, n-1$を通る閉じた多角形曲線であり，pはCに沿って，辺のラベル0, 1, 2, 3, 4, 0, 1, 2, 3, 4, 0, $\cdots$の順になるように歩く．

図 1.25

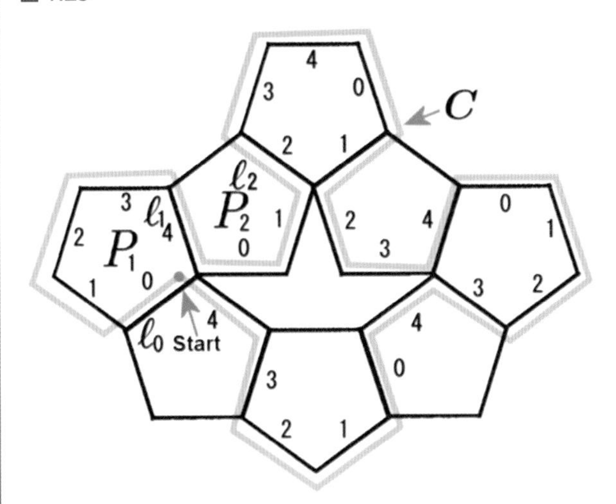

したがって，正五角形リングMがA条件を満たすことを示すには，すなわち，P_nの辺 ℓ_n のラベルが0であることを示すには，Cの辺の数が5の倍数であることを示せば十分である．

$$v_i = \left(\cos\left(\frac{2\pi i}{5}\right), \sin\left(\frac{2\pi i}{5}\right)\right) \quad (i = 0, 1, 2, 3, 4) \text{ とおく．}$$

正五角形P_1が頂点$(0, 0)$ と $-\sum_{i=0}^{j} v_i$, $j = 0, 1, 2, 3$ をもつと仮定する．

移動点pがCの$(0, 0)$から始まるとする．Cの各辺の方向ベクトルはv_iのいずれかであり，Cは閉曲線であるので，Cのすべての辺の方向ベクトルの和はゼロベクトルである．a_iを方向ベクトルv_iがCに現れる回数とする（$i = 0,1,2,3,4$）．Cの辺の数は $a_0 + a_1 + a_2 + a_3 + a_4$ であり，$a_0v_0 + a_1v_1 + a_2v_2 + a_3v_3 + a_4v_4 = (0, 0)$ であることに注意する．

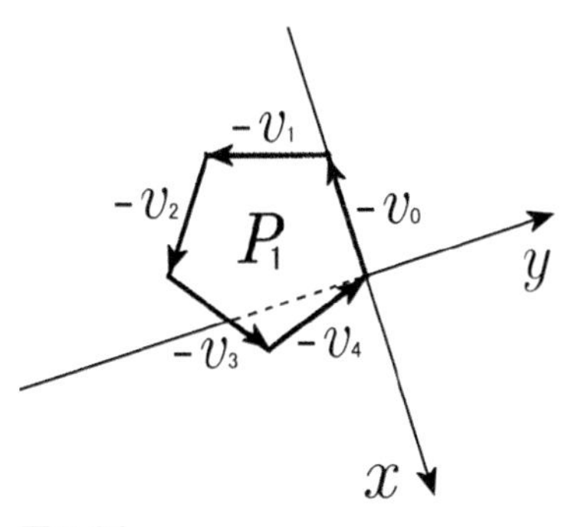

図 1.26

また，$v_0 + v_1 + v_2 + v_3 + v_4 = (0, 0)$ である．正五角形の対称性から，一般性を失わずに $a_4 = \min\{a_i \mid i = 0, 1, 2, 3, 4\}$ と仮定できる．

$a_0v_0 + a_1v_1 + a_2v_2 + a_3v_3 + a_4v_4 = (0, 0)$ より，$b_i = a_i - a_4$ $(i = 0, 1, 2, 3)$ とおくと，$b_0v_0 + b_1v_1 + b_2v_2 + b_3v_3 = (0, 0)$ となる．v_i $(i = 0, 1, 2, 3)$ は

$$v_0 = (1, 0), \quad v_1 = \left(\frac{1}{4}\left(-1 + \sqrt{5}\right), \sqrt{\frac{5}{8} + \frac{\sqrt{5}}{8}}\right),$$

$$v_2 = \left(\frac{1}{4}\left(-1 - \sqrt{5}\right), \sqrt{\frac{5}{8} - \frac{\sqrt{5}}{8}}\right), v_3 = \left(\frac{1}{4}\left(-1 - \sqrt{5}\right), -\sqrt{\frac{5}{8} - \frac{\sqrt{5}}{8}}\right)$$

であるから，計算により $b_0 = b_1 = b_2 = b_3 = 0$ が導かれる．

そのため，$a_0 = a_1 = a_2 = a_3 = a_4$ となるが，これは $a_0 + a_1 + a_2 + a_3 + a_4$，すなわち$C$の辺の数が5の倍数であることを示している．

（証明終了）

平面的正五角形リングを折りたたむ手順を与えるために，次の基本折り変形（FFD）を準備する．定理の証明のために，正五角形リングを，正五角形リングであることを保ったままで，長さを短くしていく折り変形を考えよう．

図 1.27　正五角形曲面の基本折り変形（FFD）

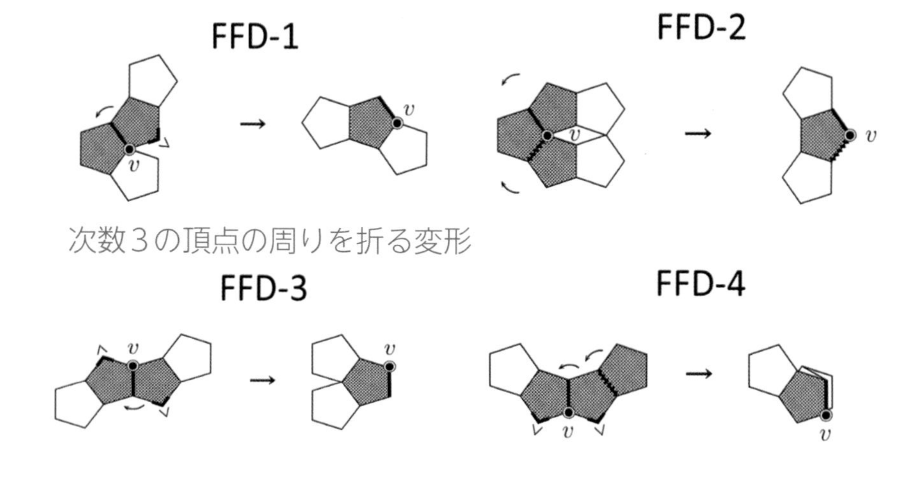

基本折り変形（FFD）を施すときの「曲面上の次数4の頂点の数」，「曲面の長さ」，「曲面のねじれ具合」の変化が次のように観察される．

次数4の頂点の数

1. 正五角形リングMに対して基本折り変形FFDを行っても，次数5以上の頂点は現れない．

   FFD-1, 2：次数4の頂点の数が1つ減る．

   FFD-3：次数4の頂点の数が1つ増える．

   FFD-4：次数4の頂点の数は同じ．

曲面の長さ

2. FFD-1, 3：曲面の長さが1減る．

   FFD-2, 4：曲面の長さが2減る．

曲面のねじれ

3. ねじりなし，または，半ねじり（メビウスの輪）の状態を維持しながらFFDによって正五角形リングを折りたたんでいくことができる．

曲面のねじれと長さの関係

4. 平面的正五角形リングをFFDによって折っていき正五角形リングMを得たとする．Mがねじりなしのリング⇔Mの長さが偶数

5. 正五角形リングMが，長さが偶数で，ねじりなしで，一方の境界上の頂点の次数はすべて3とする（次数4の頂点はない）．

   このとき，正五角形リングMは1つの正五角形に折りたためる．

正五角形リングをFFDによってこの5の状態まで折りたたんでいけば，あとは，1つの正五角形に折りたためる．このリングの状態をE状態と呼ぼう．

図 1.28　E状態

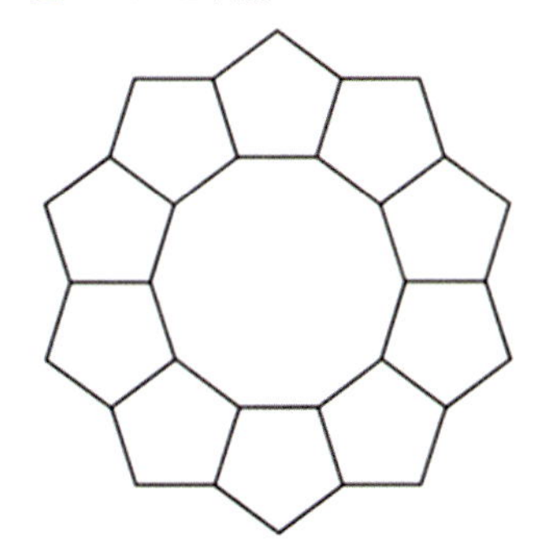

これで，やっと定理の証明の概要を説明することができる．証明したかった定理は次であった．

定理（[5]）

平面的な正五角形リングは折り変形を繰り返すことにより，1つの正五角形に折りたたむことができる．

証明の概要

平面的正五角形リングMを次の手順で折る：

折る際には，FFDによって，ねじりなし，または，半ねじりの状態を維持しながら，折りたたんでいく．

（ステップ1）

もし次数4の頂点があれば，次数4の頂点がなくなるまでFFD-1, 2を繰り返し行い，ステップ2に進む．

（ステップ2）

次数3の頂点に対してFFD-3, 4を行う．もし，リングがE状態になれば終わり．

もし，FFD-3を行い，次数4の頂点が現れれば，ステップ1に戻る．

A条件の定義から，A条件を満たす正五角形リングにFFDを行って得られる正五角形リングもA条件を満たす．それゆえ，A条件を満たしながらリングの長さは短くなっていく．最後に，A条件を満たす長さ4, 5のリングをすべてリストアップして，これらが1つの正五角形に折りたためることを確認して証明終了となる．

（証明終了）

この証明では，正五角形リングを，正五角形リングであることを保ったままで，長さを短くしていく折り変形（FFD）を採用していた．実際に，紙でできた平面的正五角形リングを1つの正五角形に折りたたむときは，もっと効率の良い折りたたみ手順が見つかることがある．例えば，下図のE状態のリングでも，水平な2つの折り線（太線）で同時に折ることで，正五角形曲面となり，より少ない回数の折りたたみで1つの正五角形に折りたたむことができる．

図 1.29　1つの正五角形に折りたたむ

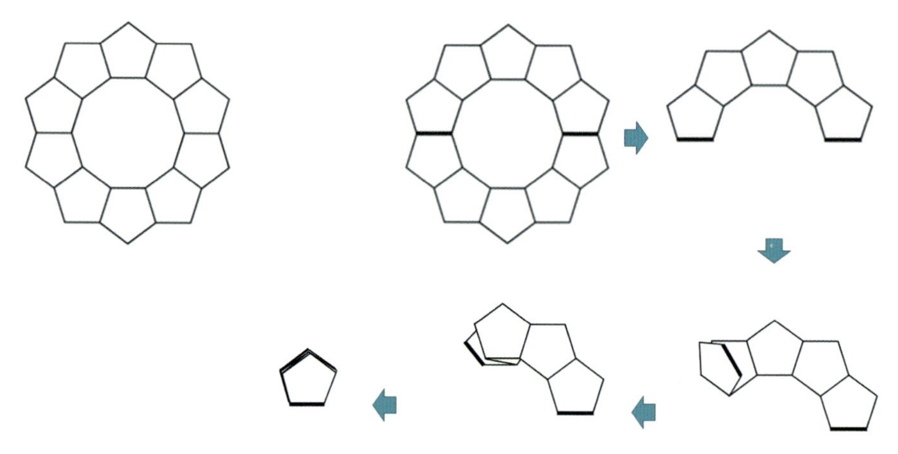

1.2.2　正五角形リングパズル

平面的正五角形リングの研究の当初には，例を作るのにポリドロンを用いていた．しかしながら，大きなリングになると，平面的なのかどうかの判別がつかなくなり，構成を直感的でより容易なものにするアイデアが求められた．ペンローズタイリングに由来する平面的正五角形リングの構成法を述べる．その構成法を用いて，私たちが創作した正五角形リングパズルを紹介する．

セクション1.1.2でも見たように，ペンローズタイリングは次の図のように4種類のタイルから得られる．繰り返しになるが，それら4種類のタイルはその形状により，左から順に，正五角形（pentagon），星（star），ボート（boat），ダイヤ（diamond）と呼ばれている．このペンローズタイリングの中に，平面的正五角形リングが見られる．

図 1.30 ペンローズタイリング

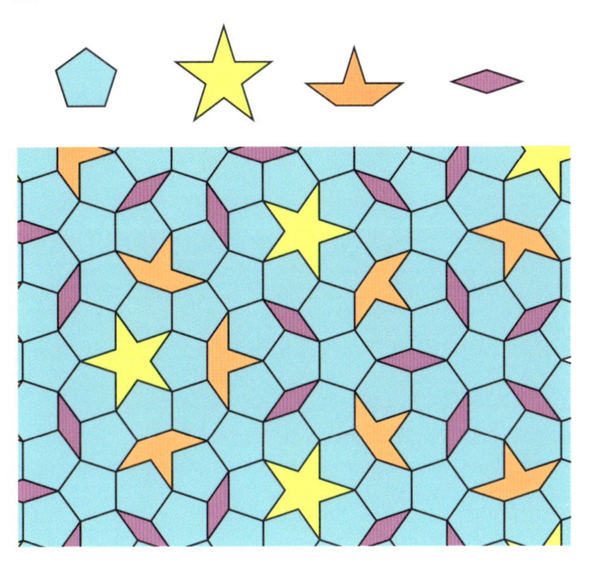

ペンローズタイリングの中に現れる平面的正五角形リングの中で，正五角形の4種類の平面配置に注目した．この4種類を平面配置ベースと呼び，それぞれ中央の穴の形から，正十角形配置，ボート配置，星配置，ダイヤ配置と呼ぶことにする．星配置はつなぎ目の辺で折ることにより，ボート配置やダイヤ配置に折りたたむことができる．

図 1.31 平面配置ベース

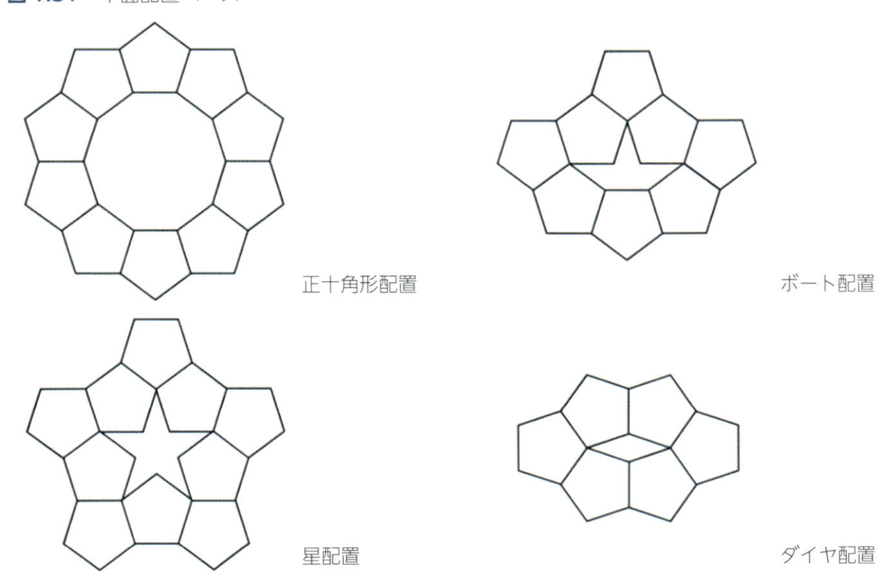

この4つの平面配置ベースを用いて，平面的正五角形リングを構成しよう．その方法は非常にシンプルである．次にその一例を挙げる．次の図左のように，2つの正十角形配置を一部の正五角形を重なるように置く．リング状にするために不要な部分を取り除くと次の図右のような平面的正五

角形リングが得られる．このように平面配置ベースを一部の正五角形を重なるようにして，うまく配置すると，不要な部分を取り除くことでより大きな平面的正五角形リングが得られる．

図 1.32　平面配置ベースを用いた平面的正五角形リングの構成の例

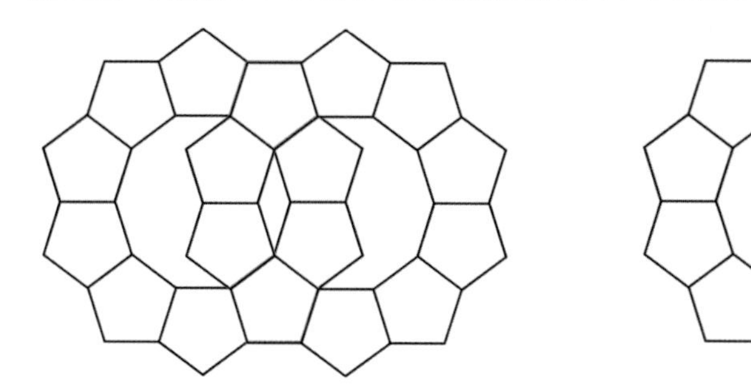

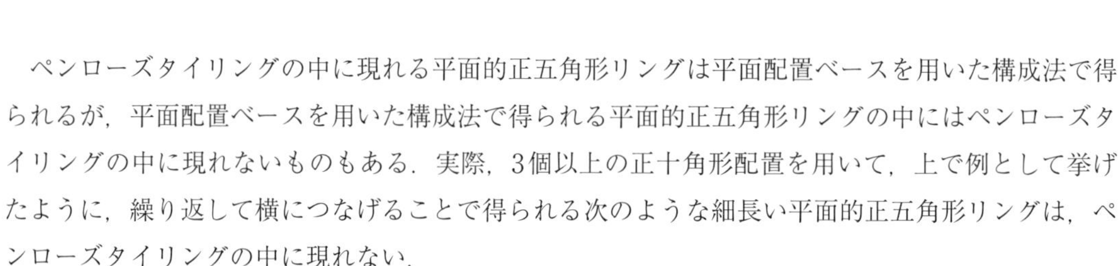

ペンローズタイリングの中に現れる平面的正五角形リングは平面配置ベースを用いた構成法で得られるが，平面配置ベースを用いた構成法で得られる平面的正五角形リングの中にはペンローズタイリングの中に現れないものもある．実際，3個以上の正十角形配置を用いて，上で例として挙げたように，繰り返して横につなげることで得られる次のような細長い平面的正五角形リングは，ペンローズタイリングの中に現れない．

図 1.33　直線的な繰り返しによる細長い平面的正五角形リング

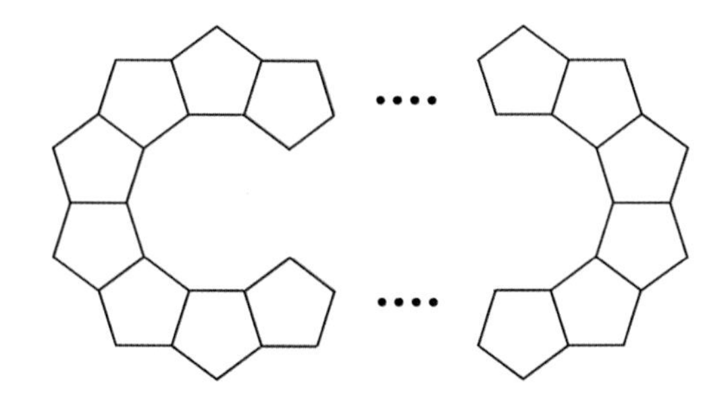

平面的正五角形リングのような，多角形が平面に環状に配置されてできる対象は，パズルの世界に見られる．

次の図のように，12個の正方形が平面に環状に配置されたものはパタパタパズルまたは折り絵合わせパズルと呼ばれる．どういったパズルかというと，例えば各正方形の表側と裏側に図のように記号を書いておいて，正方形のつなぎ目の辺で折ることにより，次図の一番右のように，正方形が2×2個並んだ形にし，なおかつ記号（図ではα）が揃うようにするというものである．

図 1.34　折り絵合わせパズル

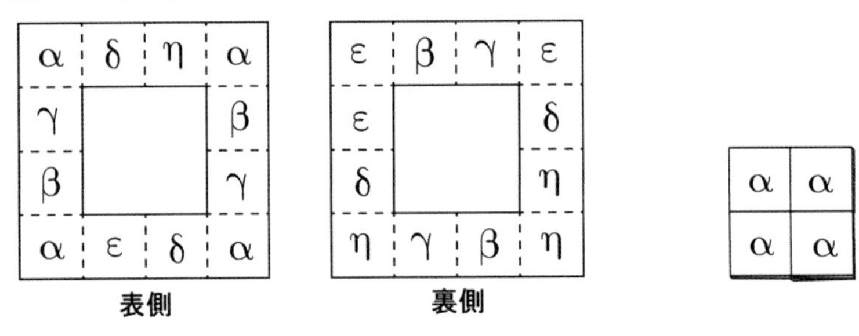

記号などでなく，図柄が4分割されたものが使われることが多い．折り絵合わせパズルと呼ばれる所以である．マクドナルドで，2014年にチャレンジパズル，2015年にポケモンパタパタパズル，2017年にパタパタパズルとして採用されていたので，実物を目にした人もいるだろう．

平面配置ベースを用いた構成法によって，次のような平面的正五角形リングを構成した．[6]の結果から，もちろん，これはつなぎ目の辺で折ることにより，一枚の正五角形に重なるように折りたたむことができる．そればかりでなく，4種類の平面配置ベース（正十角形配置，ボート配置，星配置，ダイヤ配置）のどの配置にも折りたたむことができるものである．実際に，それぞれの配置に折りたたんでもらうパズル（正五角形リングパズル）として楽しめるかもしれない．効率の良い折りたたみ手順も見つけよう．解く楽しみもよいが，このサブセクションの構成法を使って，ある図形を別の図形に折りたたむパズルを創ってみるのも面白い．

図 1.35　正五角形リングパズル

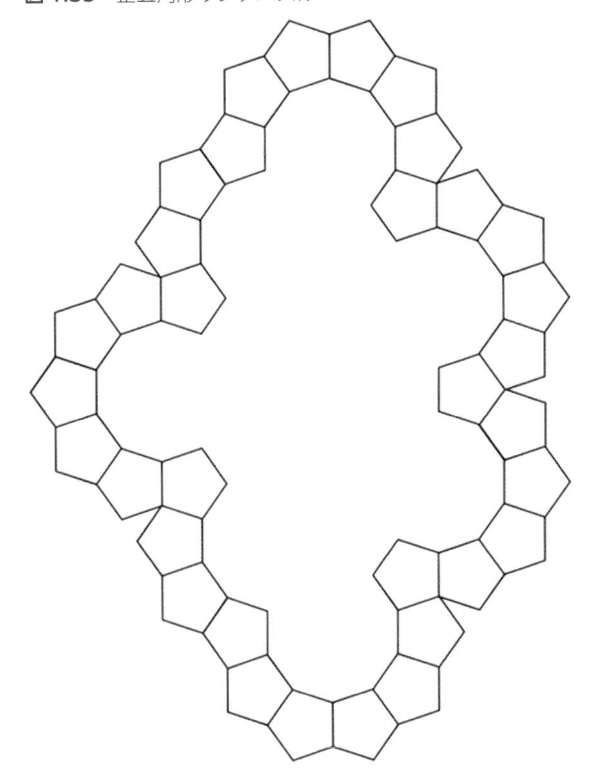

1.2.3 正三角形リング，正方形リング，正六角形リング

正五角形のところを他の正多角形にしたときの結果を見ることにする．まずは，正三角形と正方形の場合を見よう．

タイリングのタイルの辺を伸ばして得られる直線に関する鏡映変換をすべて考える．このとき，下のような正三角形と正方形からなるタイリングの場合には，それらの基本領域はそれぞれ1つの正三角形と1つの正方形になる．このことから，正三角形リングの場合も正方形リングの場合も平面的ならば，1つの正三角形または1つの正方形に変形できることがわかる．

図 1.36　正三角形と正方形からなるタイリング

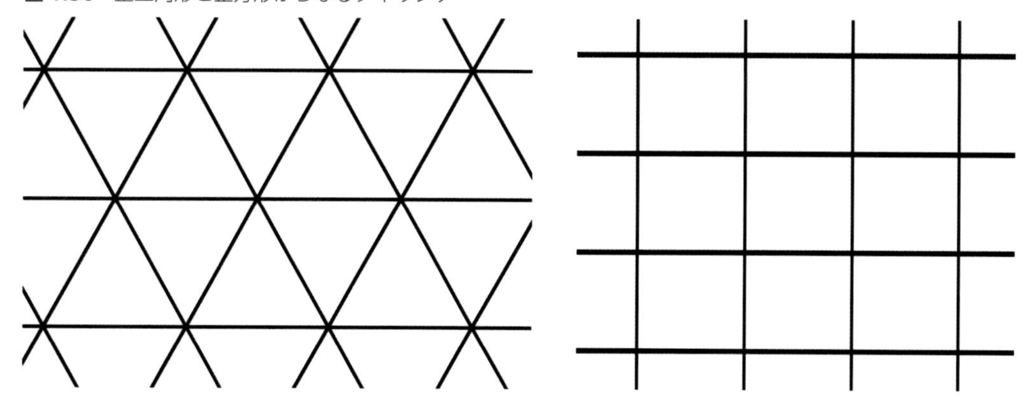

上の2つのタイリングは，正三角形の場合はタイリングは3方向の平行線族から構成され，正方形の場合はタイリングは2方向の平行線族から構成されている．正三角形リングの場合に証明の直観的なイメージを説明しよう．平面的な正三角形リングを上のようなタイリングに描きこみ，それを含む有界領域を考える．その領域を3方向の平行線族のうちの1方向の平行線族で折りたたんでいくと帯状に折りたためる．さらに順に他の方向の平行線族で折りたたむと，領域は1つの正三角形に折りたたまれることになる．このときに領域に含まれていた正三角形リングも1つの正三角形に折りたたまれる．正方形リングの場合も同様である．

正六角形によるタイリングもあるのだが，その基本領域は1つの正六角形ではないので同じように考えることはできない．

さらに平面的正六角形リングは，平面的正五角形リングとも状況が異なっていることがわかる．平面的正五角形リングでは平面的であるという条件から，正五角形の個数が偶数であることやA-条件を満たすことを示すことができた．

平面的正六角形リングの場合も，1つの正六角形に折りたたまれる（そしてもちろんA-条件を満たす）ならば，正六角形の個数は偶数であることはすぐわかる．そこで，まず正六角形の個数の偶奇に注目して調べてみる．

正六角形によるタイル貼りがあるので，それに含まれる形で平面的正六角形リングを考える．

次のように，正六角形の個数が奇数であるような平面的正六角形リングが存在する．

図 1.37 平面的正六角形リング

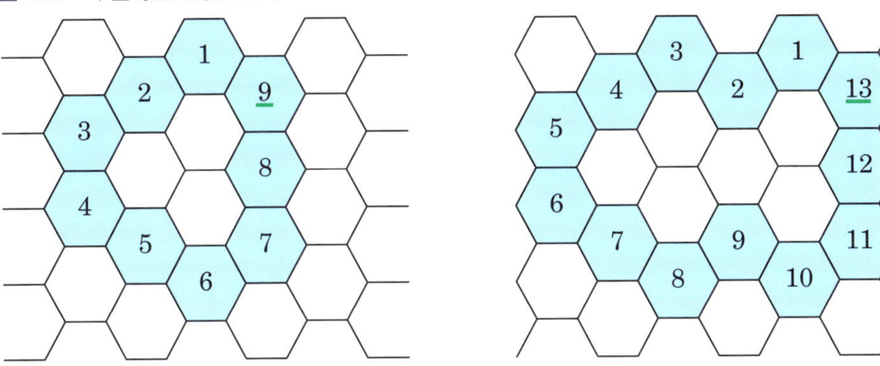

さらに，次の図のような正六角形の個数が偶数であるが，A-条件を満たさない平面的正六角形リングが存在する．

図 1.38 A-条件を満たさない平面的正六角形リング

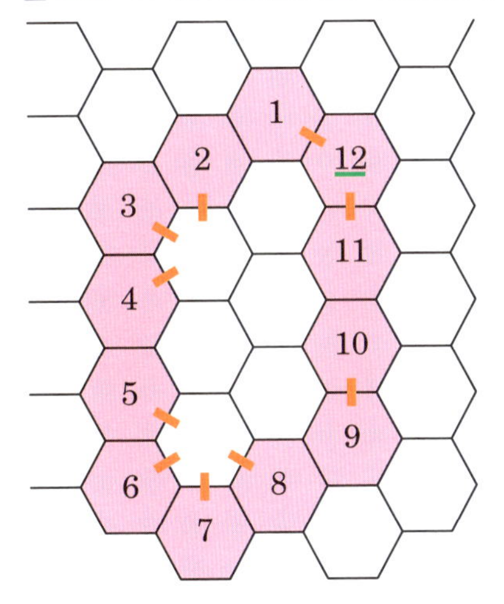

次の2つはA-条件を満たす平面的正六角形リングの例である．

図 1.39 A-条件を満たす平面的正六角形リング

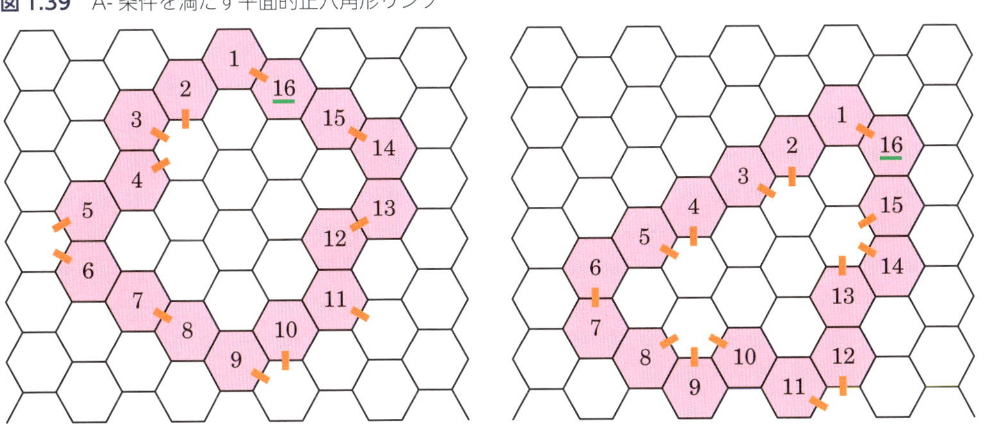

正六角形の個数が奇数であるような平面的正六角形リングの特徴づけとして次のことが成り立つのは明らかである．

リングの長さが奇数である ⇔ リングの内側の領域のタイリングの境界における次数2の頂点が奇数個である．

A-条件を満たす平面的正六角形リングの特徴づけとして次のことが成り立つと思われる（証明は必要）．

長さが偶数である平面的正六角形リングに下の図のように折れ線を描き，指標 $Sa(R)$ を定義する．

(1) 正六角形を選び，その重心から1つおきに正六角形の重心をつなぐように折れ線を描く（最初の正六角形の選び方により2通りの折れ線が得られる）．

(2) 折れ線の外側に全体が出ている正六角形の数を s，内側に全体が出ている正六角形の数を n とするとき，$Sa(R) = 2s - 2n$ と定義する（2通りの折れ線のどちらかによらず，$Sa(R)$ の mod 6での値が変わらない?）．

(3) 正六角形を選び，その重心から1つおきに正六角形の重心をつなぐように折れ線を描く（最初の正六角形の選び方により2通りの折れ線が得られる）．

(4) 折れ線の外側に全体が出ている正六角形の数を s，内側に全体が出ている正六角形の数を n とするとき，指標 $Sa(R)$ を $Sa(R) = 2s - 2n$ により定義する．

平面的正六角形リング R がA-条件を満たす ⇔ $Sa(R) \equiv 0 \bmod 6$

図 1.40　折れ線の入れ方例

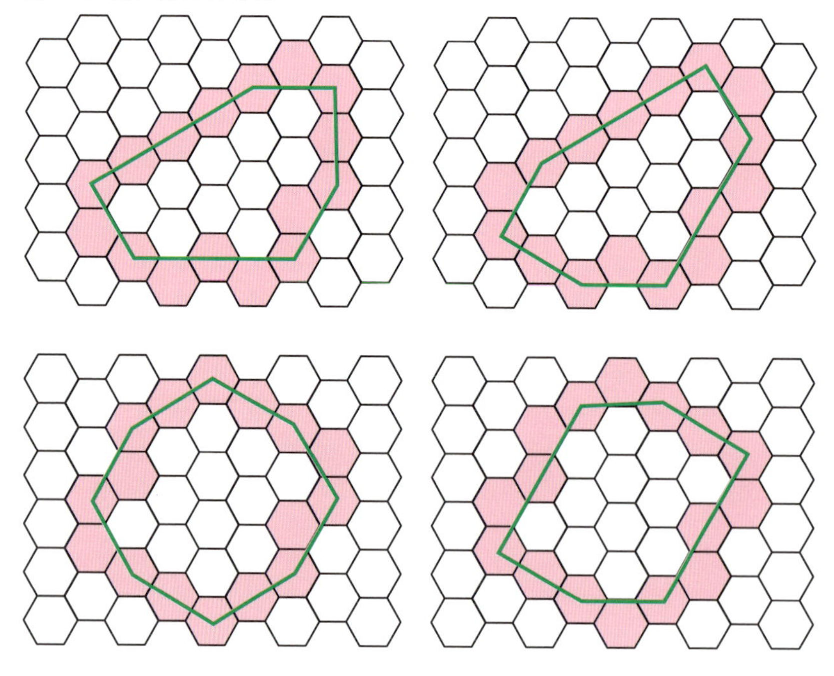

平面的な正六角形リングは，次数4の頂点をもたないことから，折りたたみの過程で，特定の中間状態を経て，再び正六角形リングになるような手順を選択することができる．そのため，正六角形リングの折りたたみ問題の証明は，正五角形リングの場合の証明より，実際の折りたたみと近い感覚に寄せることができる（[2]）．

次が証明できる．

定理([2])

A-条件を満たす平面的正六角形リングは折り変形を繰り返すことにより，1つの正六角形に折りたたむことができる．

A-条件を満たさない平面的正六角形リングにも，違った面白さがある（[23]）．

図 1.41 A- 条件を満たさない平面的正六角形リングを折りたたむ

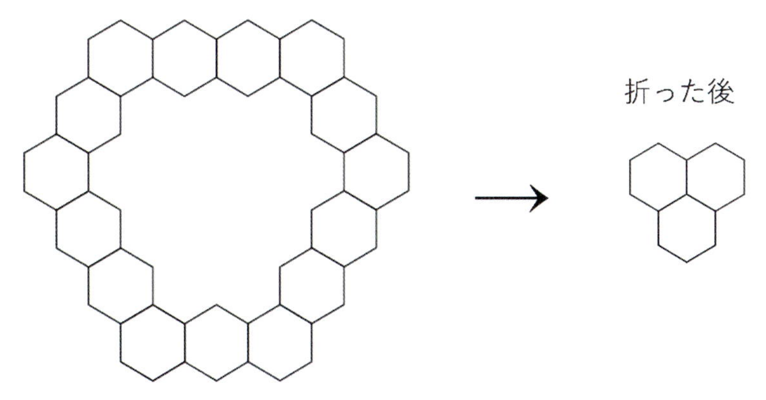

上図左の平面的正六角形リングはA-条件を満たさない．この平面的正六角形リングを折りたたむと，上図右にあるような3つの正六角形が集まった三角形のような形が得られる．また，折り方を変えることによって，別の正六角形を使って三角形のような形が得られることもわかった．このような性質から，次のような正六角形リングパズルが考案されている．まず，次の図のように，この平面的正六角形リングの以下の場所に記号や絵などを描く．

図 1.42　正六角形リングパズル

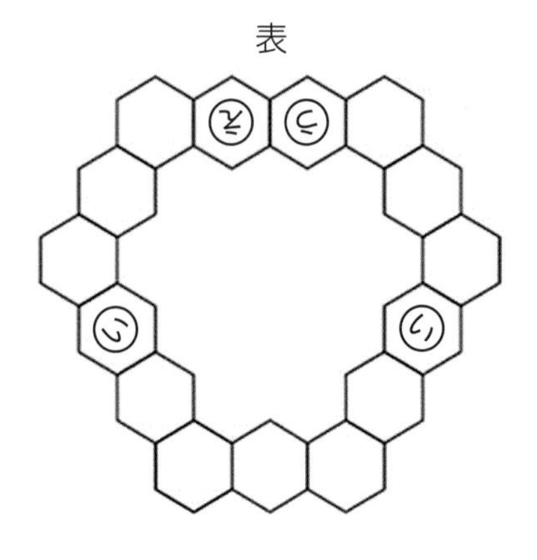

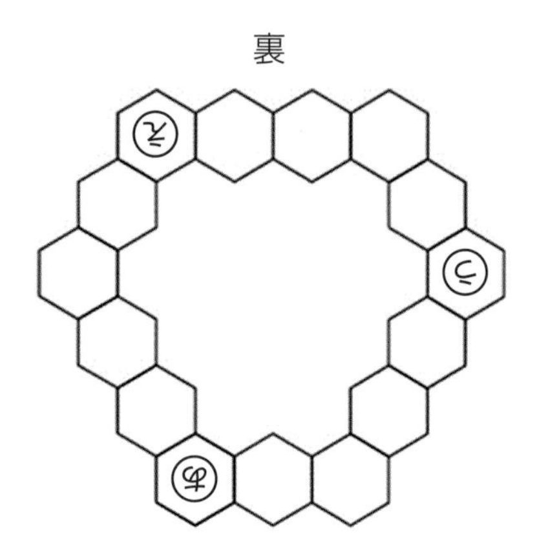

このとき，この図で示した向きで描くことが大切である．この平面的正六角形リングを工夫して折りたたむと，次の図のように3パターンの形が得られる．

図 1.43　正六角形リングパズルを折りたたんでできる３パターン

このように，1つの正六角形リングから異なるパターンが得られるから，目的のパターンに折りたたむという正六角形リングパズルとして遊ぶことができるのではないかと考える．

例えば，㋐にあたる場所に動物の顔や表情を，㋑,㋒,㋓の場所に特徴のある耳を描きこむことで，動物の耳をマッチングする折り絵合わせパズルができそうだ．

図 1.44　正六角形リング折り絵合わせパズルを作ってみよう

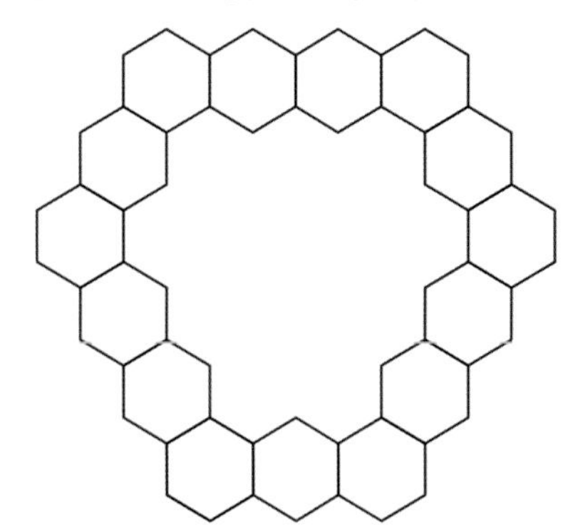

1.3 球面タイリングとサッカーボール

1.3.1 球面タイリングとオイラーの公式

今度は平面ではなく，球面をタイリングすることを考えてみよう．右図のようなサッカーボールは球面タイリングである．黒い部分が正五角形，白い部分が正六角形の形をしているようだが，よく見ると曲がっている．このような球面上の曲がったn角形のことを球面n角形と呼ぶことにする．黒が球面五角形，白が球面六角形というわけである．球面n角形の辺は，球面における直線である大円によって形作られている．大円とは，球と球の中心を通る平面との交わりの曲線のことである．地球でいうと，赤道や緯線（南極，北極を通る縦の線）がその例である．交点での2つの大円の間の角は，その点での接線間の角として定まる．

大円を定める球の中心を通る平面に関する鏡映を，球面からそれ自身への写像と考え，この大円に関する鏡映と呼ぶ．

このセクションでは球面多角形による球面タイリングを考える．球面では球面二角形も存在するので，球面二角形からなる球面タイリングもあることに注意しよう．

球面タイリングに関して次のオイラーの公式が成立する：

$$(\text{面の数}) - (\text{辺の数}) + (\text{頂点の数}) = 2$$

ここで面の数はタイルである球面多角形の数，辺の数，頂点の数はそれぞれ球面多角形の辺の数，頂点の数を表す．

オイラーの公式はオイラーの多面体公式とも呼ばれることがあるが，実は面が曲がっていて，厳密な意味で多面体でなくとも，オイラーの多面体公式は成り立つ．面がゴムのような素材であるとして，中に空気を入れて膨らませたときにボールの形（球面）になるものに対して成り立つ公式であり，球面タイリングにおいての公式の成立がその本質である．多面体に空気を入れて膨らませて得られる球面タイリングにおいて，オイラーの公式が成り立てば，オイラーの多面体公式も成り立つことになる．

先ほどのサッカーボールは，正十二面体の各頂点を切り落としてできる多面体に空気を入れて膨らませた形をしていた．次の図のように左の正八面体に空気を入れて膨らませてできる右の球面三角形によるタイリングを見ると，面の数，辺の数，頂点の数は一致していることがわかるだろう．

図 1.45　正八面体から球面三角形による球面タイリングへ

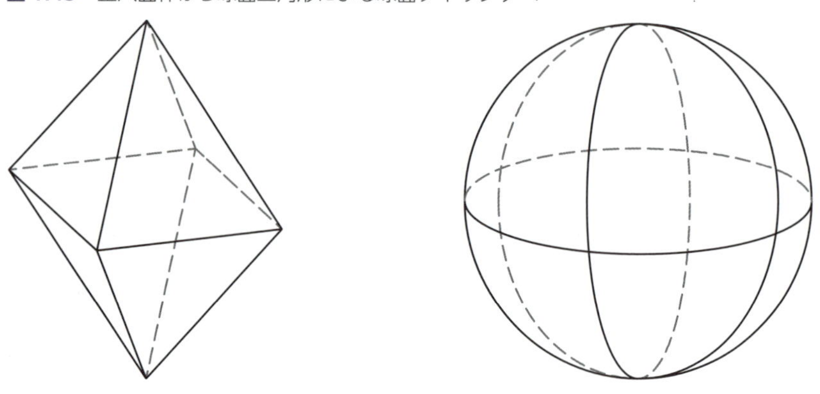

オイラーの（球面）公式の証明の概略を述べるために準備をする．

角度 α，β，γ をもつ球面三角形の面積の面積を求めよう．次の図のように球面から二角形をはがしてみる．このとき，球面三角形のところは，幾重にもはがされていて，4個分過剰にはがされていることに注意する．

図 1.46　球面から二角形をはがす

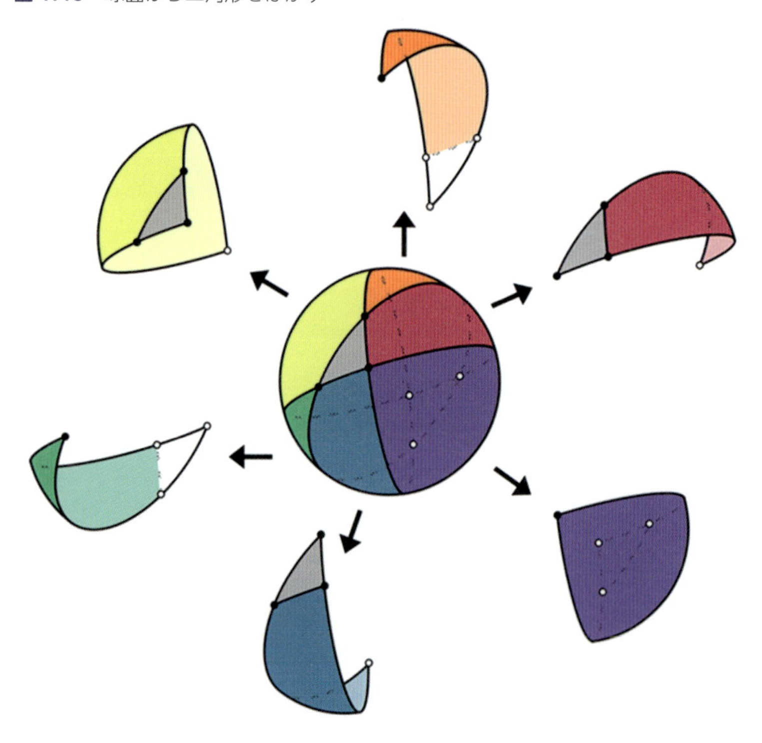

スイカの皮の形（二角形）の面積はどうなるだろうか？

角度が α である二角形の面積は 2α である．

図 1.47　二角形の面積

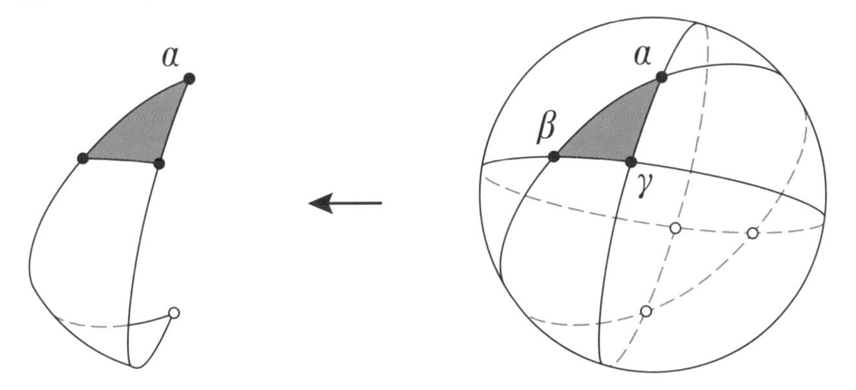

はがされたのは，角度がαである二角形が2枚，角度がβである二角形が2枚，角度がγである二角形が2枚となり，それらの面積の和は$4\alpha+4\beta+4\gamma$となる．

今は半径1の球面なので，（球面の表面積）$=4\pi$である．

よって，

$4\alpha+4\beta+4\gamma$

$=$（球面の表面積）$+4\times$（球面三角形の面積）

$=4\pi+4\times$（球面三角形の面積）

両辺を4で割って，次の式が得られる：

（角度α，β，γをもつ球面三角形の面積）$=\alpha+\beta+\gamma-\pi$

球面三角形の内角の和は180°より大きい．球面n角形の面積は球面三角形に分割して足し合わせることで，次の式で求められる．

（球面n角形の面積）$=$（球面n角形の内角の和）$-(n-2)\pi$

球面n角形の面積の公式を用いて，オイラーの公式を証明することができる．

証明の手順は次のように単純である．

1. 球面タイリングなので，球面は球面多角形で分割されている．
2. 球面多角形の面積の公式を使って，すべての球面多角形の面積を求める．
3. それらを足し合わせるとそれは球面の表面積になる．
4. 後は式の変形で，オイラーの多面体公式が出現する．

1.3.2　市松模様球面タイリング

球面タイリングの中で，サッカーボールのように，二色の市松模様に塗り分けられる球面タイリングを扱っていこう．球面タイリングを市松模様に塗ることができるための条件である次の二色定理というものが知られている．

二色定理

タイリングを市松模様に塗ることができる．$\Leftrightarrow$ すべての頂点の次数が偶数である．

証明

(⇒) タイリングが市松模様に塗り分けられたとする．このとき，各頂点において，その点を共有するすべての面が市松模様に塗り分けられる．1つの頂点を共有するすべての面が市松模様に塗り分けられるためには，それら面の中の1つを選び，頂点を中心として時計回りに，任意の隣接する2面を選び，二色に塗り分け同様の操作を行ったとき，ちょうど一周する必要がある．つまり，1つの頂点を共有する面の数は偶数となる．よって，すべての頂点の次数は偶数である．

(⇐) 起点とする面から，偶数回面を移動して到達できる面を同じ色で塗り，奇数回面を移動して到達できる面をもう一色で塗り分ける．これが，面の移動の仕方によらずに塗る色が決まることが示せれば，タイリングを市松模様に塗ることができる．起点とする面と到達する面を決めて，2通りの面の移動の仕方を考える．そうすると，2通りの面の移動の間に，領域ができる．領域の中にある頂点が新しい領域では外に出るように，1つの面の移動を経路変更して，もう1つの面の移動に近づけていく．そのためには，外に出したい頂点の頂点配置において，経路変更をすればよいが，すべての頂点の次数が偶数であったため，通過する面の数の偶奇は変わらない．よって，面の移動の仕方によらずに塗る色が決まることが示される．

（証明終了）

市松模様に塗ることができる球面タイリングを考える．最初の取っ掛かりとして，タイルが球面三角形であるものを考える．隣り合った球面三角形のタイル同士が鏡映関係であると仮定するとき，次のように市松模様に塗ることができる球面タイリングを網羅的に求めることができる（[46]）．

球面三角形ABCにおいて，頂点A, B, Cにおける内角を α，β，γ とする．

球面三角形の各辺での鏡映を考えて，球面の市松模様にタイリング可能な条件を導くこととする．辺での鏡映で，頂点Aのまわりを一周するように球面三角形を市松模様に貼れることから，ある自然数 a に対して，$\alpha = \frac{\pi}{a}$ がいえる．同様にして，ある自然数 b, c に対して $\beta = \frac{\pi}{b}$, $\gamma = \frac{\pi}{c}$ がいえる．球面三角形の面積と内角の関係から，$\alpha + \beta + \gamma > \pi$ であるので，代入して $\frac{\pi}{a} + \frac{\pi}{b} + \frac{\pi}{c} > \pi$ となる．$a \geq b \geq c$ とすると，$1 < \frac{1}{a} + \frac{1}{b} + \frac{1}{c} \leq \frac{3}{c}$ であるため $c < 3$ が導かれる．

今，c は2以上の自然数であったので，$c = 2$ と定まる．$c = 2$ を代入すると，$1 < \frac{1}{a} + \frac{1}{b} + \frac{1}{2}$ となり，$\frac{1}{2} < \frac{1}{a} + \frac{1}{b}$ がいえる．$a \leq b$ としていたので，$\frac{1}{2} < \frac{1}{a} + \frac{1}{b} \leq \frac{2}{b}$ であるため，$b < 4$ が導かれる．今，b は2以上の自然数であったので，b =2, 3である．場合分けをする．

- $b = 2$ の場合：

  $0 < \frac{1}{a}$ となり，a には制約が付かず，a は2以上の任意の自然数である．

- $b=3$の場合：
  $\frac{1}{2}<\frac{1}{a}+\frac{1}{3}$となり，$\frac{1}{6}<\frac{1}{a}$であるので，$a<6$がいえる．$a\geq b$より，$a=3,4,5$である．

以上より，

$$(a,b,c)=(a,2,2)\,,(3,3,2)\,,(4,3,2)\,,(5,3,2)$$

$$(\alpha,\beta,\gamma)=\left(\frac{\pi}{a},\frac{\pi}{2},\frac{\pi}{2}\right),\left(\frac{\pi}{3},\frac{\pi}{3},\frac{\pi}{2}\right),\left(\frac{\pi}{4},\frac{\pi}{3},\frac{\pi}{2}\right),\left(\frac{\pi}{5},\frac{\pi}{3},\frac{\pi}{2}\right)$$

実際に，球面三角形の角度がこのようなとき，市松模様に塗ることができる球面タイリングが存在している[注2]．それらの球面市松模様三角形タイリングは，$(a, b, c)=(a, 2, 2)$の場合は，正$2a$角錐を底面で接合した形を紙風船のように膨らませて得られる球面タイリングとなり，$(a, b, c)=(3, 3, 2)$, $(4, 3, 2)$, $(5, 3, 2)$の場合は，それぞれ正四面体，正八面体，正二十面体の正三角形の面を重心細分したものを紙風船のように膨らませて得られる球面タイリングとなる．

次に，タイルが球面三角形だけではない場合に市松模様に塗ることができる球面タイリングを調べたくなるが，それは一筋縄ではいかない．なぜならば，次の命題が成り立つからである．球面三角形を含む複数種類の球面多角形をタイルが混在する場合を調べなくてはならなくなる．

命題

市松模様に塗ることができる球面タイリングは，タイルの中に球面三角形が必ず入らなければならない．

証明

二色定理により，頂点の次数は偶数であるので，次数が4以上であると仮定する．
タイリングのタイルの数をx，各タイルはn_k角形（$k=1, 2, \cdots, x$）とする．

$s=\sum_{k=1}^{x} n_k$ とおく．オイラーの公式より

$$\begin{aligned} x-(s/2)+(s/4) &\geq x-(s/2)+(\text{頂点の数})=2,\\ 4x-s &\geq 8 \end{aligned}$$

この式の成立はタイルの中に三角形がなければならないことを意味する．

（証明終了）

注2　隣り合ったタイル同士が鏡映関係でない場合には，[1] の結果である球面三角形による球面タイリングの分類から，すべての頂点の次数が偶数であるタイリングを見つけることができる．

注意：市松模様平面タイリングでは，上と同様のやり方で$1/a + 1/b + 1/c = 1$の関係式を解くことで，$(a, b, c) = (3, 3, 3), (4, 4, 2), (6, 3, 2)$であることがわかる．

この市松模様平面タイリングは万華鏡に関わりが深い（[43]）．

問題（難しめ）

n角形による球面タイリングが存在すれば，$n = 3, 4, 5$であることを示せ．
先の命題の証明を参考にして，タイリングのタイルの数をxとするとき，$x(6-n) \geq 12$であることを示そう．

1.3.3　サッカーボール多面体

1.3で球面タイリングの例に挙げたサッカーボールは，正五角形と正六角形の面で作られた多面体（ここではサッカーボール多面体と呼ぶことにする）を膨らませた形である．サッカーボールの形は，なぜあのようになっているのかを考えよう．

確認しよう．
サッカーボール多面体に使われている正五角形と正六角形の個数はそれぞれ何枚だっただろうか？また，辺や頂点の個数は何個だろうか？

サッカーボール多面体

正五角形と正六角形の面で作られた多面体

頂点の数：60
辺の数　：90
面の数　：正五角形 12
　　　　　　正六角形 20　　合わせて32

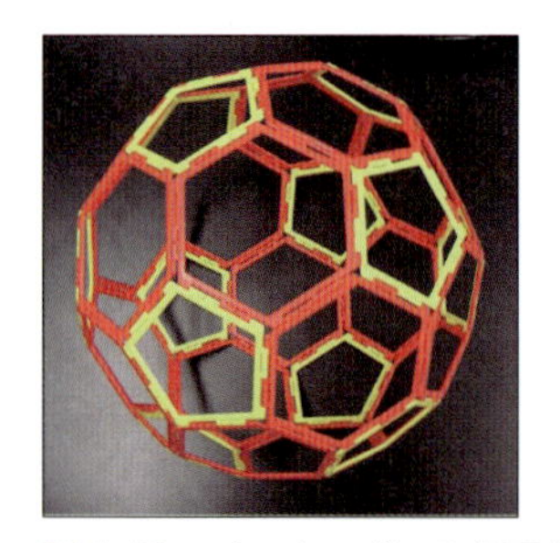
図1.48　サッカーボール多面体

（頂点の数）－（辺の数）＋（面の数）＝ 60 － 90 ＋ 32 ＝ 2

オイラーの多面体公式
（面の数）－（辺の数）＋（頂点の数）＝ 2

サッカーボール以外の正五角形と正六角形の組み合わせを考える．
サッカーボール：正五角形のまわりに正六角形を並べている．
正六角形のまわりに正五角形を並べるとどうなるか．

頂点の数：28

辺の数　：42

面の数　：正五角形 12

正六角形 4　　合わせて16

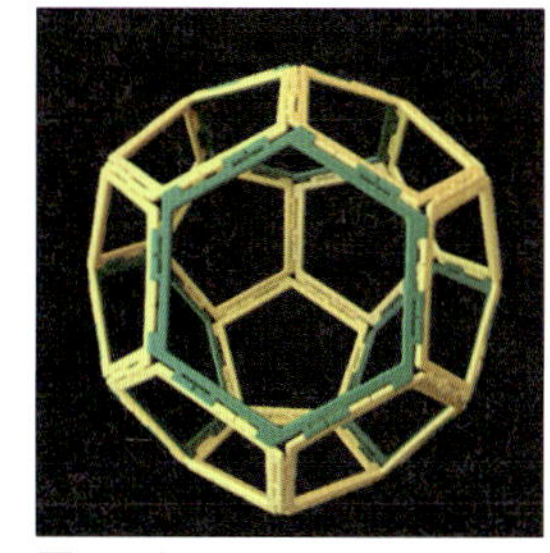

図 1.49　正六角形のまわりに正五角形を並べる

(頂点の数) − (辺の数) + (面の数) = 28 − 42 + 16 = 2

サッカーボールのときも，正五角形の数は12.
正五角形の数は必ず12枚になるのだろうか?

オイラーの多面体公式を用いて，

「正五角形と正六角形を用いて多面体を作った場合，正五角形の数は必ず12枚になる」

ことを示す.

各頂点には3つの面が集まることに注意する.

図 1.50　各頂点に集まる3つのパターン

正三角形3つ

正五角形2つ
正六角形1つ

正五角形1つ
正六角形2つ

正五角形をx枚，正六角形をy枚使うとすると

頂点の数　：$\dfrac{5x+6y}{3}$

辺の数　：$\dfrac{5x+6y}{2}$

面の数　：$x+y$

と表すことができる.

これらを次の式に代入すると，

$$(\text{頂点の数}) - (\text{辺の数}) + (\text{面の数}) = \frac{x}{6}$$

である．オイラーの多面体公式から，これが2に等しいので，正五角形の枚数は必ず12枚になることが示された．

もう一度，正六角形のまわりに正五角形を並べて作った図形をよく見てみよう．

画像からはわかりづらいが，面が曲がっている．実は，面が曲がっていて，厳密な意味で多面体でなくとも，オイラーの多面体公式は成り立つ．面がゴムのような素材であるとして，中に空気を入れて膨らませたときにボールの形（球面）になるものに対して成り立つ公式である．

面が曲がらないことを条件につけると，正五角形と正六角形の両方を用いて多面体を作ったとき，次の①，②が成立する．

① 正五角形は隣り合わない（孤立五員環則という）．

② 必ずサッカーボール多面体になる．

多面体の作り方を頂点に集まる正五角形と正六角形の組み合わせによって考える．正五角形と正六角形の組み合わせは，正五角形の数と正六角形の数が，3と0，2と1，1と2，0と3の4通りである．次のような形で，正五角形2つと正六角形1つが集まる頂点を作ろうとしたとする．

図 1.51　頂点の作り方

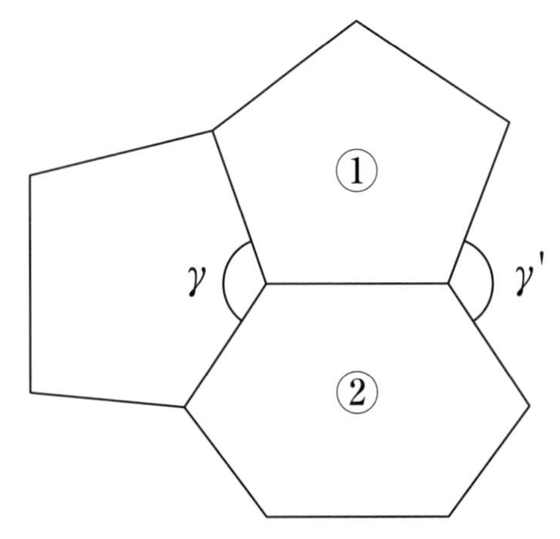

ここで，①，②の二面角（2つの面①，②のなす角度）を考える．

図 1.52　3つの面の関係

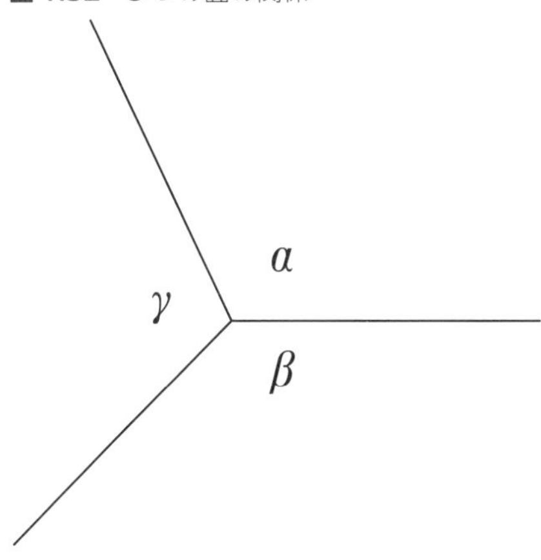

左図のように，3つの面が，角度α，角度β，角度γで一点に集まっているとする．角度αをもつ面と角度βをもつ面のなす角（二面角）を$\underline{\alpha\beta}$と表すとき，球面三角法を用いることにより，関係式

$$\cos(\alpha\beta) = \frac{\cos(\gamma) - \cos(\alpha)\cos(\beta)}{\sin(\alpha)\sin(\beta)}$$

が得られる．

この関係式を2つの面①，②の左側と右側に適用すると，角度γと角度γ'は同じ大きさにならなければならない．

図 1.53　γとγ'の関係

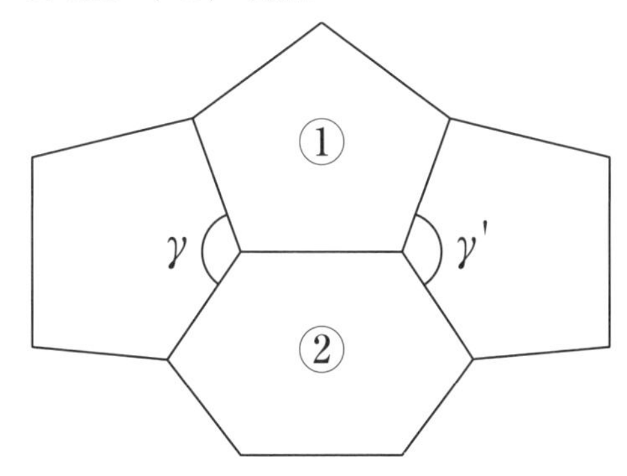

したがって，向かい隣には同じ正五角形をもってこなければならない．同様に考えると正六角形のまわりはすべて正五角形になることがわかる．

図 1.54　正六角形のまわりはすべて正五角形

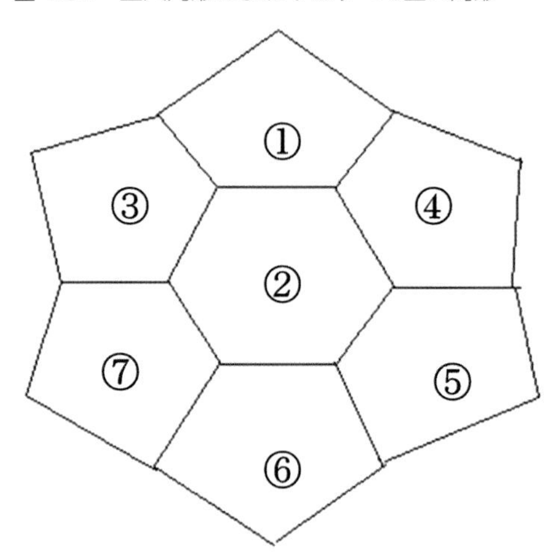

次に，⑩の位置にくるのが正五角形と正六角形のどちらになるかを考える．

図 1.55　さらにまわりに配置する

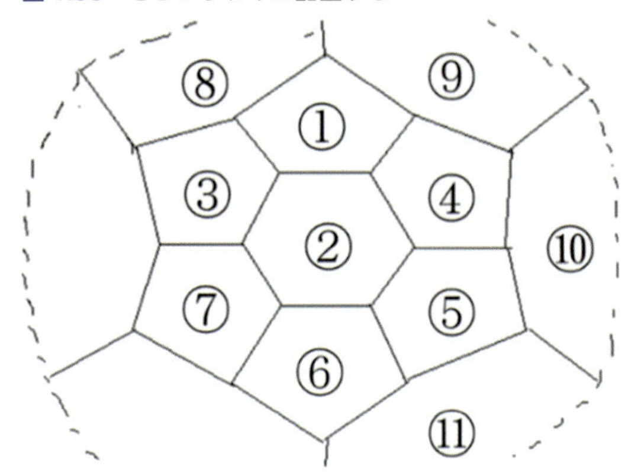

④と⑤の境を軸に見ると，②が正六角形だから向かい合う⑩は正六角形となる．

ところが，④と⑨の境を軸に見ると①が正五角形だから向かい合う⑩は正五角形となり，矛盾が生じる．

図 1.56　⑩は正五角形か正六角形か

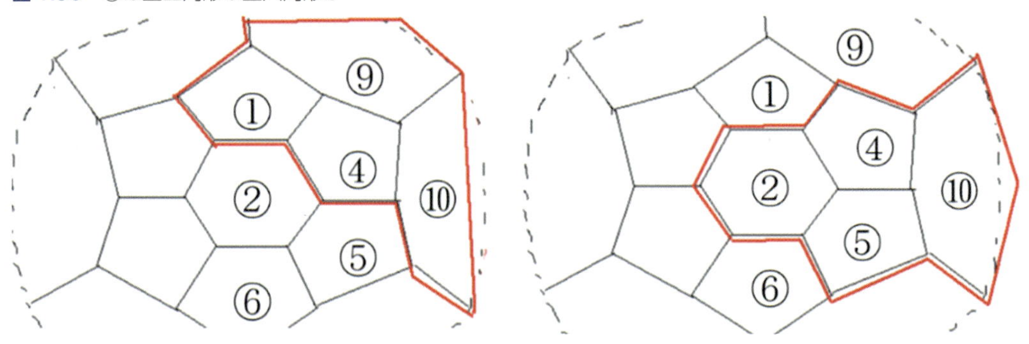

ゆえに，正五角形2つと正六角形1つが集まる頂点は存在しないことがわかる．

1つの頂点に3つの正五角形が集まると，その後付け加える面がすべて正五角形になって正十二面体になってしまうから正六角形を1つも使わずに終わってしまう．

そこで，正五角形3つが集まる頂点も存在しないことがわかる．つまり正五角形2つ以上によって作られる頂点が存在しない．ゆえに正五角形は隣り合わないことが示された．頂点に3つの正六角形が集まると，平坦になるので使えない．

よって頂点のまわりは必ず1つの正五角形と2つの正六角形からなる場合だけが許される．すべての頂点のまわりが1つの正五角形と2つの正六角形からなるもの（1, 2）であり，正五角形の個数は12個であったので，頂点数は60個になる．これはサッカーボール多面体（切頂二十面体）である．

大きさが1千万分の1センチメートルくらいという，とても小さなサッカーボール（分子）が作られている．この分子は思想家，デザイナーのR. Buckminster Fuller（バックミンスター・フラー）

の建造物であるジオデシック・ドームに似ていることから，フラーレンと名づけられたらしい（[20]）.

サッカーボールの形の分子はその頂点数60から，C_{60}フラーレンと呼ばれる．

フラーレン分子の形をもつ，面が曲がることを許す広い意味での多面体をここではフラーレン多面体と呼ぶことにする．頂点数が60より多い場合は，図のような，頂点に3つの正六角形が集まる配置を許すことになる．

図 1.57 フラーレン多面体において許される正六角形の配置

フラーレン多面体からは，球面五角形，球面六角形からなる球面タイリングが得られる．残念ながら，球面五角形，球面六角形は球面正五角形，球面正六角形とは限らないし，1つの球面タイリングの中でも，異なる形の球面五角形，球面六角形が混在することがあり得る．

1.3.4 フラーレン多面体とその展開図

面が曲がることを許せば，サッカーボール多面体と同じく，スケールを合わせた正二十面体の頂点の位置に正五角形をもつものが無数にある．それらはゴールドバーグ多面体と呼ばれている．ゴールドバーグ多面体は，1つの五角形から最も近い五角形へ移動するまで，隣の面に移るステップm回，その後60°左に曲がって隣の面に移るステップn回で到達するとき，そのステップの数を用いて$G(m, n)$と表される．例えば，下の図左では青線のように，1つの五角形から最も近い五角形へ移動するまで，隣の面に移るステップ1回，その後60°左に曲がって隣の面に移るステップ2回で到達するので，$G(1, 2)$と表される．同様にして次の図右は$G(2, 2)$と表される．

図 1.58　$G(1, 2)$ と $G(2, 2)$

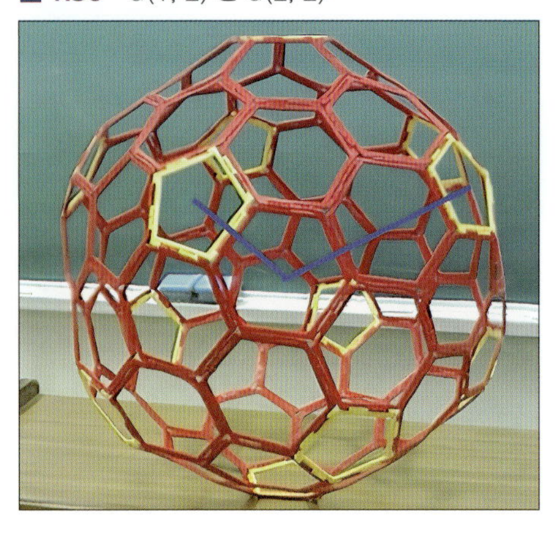
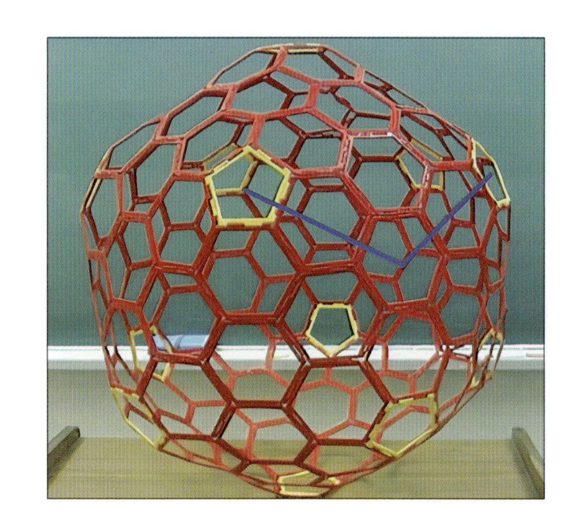

任意の(m, n)に対して$G(m, n)$は存在し，$G(m, n)$と$G(n, m)$は互いにキラル構造（鏡合わせ）になっていることがわかる．

また，この表記を用いると，サッカーボール多面体は$G(1, 1)$のことである．「メランコリアI」という作品（謎の多い作品のようだ．［デューラー・コード, 49］）で知られるAlbrecht Dürer（アルブレヒト・デューラー, 1471–1528）は，ドイツのルネサンス期の画家，版画家であり，数学者でもある．デューラー氏の『画家マニュアル』（1525）には数多くの立体が辺展開図で記述されていた．多面体を平面に展開して示したのは，少なくとも記録に残っている限り，デューラー氏が初めてらしい．デューラー氏は「任意の凸多面体は辺展開図をもつ」の成立を予想していたようである．これは未解決問題である．

デューラー氏により描かれた正二十面体の展開図は正六角形タイリングの正六角形タイルの中心を頂点にもつ二十二角形として以下のように描くことができる．サッカーボール多面体（C_{60}フラーレン）は，正二十面体から頂点の部分で切り落としを行った多面体（切頂二十面体）である．そこで，できるものをサッカーボール多面体に切り落とし部分である正五角錐のツノが結合したものとしてみなせば，この展開図でサッカーボール多面体（C_{60}フラーレン）が表現されているとしてよい．

図 1.59 デューラーによるサッカーボール多面体（C_{60} フラーレン）の展開図

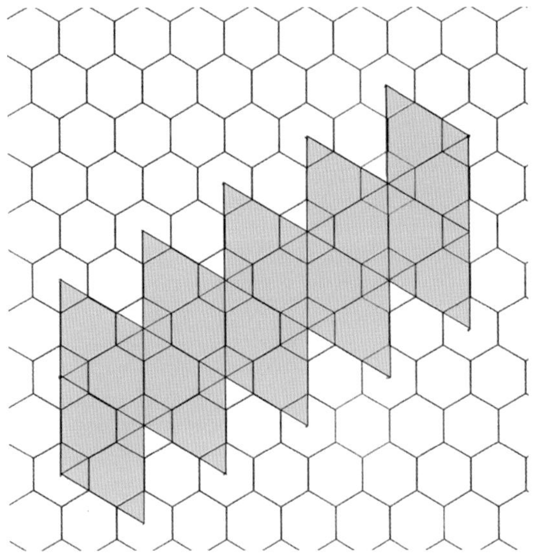

この展開図は，上方と下方にそれぞれある5個の一点接触で連結した三角形の列と，中央にある10個の三角形からなる平行四辺形からできている．これら三角形の頂点は正六角形タイリングの正六角形タイルの中心にあることに注意しよう．5個の三角形の行をキャップと呼び，2組のキャップ以外の部分を管状セグメントと呼ぶことにする．

ここで，展開図のもつ性質を説明する．まず，展開図の周は角度が180°以上になる場合も含めて，キャップの10個の三角形の頂点を頂点としてもつ二十二角形になっている．展開図の組み立て方は以下のとおりである．

1. 管状セグメントの両端を貼り合わせて円筒にする．
2. キャップにおいて，1点接触している2個の三角形を，接触点に接続しているまわりにある辺同士で貼り合わせる．

組み立て後のツノ（五角形）の場所はキャップの三角形の頂点により決まる．

デューラーによる展開図に現れた管状セグメントとキャップの構成を一般化することにより，吉田展開図法が得られる（[22]，[29]）．吉田展開図法は異性体を網羅的に調べあげるのに使われている．吉田展開図法で管状セグメントとキャップに求められるのは次の条件である．

- 管状セグメントが円筒部分に組み立てられるための条件として，「管状セグメントの両端は平行で，同じ長さである」．
- キャップを五角錐に組み立てられるための条件として，「キャップにおいて，一点接触している2個の三角形の接触点に接続しているまわりにある2辺は長さが等しく，正三角形の2辺を成す」．

吉田展開図法で描かれた展開図は，もはやキャップは正三角形からなるとは限らないし，管状セグメントも平行四辺形とは限らなくなる．

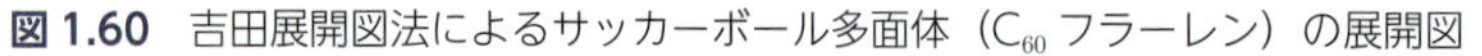

図 1.60　吉田展開図法によるサッカーボール多面体（C_{60} フラーレン）の展開図

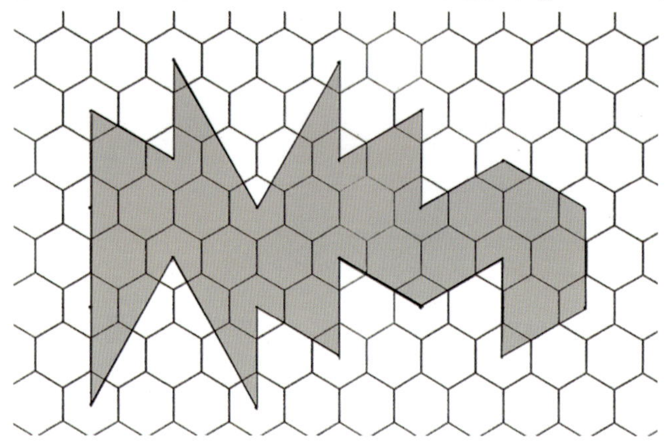

展開図を組み立てたものを載せる．あえて一方のキャップは閉じていない．左がデューラーの展開図，右が吉田展開図法による展開図を組み立てたものである．

図 1.61　展開図を組み立てると…

C_{60} フラーレンの展開図を相似拡大することで，ゴールドバーグ多面体のもつ性質を調べることができそうだ．

また．孤立五員環則を仮定しないと，その組み合わせ構造（異性体）はただ1つではない．吉田展開図法を発展させて，異性体の系統的数え上げを行うことができるようになり，C_{60} フラーレンの異性体の数は1812個あることがわかっている（[22]）．

存在の確認されている C_{70} フラーレン多面体は，C_{60} フラーレン多面体 $G(1, 1)$ を半分にして，片方を36°回転し，五角形間の距離を離すようにくっつけた（5つの六角形のすき間ができる）構造になっている．ラグビーボール多面体といっていい形だ．

図 1.62　ラグビーボール多面体

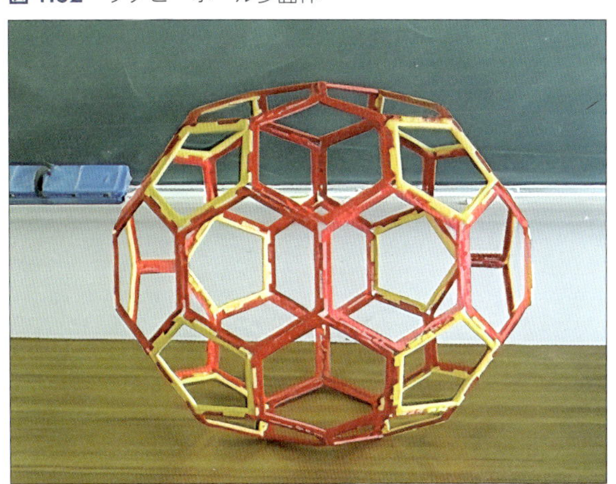

C_{70} フラーレン多面体の展開図は，C_{60} フラーレン多面体の展開図の上方のキャップを平行移動して，それに伴って管状セグメントを取り直すことで，以下のように導出される．

図 1.63　デューラーによる C_{60} フラーレンの展開図から導出される C_{70} フラーレンの展開図

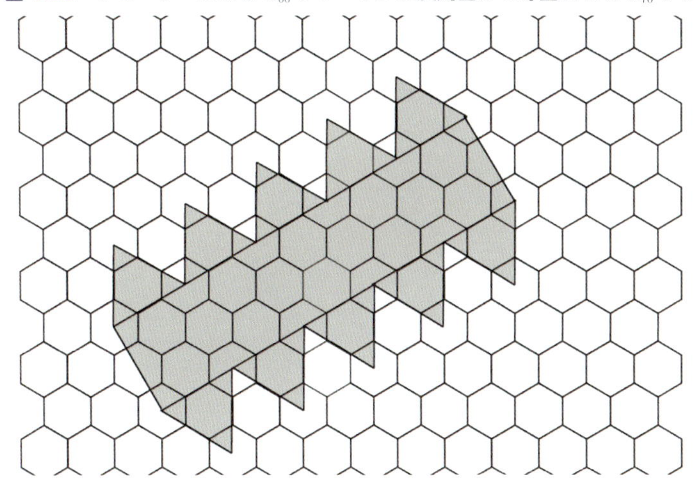

実際，2つある C_{60} フラーレン多面体の半分は，面を曲げることなく，くっつけることができる．ゆえに曲がっている正六角形を5つだけ用意すれば C_{70} フラーレン多面体を作ることができるといえる．孤立五員環則を満たすとき，C_{60} フラーレン多面体の次に頂点数の小さいフラーレン多面体は C_{70} フラーレン多面体であることが示されている（[30]）．[30] では，試行錯誤により証明をしていたが，吉田展開図法を用いると，試行錯誤を最小限にできそうだ．また，C_{70} フラーレン多面体の場合のまねをして，$G(m, m)$ を用意して，それを半分にして，片方を回転してくっつけると，C_{70} フラーレン多面体と12枚の五角形同士の位置関係が相似しているものが無数に作れるはずである（[30]）．このことも，吉田展開図法を用いると簡単に証明できそうだ．

問題

先の C_{60} フラーレン多面体，C_{70} フラーレンの吉田展開図法を実際に組み立ててみよう．

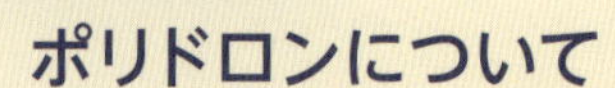

COLUMN

ポリドロンについて

このセクションで，サッカーボールの基になる多面体やフラーレン多面体，頂点に集まる面の様子を作成しているのは，東京書籍から販売されているポリドロンという幾何教具である．ポリドロンには枠だけのフレームタイプと面がすべてあるソリッドタイプのものがある．一松 信先生の著書『正多面体を解く』のカラーページには，フレームタイプのポリドロンによって作成されたサッカーボールや星形多面体2つを含む9つの多面体が掲載されている．

サッカーボールの形を作る活動は，[24]，[31]，[35]，[44] などにおいて取り上げられている．厚紙に展開図を描いてそれを組み立てるということが行われている．フレームタイプのポリドロンは面の曲がりを許容するので，形を制作する自由度が高く，サッカーボールの形の本質により迫れるかなり良い幾何教具であると思う．実際，筆者はポリドロンを用いて，このセクションの内容を2014年度，2019年度，2023年度の高大連携（高校と大学が連携して行う教育）の交流授業「高校生のためのおもしろ科学講座」における教材として使用した．さらに，2019年には，夏休み期間中の学習活動として，2019年7月26日に高知市立第六小学校において希望者を対象に授業を行った（[32]）．希望者の内訳は，1年生3名，2年生0名，3年生1名，4年生1名，5年生2名，6年生2名であり，合計は9名であった．

この9名のうち，5名はサッカーボール多面体を，あとの4名はサッカーボール多面体以外の形を作成した．4名のうち2名は正六角形のまわりに正五角形が配置されているという特徴をもつ形を作っていた．これは，こちらがサッカーボール多面体以外の形として提示することを準備していた形である．また，正六角形を1点のまわりに3枚配置すると，平坦な面ができるということに気付いた児童がいた．ポリドロンを用いて手を動かして形を作成することで，ひらめきや気づきが生まれていた．

第 2 章

もっとタイリングと遊ぶ

2.1 折るタイリング

このセクションでは，紙を折ってタイリングを作ってみる．平面のタイリングを折るのは，Origami Tessellation（平織り）と呼ばれて，さまざまなタイリングが折られている．『文様折り紙テクニック』（山本陽平，三谷純 著）（[58]）という素晴らしい本が既にあるので，平面のタイリングに関しては，その本に掲載されていない次のMomotani's stretch wallを紹介するに留めたい．レンガ積みのような長方形によるタイリングなのだが，ストレッチする．

2.1.1 Momotani's stretch wall

Momotani's stretch wall（またはOrigami Brick Wallなど，呼ばれ方にはいくつかあり）は桃谷好英氏により考案された．『数学セミナー』（日本評論社，2014年11月）の掲載記事「紙一枚からの工学」で「桃谷の絨毯」として紹介されていたのを見て，折ってみようと調べたが，そのとき見つけたのが完成したものを引っ張る動画だけだった．動画から推察して折り図を描くことから始めて折ることができた．できるのがおしいと思える楽しい経験だった．今は折り図もネット上で見つかる．動画もたくさん見つかる．

図2.1　Momotani's stretch wall

Origami Tessellation（平織り）の基本は，ねじり折りである（[11]）．次のページにあるMomotani's stretch wallの折り図でも正方形のまわりでねじり折りがされている．まずは1つのねじり折りを折ることから始めるといいかもしれない．三谷純氏の折り紙研究ノート[注1]の平織りの項

注1　https://mitani.cs.tsukuba.ac.jp/origami/

目を見てみよう.

下の折り図は，タイリングの環状拡大で論文を共著で出した木下さんが描いてくれたものである.エクセルで作っている.

図 2.2 Momotani's stretch wall の折り図

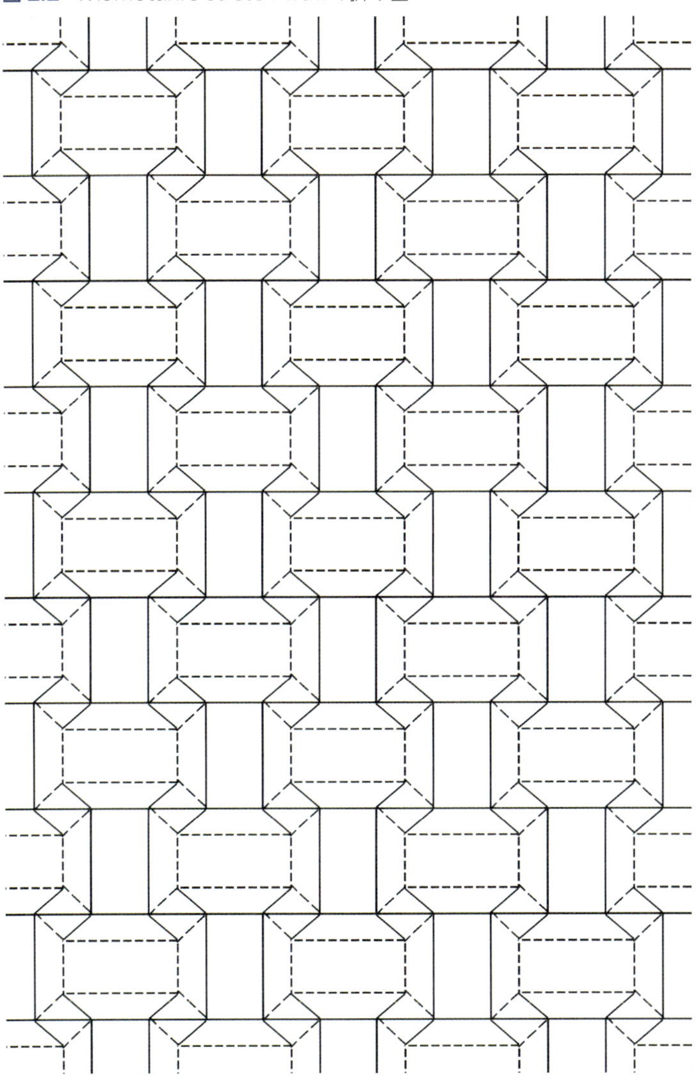

2.1.2 球面曲線折り紙による球面タイリング

筑波大学教授の三谷純氏により，さまざまな立体折り紙が創られている．その中に，「しぼり」と呼ばれる紙の端を重なり合わせ渦状に巻いた構造をもつ球面を形作るものがある（[53]，[54]，[55]，[56]，[57]）．「しぼり」の構造を生かして，球面タイリングを折ってみる（[39]）.

次の図左の展開図の左右を貼り合わせて，ピンクを山折り，水色を谷折りで折ると，図右のように，8枚羽根の球体と呼ばれる「しぼり」の構造をもつ球の形の曲線折り紙が作られる.

図 2.3　曲線折り紙

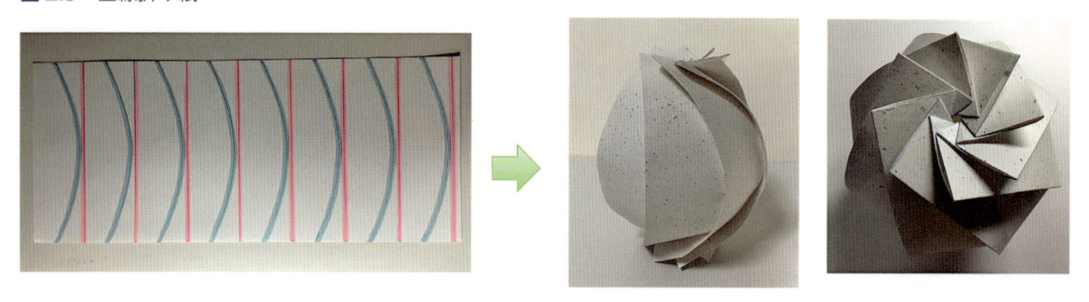

ここで，8枚羽根の球体の展開図と折られた完成品をよく観察してみる．8枚羽根の球体の展開図を下のように大きくした．

図 2.4　8 枚羽根の球体の展開図

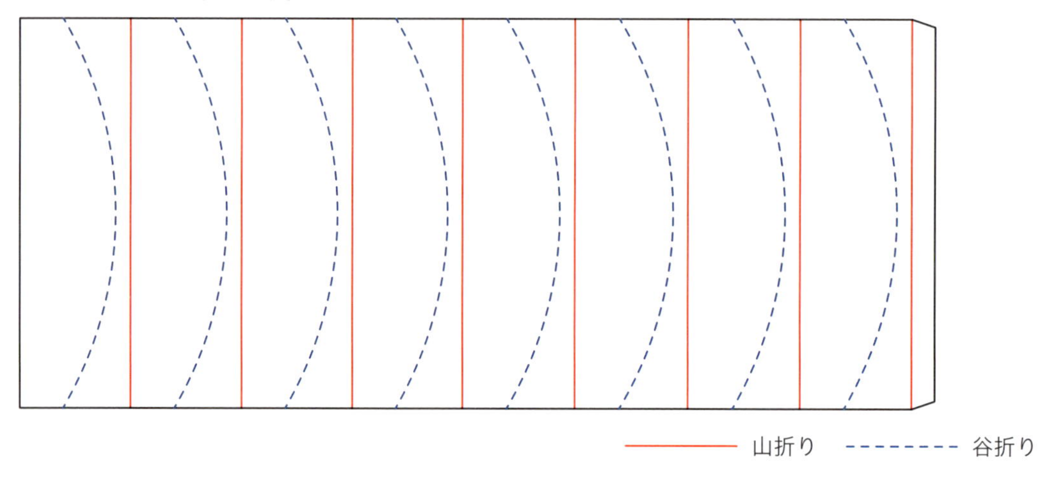

展開図を折って球の形にするとき，球の面をなすのは展開図の次の部分であることがわかる．

図 2.5　展開図のうち球の面をなす部分

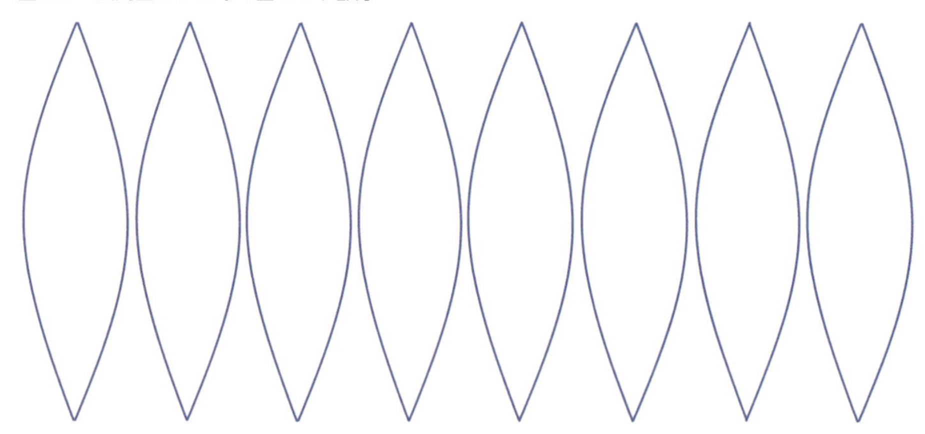

この図から連想されたのは，地図投影法における舟形多円錐図法（[51]）や縫製におけるダーツという平面的な布を立体化する技法（[41]）であった．そこで，球面の分割を考え，その分割面を平面化してから，平面に配置する．そしてダーツ技法のように，余分な部分を折り出すことにより，球体を折ろうと考えた．

8枚羽根の球体の場合の球面の分割は，球面二角形による球面タイリングとなっている．そこで，球面n角形による球面タイリングを使うことができるのではないかと考えた．球面二角形の場合と同様に，球面タイリングの頂点のところにしぼりを作ることができるような構造を考える．それは，各頂点のまわりにしぼりの回転の向きを指定したとき，それらが両立するようにできる球面タイリングである．その頂点と面の立場を交換して得られる双対タイリングにおいては，タイルである各球面多角形の境界に一回りするように辺に向きを付けたとき，すべてのタイルの境界に時計回りか反時計回りかの向き付けをうまく指定することを表す．

ここで出てきた双対タイリングはその定義に頭を悩ませる．正多角形によるタイリングなら双対タイリングの頂点としてその正多角形タイルの中心を取ることにすればよいし，そうでない場合も双対タイリングとしてボロノイ・タイリングが使えることもある．双対タイリングの定義が，タイリングの頂点と面の立場を交換することで得られるという曖昧な言い方になるのは，双対タイリングを構成するやり方のプロセスを一般的な状況で明確な形で書くことが難しいからだと思っている．

下の2つの図は，球面タイリングに球面四角形（左）と球面三角形（右）が使われている場合に，頂点のまわりの向き（青）と双対タイリングの向き付け（赤）を描きいれたものである．

図 2.6 頂点のまわりの向きと双対タイリングの向き付け

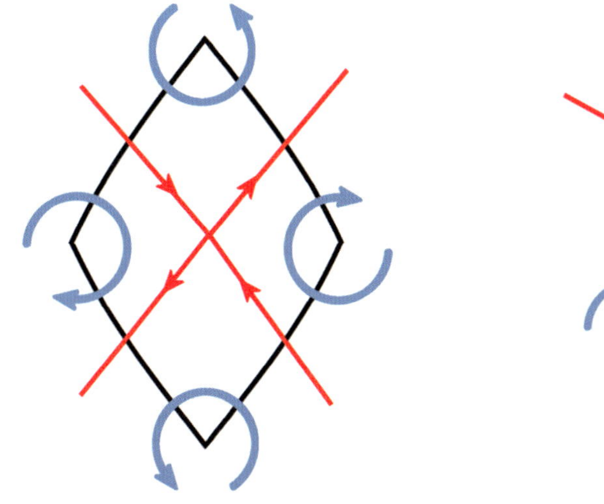

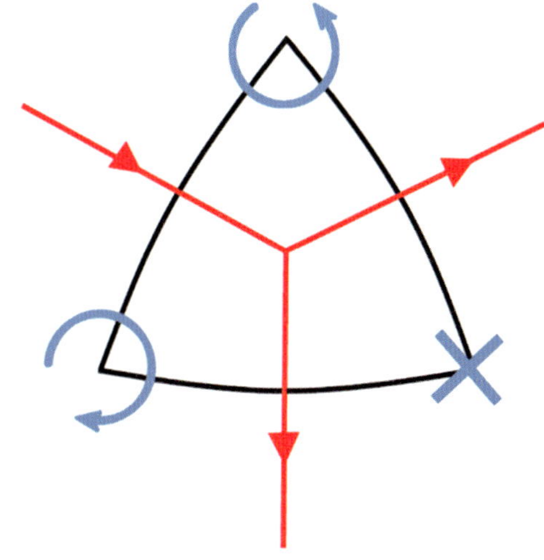

上の右図のように，球面三角形が使われている場合には矢印の向きを定められない箇所が出てき

てしまう．同様に，双対タイリングの次数が奇数になる場合には矢印の向きを定められない箇所が出てくることもわかる．よって，球面$2n+$一角形（nは自然数）を用いて球面を分割すると，しぼりが上手く折れない箇所が出てきてしまうことがわかる．

また，双対タイリングが向き付けが可能であるとき，各タイルの境界には時計回りか反時計回りかの向き付けが可能であり，隣り合ったタイルの（反）時計回りの向き付けは異なっている．

このとき，時計回りの向きをもつタイルを白色，反時計回りの向きをもつタイルを黒色に塗れば市松模様に彩色されたタイリングが得られる．

1.3.2で，タイリングを市松模様に塗ることができるための条件である次の二色定理を見た．

二色定理

タイリングを市松模様に塗ることができる．$\Leftrightarrow$ すべての頂点の次数が偶数である．

球面タイリングが,「しぼり」の構造をもつ球形曲線折り紙として得られるための条件についてわかったことをまとめておく．

球面タイリングに対して，次の (i) , (ii) , (iii) は同じであることを主張する．

- **(i)** 球面タイリングは各頂点のまわりに回転の向きを指定したとき，それらが両立するようにできる．これがしぼりができることに相当する．
- **(ii)** その双対タイリングを市松模様に塗ることができる．
- **(iii)** 球面タイリングのタイルは偶数個の角をもつ球面多角形である．

「(ii) その双対タイリングを市松模様に塗ることができる.」より，市松模様に塗ることができる球面タイリングを考える．最初の取っ掛かりとして，タイルが球面三角形であるものを考える．隣り合った球面三角形のタイル同士が鏡映関係であると仮定するとき，次のように市松模様に塗ることができる球面タイリングを網羅的に求めることができる（[46]）．

球面三角形ABCにおいて，頂点A, B, Cにおける内角をα，β，γとする．

球面三角形の各辺での鏡映を考えて，球面の市松模様にタイリング可能な条件を導くこととする．

$$(\alpha,\beta,\gamma)=\left(\frac{\pi}{a},\frac{\pi}{2},\frac{\pi}{2}\right),\left(\frac{\pi}{3},\frac{\pi}{3},\frac{\pi}{2}\right),\left(\frac{\pi}{4},\frac{\pi}{3},\frac{\pi}{2}\right),\left(\frac{\pi}{5},\frac{\pi}{3},\frac{\pi}{2}\right)$$

球面三角形の角度がこのようなとき，市松模様に塗ることができる球面タイリングが存在している[注2]．

注2　隣り合ったタイル同士が鏡映関係でない場合には，[1] によると，結果である球面三角形による球面タイリングの分類から，すべての頂点の次数が偶数であるタイリングを見つけることができる．

立体折りを折るのに適した球面タイリングはどんなものであると考えられるだろうか．対称性が高いことはもちろんであるが，実際に折るという観点からは，次の条件も重要であると思われる．

(1) 使うn角形タイルのnは小さいほうがよい．

(2) タイルの数が多すぎるのは折るのが難しい．

(3) 頂点への面の集まり方は適正数で同じ角度がよい．

さらに，多面体をベースにして，それを膨らませて得られる球面タイリングを折ろうとする場合には，タイルである球面多角形を求めやすいということも重要となる．

（実例I：立方体ベース）（[39]）最初に，上の $(\alpha, \beta, \gamma) = \left(\frac{\pi}{a}, \frac{\pi}{2}, \frac{\pi}{2}\right)$，$a = 2$ の場合を考える．この双対タイリングから立方体を膨らませてできる球面タイリングが得られる．すべての角が120°となるような6個の等辺球面四角形によるタイリングである．これを実際に紙で折るための展開図を考えていくことにする．

展開図を描くためには，タイルである球面多角形から展開図の平面パーツを作る必要がある．地図投影法における舟型多円錐図法のまねをして，等辺球面四角形を平面に引き延ばす．いうならば，球面多角形を緯線により，細かな球面の帯状領域に分割し，それらを平面上に広げて並べたものの，分割を細かくしていったときの極限として平面パーツを作る．今の実例Iの場合は，展開図を描くために必要な平面パーツとして，次のような頂点での接線のなす角が120°であり，曲線部分がサインカーブで与えられた6個の膨らんだ正方形が用意される．

図 2.7 立方体ベースで必要な6個の正方形

これらを球体として折り上げるために，下図のようにパーツを配置し切れ込みを入れてしぼりを作ってみた．

図 2.8　展開図（切れ込みあり）

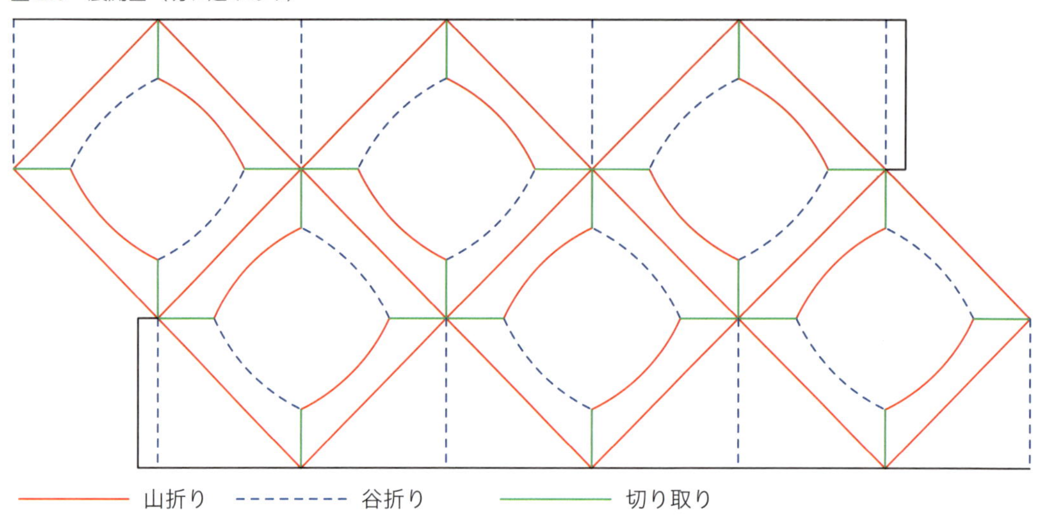

実際に折ってみたが，それは球というよりは，少しだけ膨らんだ立方体にしか見えなかった．展開図を作り直す．できた展開図がこちらである．

図 2.9　展開図（切れ込みなし）

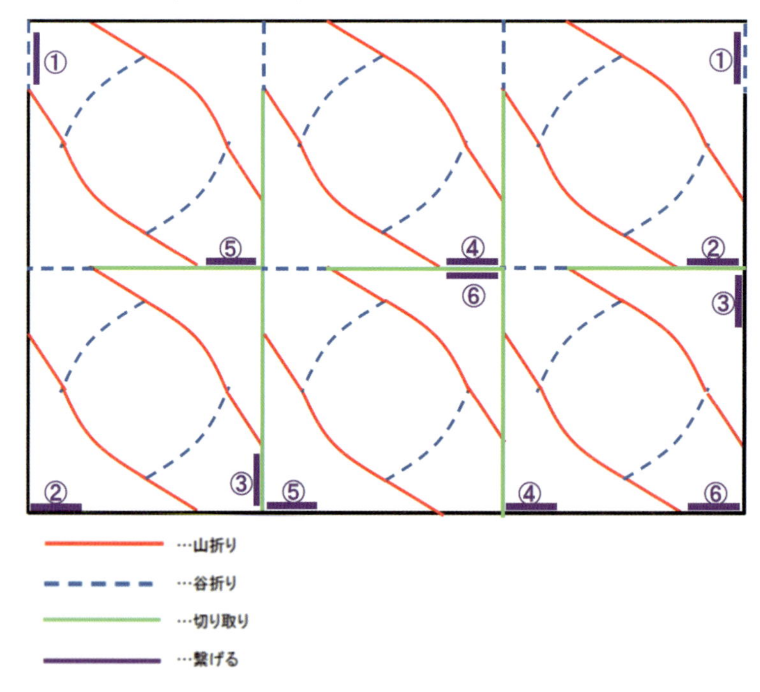

実際に折ったものが次の図である.

図 2.10 図 2.9 を折ったもの

上で作成した立体折りを改良するために次の試みを行う.

(実例II：立方体ベース改良型)([39]) より球体に近づけるため，しぼりでの羽の数を増やす.

図 2.11 1つの面を基準にして展開した多面体のグラフ表現

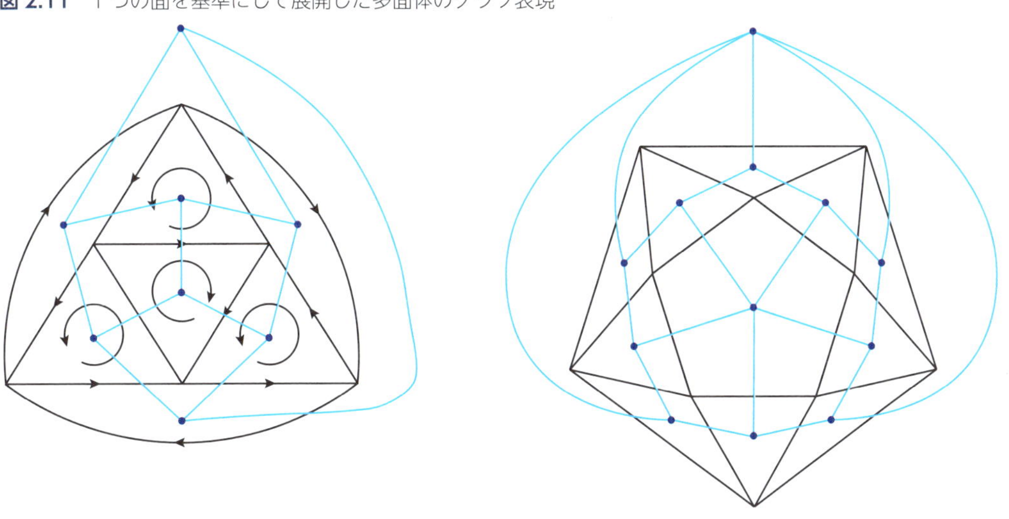

角が72°と144°となるような10個の等辺球面四角形によるタイリングで実現される.

これを実際に紙で折るための展開図を考えていくことにする．展開図を描くために必要な平面パーツとして，右のような頂点での接線のなす角が72°と144°であり，曲線部分がサインカーブで与えられた10個の膨らんだひし形を用意する．

このパーツを使って，2種類の展開図を作成し，実際に折ってみた．

図 2.12　立方体ベース改良型で必要な10個のひし形

図 2.13　展開図（切れ込みあり）

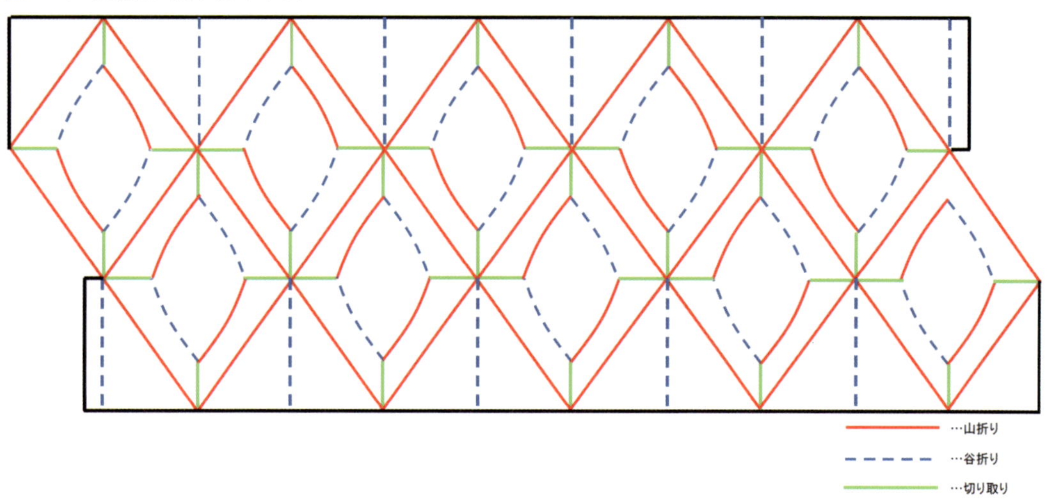

図 2.14　図 2.13を折ったもの

図 2.15　展開図（切れ込みなし）

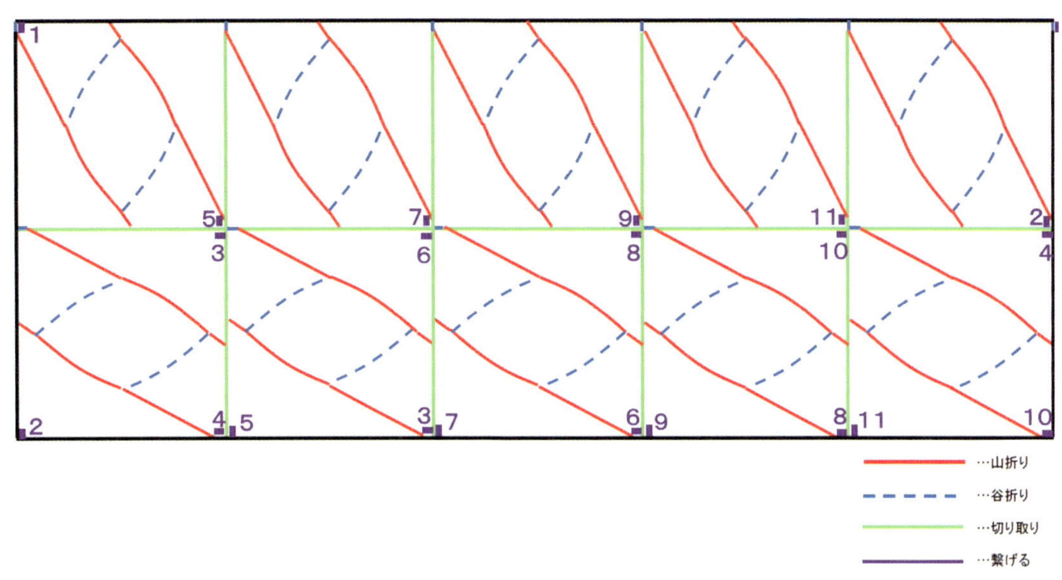

図 2.16　図 2.15 を折ったもの

（実例III：等面菱形多面体ベース）（[47]）

単一の球面菱形をタイルとしてもち，頂点に集まる角度が同じになるような球面タイリングを調べよう．球面菱形において，その内角を α，β とする．頂点に集まる角度が同じになるようにするので，各頂点のまわりを一回りすることから，ある3以上の自然数 a, b に対して，$\alpha = \frac{2\pi}{a}, \beta = \frac{2\pi}{b}$ がいえる．球面四角形の面積と内角の関係から，$2\alpha + 2\beta - 2\pi > 0$ であるので，$\frac{2\pi}{a} + \frac{2\pi}{b} > \pi$ となる．この不等式を変形して，$(a-2)(b-2) < 4$ となる．$a \geq b$ として，a, b が3以上の自然

数であることを考慮すると，$(a,b)=(3,3),(4,3),(5,3)$ を得る．それぞれの場合に，球面をタイリングするために何枚の球面菱形が必要なのか，面積を用いて求める．k枚必要だとすると，$k(2\alpha+2\beta-2\pi)=4\pi$ となるので，これを解いて，それぞれの場合に，6枚, 12枚, 30枚を使うことがわかる．したがって，立方体, 等面菱形十二面体, 等面菱形三十面体をベースにした球面タイリングとなる．立方体をベースにした場合は実例Iにあたる．

等面菱形十二面体ベースにしたときに，実際に紙で折るための展開図を考えていくことにする．展開図を描くために必要な平面パーツとして，頂点での接線のなす角が90° と120° であり，曲線部分がサインカーブで与えられた12個の膨らんだひし形を用意する（図は省略）．このパーツを使って，次のような展開図を作成した．

図 2.17　等面菱形多面体ベースの展開図

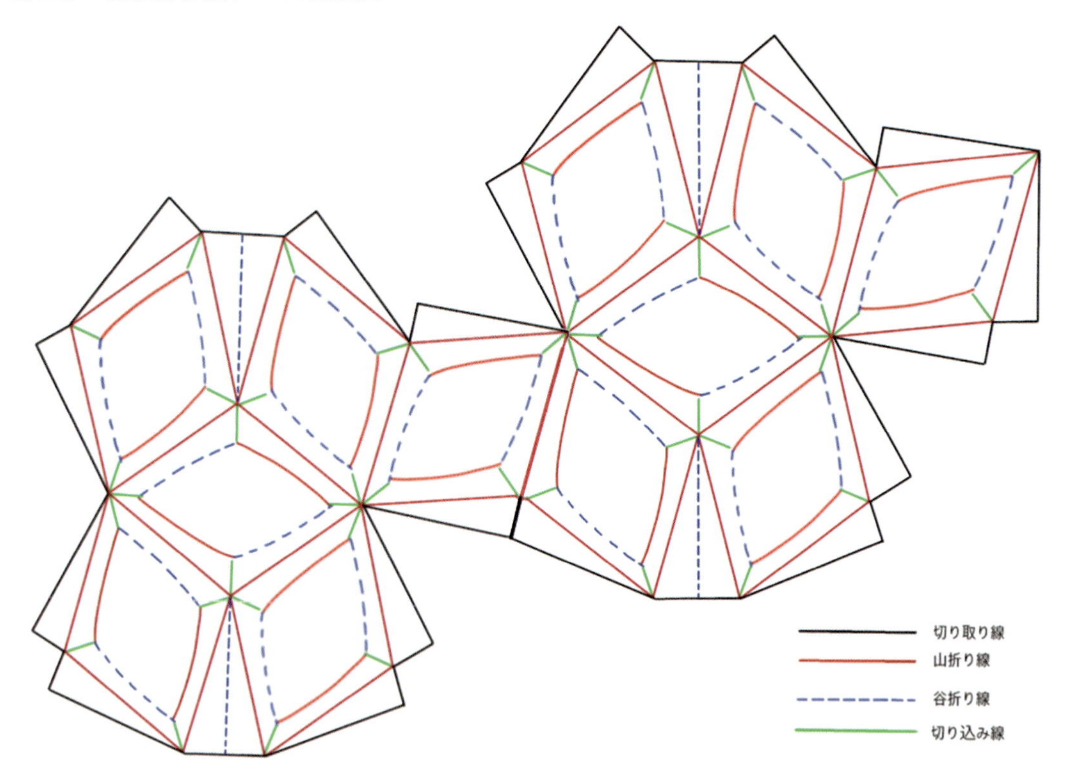

以下は試作品である．土佐和紙で作ってみた．

図 2.18 図 2.17 を折ったもの

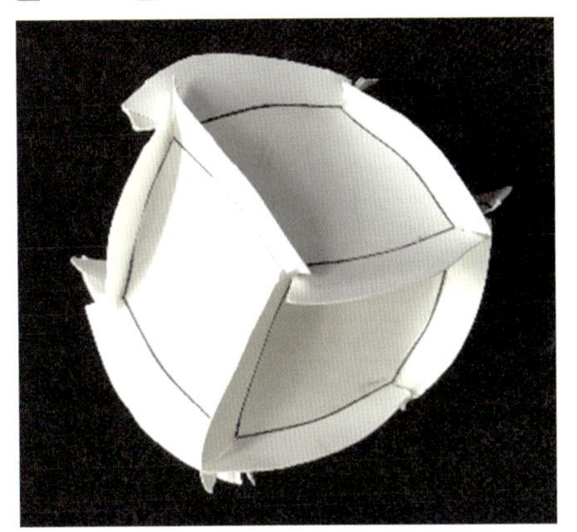

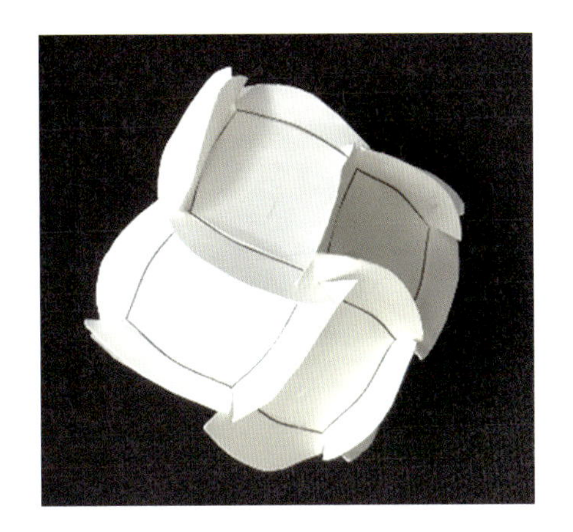

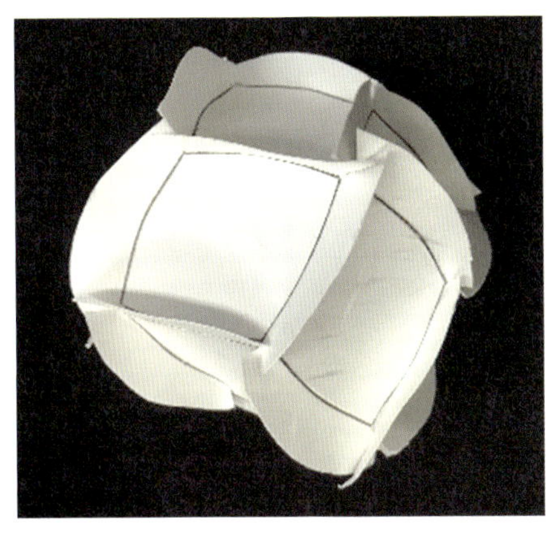

下図のような等面菱形三十面体（ユニット折り紙により作成）をベースにした場合は，まだ展開図を描くことも試していない．これも土佐和紙で作ってみたい．

図 2.19 等面菱形二十面体

タイリングからは離れるが，「しぼり」の構造をもつ立体折り紙をしぼりのところでつないでみたい．三谷純氏による8枚羽根の球体などのしぼりをもつ立体折り紙は，しぼりの部分で一直線上につなげることができた．右図は8枚羽根の球体と8角ボックスである．しぼりの形が同じなので，つなげられている．

ここで，「一直線上につなげる以外のつなげ方ができるものはあるか」という疑問が生じる．例えば下図のようにリング状にできるかどうかを考えてみよう．

図 2.20　8 枚羽根の球体と 8 角ボックス

図 2.21　リング状につながるか

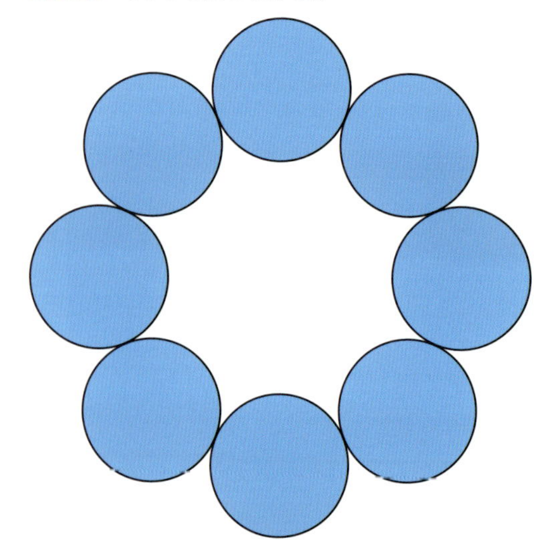

球形曲線折り紙同士をしぼりでつなげていくためには，それらのしぼりが同じ正多角形の形であり，適切な位置関係にあることが必要となる．

実例Iの立方体ベースでは，6個をつないでいくと，リング状にできる（[39]）．

図 2.22 立方体ベースを 6 個つなげる

多面体として球体により近く，正多角形の形をもつしぼりが一直線上にならないような配置をもつとして，切稜立方体がよさそうだ．その中でも，外接球をもつ切稜立方体をその外接球に投影して得られる球面タイリングを採用する（[37]）．

切稜立方体（Chamfered cube）とは，2000年に中川宏氏が製作した十八面体である（[40]）．立方体の辺に平行な平面によって辺を含む三角柱部分を切り離す操作を，12本の辺に対して一様に行うことによって得られる下図のような凸多面体である．その面は6個の正方形と12個の対辺が平行な六角形からなる．

図 2.23 切稜立方体

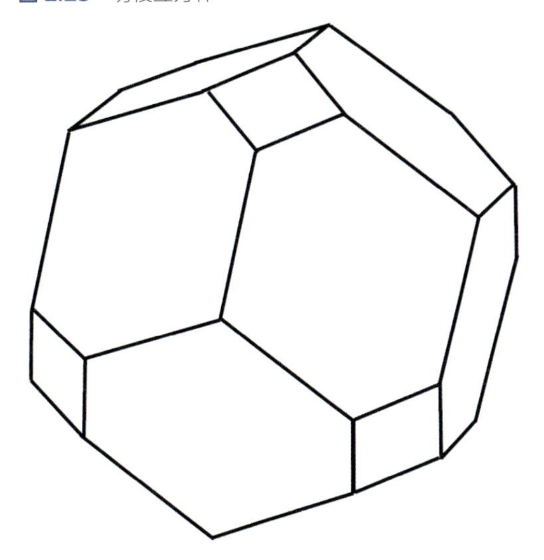

このような切稜立方体が外接球をもつための条件は，元の立方体の一辺を s，切り出した後の正方形の面の一辺を d として考えると，$s = 5d$ を満たすときとなる．

外接球をもつ切稜立方体を，その外接球に投影して得られる球面タイル貼りから，6個をしぼりで連結することでリング状になる球形曲線折り紙を製作することができる．さらに，球形曲線折り紙自体，しぼりをユニットの接続部分にして，ユニット折り紙として制作することができる．

ユニット折り紙とは，ユニットと呼ばれる比較的簡単な構造を作り，それらを複数個組み合わせて形を作るタイプの折り紙のことである．ユニット折り紙にすることは，制作の難易度を下げることにつながる．

今回は，地図投影法におけるサンソン図法のまねをして，次の図のような膨らんだ六角形と（図からはそう見えないかもしれないがわずかに）膨らんだ正方形が平面パーツとして得られる．正方形の面と六角形の面の大きさは下図のようになっている．

図 2.24　ユニット折り紙に必要な図形

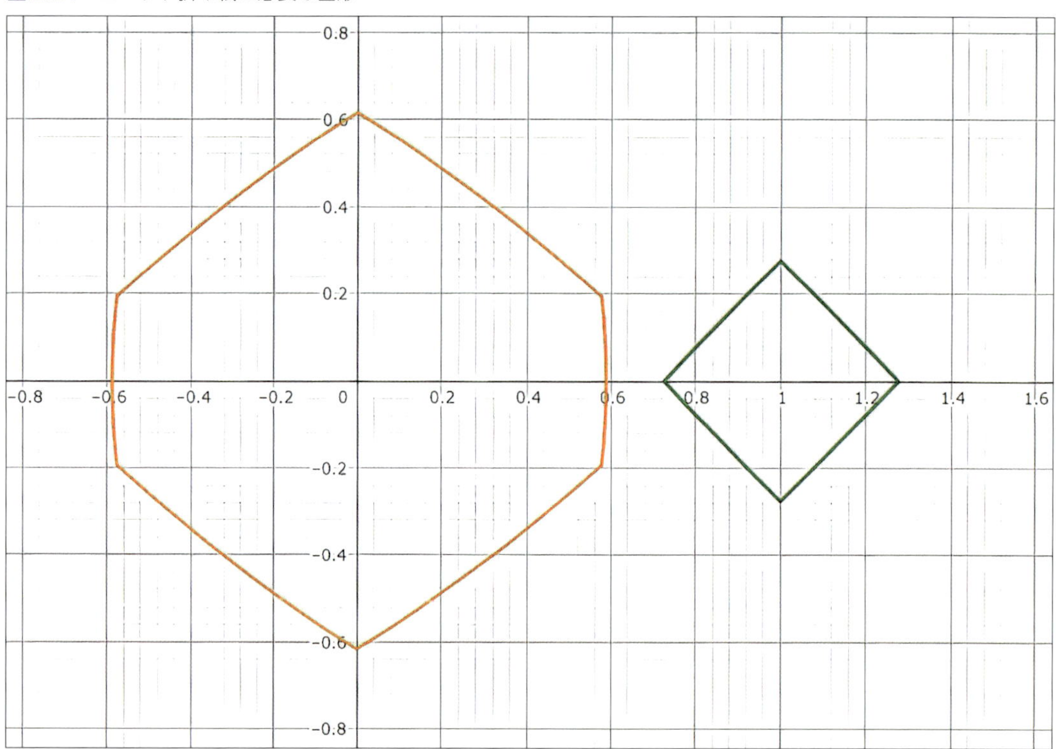

これらのパーツを用い，ユニットは次の左図の囲みのような2種類の構成：六角形の面が3つと正方形の面が1つ，六角形の面が3つと正方形の面が2つを考える．右図のようにこれらを2セットずつ用意する（赤い線が谷折り，青い線が山折りとする）．紙はタント紙を使用した．

図 2.25 ユニットの構成

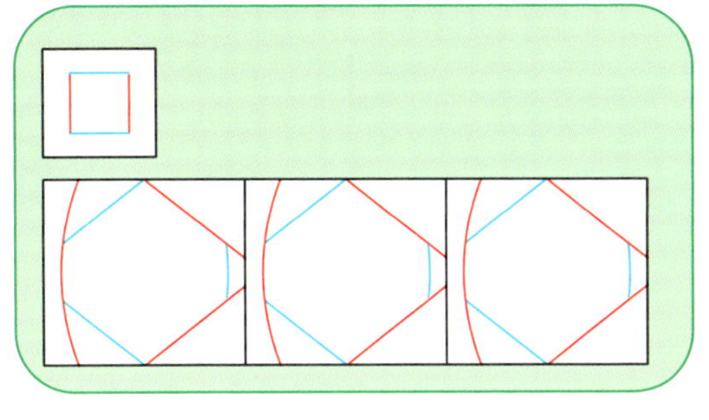

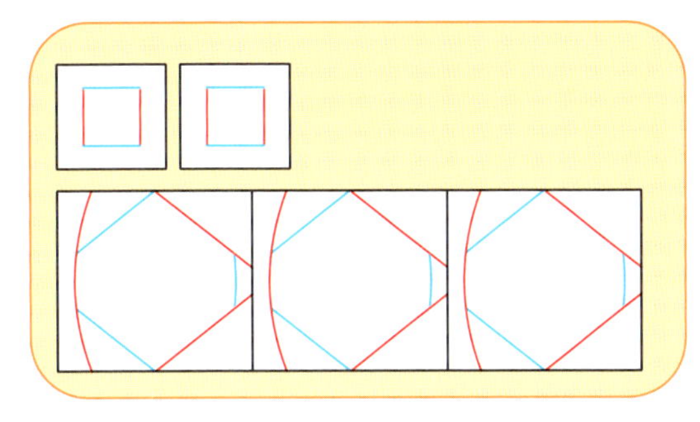

各ユニットの組み立て後の形は，それぞれ下図の色付け部分のようになる．

図 2.26 組み立て後の形

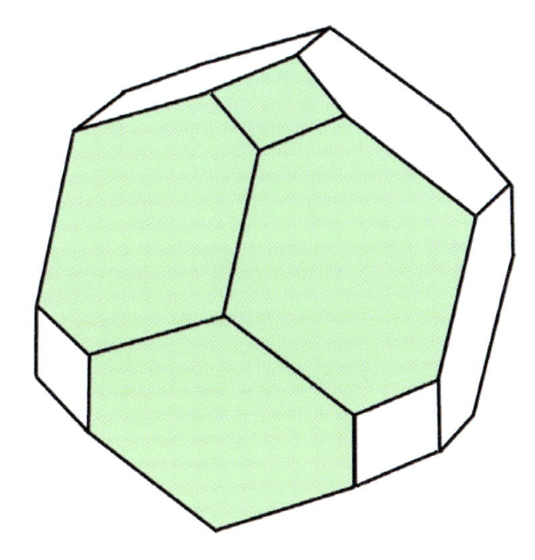

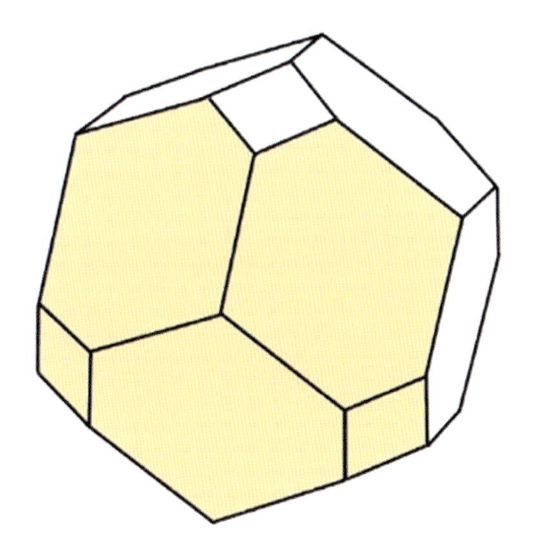

各ユニットをどのように組み合わせるかを図示しておく．切り出しを行う前の立方体をモデルにして，下図のように，立方体の各面に描かれた正方形は切り出し後の切稜立方体の正方形を表し，各辺は切り出し後の切稜立方体の六角形を表す．

図 2.27　ユニットの組み合わせ方

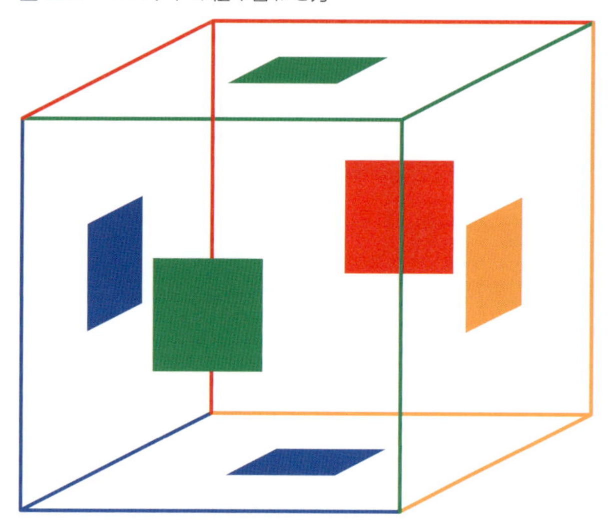

この図では，正方形の面を1つ含むユニット2セット（オレンジ色，赤色）と正方形の面を2つ含むユニット2セット（緑色，青色）の組み立て方を図示している．

下図が実際に組み立てたものである（どう組み立てるのか詳しくは [37] を）．

図 2.28　組み立てたもの

組み立て後

反対側

切稜立方体ベースでは，六角形の面が集まる，正多角形の形をもつしぼりが8か所あることがわかる．この8か所のうち，ユニット内にできるしぼり（図2.27の各ユニットの組み合わせ方の図でいうと，同じ色をもつ3つの六角形の面が集まるしぼり）が4か所ある．このしぼりで6個をつないでいくと，次の図のようにリング状にできる．

図 2.29 切稜立方体ベースを 6 個つなげる

しぼりで2個の球形曲線折り紙を連結したときの連結の角度が正四面体角となる.「シクロヘキサンの立体配座」と同じ配置で，6個をしぼりで連結することでリング状にできることになる.

図 2.30 シクロヘキサンの立体配座：いす形の分子模型

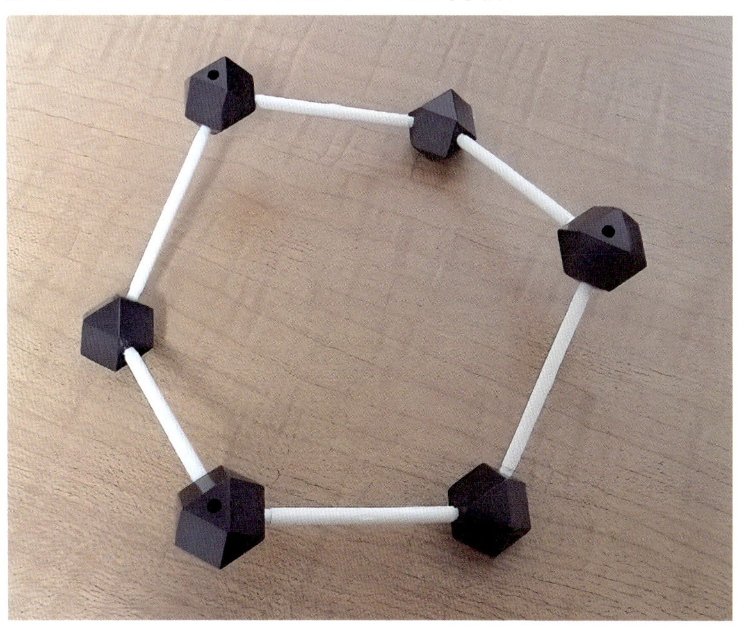

2.2 空間充填とキューブ・リング

2.2.1 空間充填(正多面体)

3次元ユークリッド空間（単に空間という）のタイリングは「空間充填」と呼ばれる．空間充填は（少なくとも筆者にとっては）難しい．ここでは，空間充填の例を挙げることにしよう．まずは，正多面体を使って空間充填ができるかどうかを考えよう．正多面体は5種類だけである．その証明の方針を述べると，1つの頂点に集まる面の内角の和が360°より小さいことを表す不等式を解いて，1つの頂点への面の集まり方を絞り込み，その後オイラーの公式を使って全体の形を定めるという流れである．正多面体は正四面体，正六面体，正八面体，正十二面体，正二十面体の5つである．面の形は正四面体，正八面体，正二十面体は正三角形で，正六面体は正方形，正十二面体は正五角形である．次の画像はポリドロンで作成したものである．

図 2.31　ポリドロンで作成した正多面体

正多面体の中で，1種類で空間充填できるのはどれだろうか? 2種類ではどうだろうか?
答えは1種類では正六面体（立方体）のみ，2種類では正四面体と正八面体の組み合わせのみである．

正四面体でも空間充填できるような気がするが…．「万学の祖」と呼ばれた古代ギリシアのアリストテレスは正六面体（立方体）と正四面体は空間を埋め尽くせると主張していたそうだ．実際に正四面体を作って試してみよう．1つの辺を共有するように貼り合わせていく．空間充填ができるのなら，最後はスキマなく閉じるはずだが…．

図 2.32 スキマができてダメだった

正四面体の隣り合う面がなす角（二面角）が360°を正の整数で割った角度でなければ，1つの辺のまわりを埋め尽くせない．ポリドロンには二面角が計れる二面角分度器が付属している（図2.33）．実測すると，隣り合う面がなす二面角は70°から71°の間の角度だった．ちゃんと計算すると，隣り合う面がなす二面角 θ は $\cos\theta = 1/3$ を満たし，近似値は $\theta \fallingdotseq 70.53°$ である．

図 2.33 二面角分度器

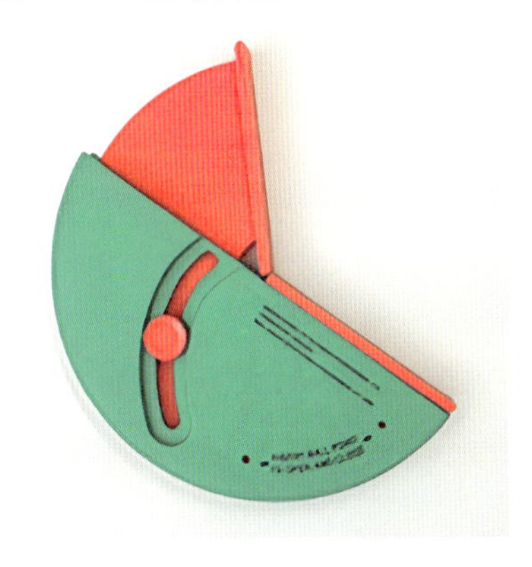

正四面体で空間充填できるというのが誤りであると1800年以上もの間，公に指摘されなかった．作ってみれば，かなり怪しいと気づくのに・・・．

問題

ポリドロンがなくても，封筒があれば，実際に正四面体を作って確かめることができる．封筒を折ってから，一度だけまっすぐハサミを入れて切り，再び折って，テープで貼りつければ，正四面体ができあがる．どうすればいいのか考えてみよう（答えは次のページ）．

答え

次のようにすればよい．封筒の袋が閉じているのは下側である．描かれている三角形は正三角形である．はさみで切った後，封筒を閉じる際の向きに気をつけよう．中央と右の図の2つの黒点「・」に注意して向きを確認し，テープで貼り合わせよう．見た目が悪くなるが，しっかり補強するほうがいい．

図 2.34　封筒を使った正四面体の作り方

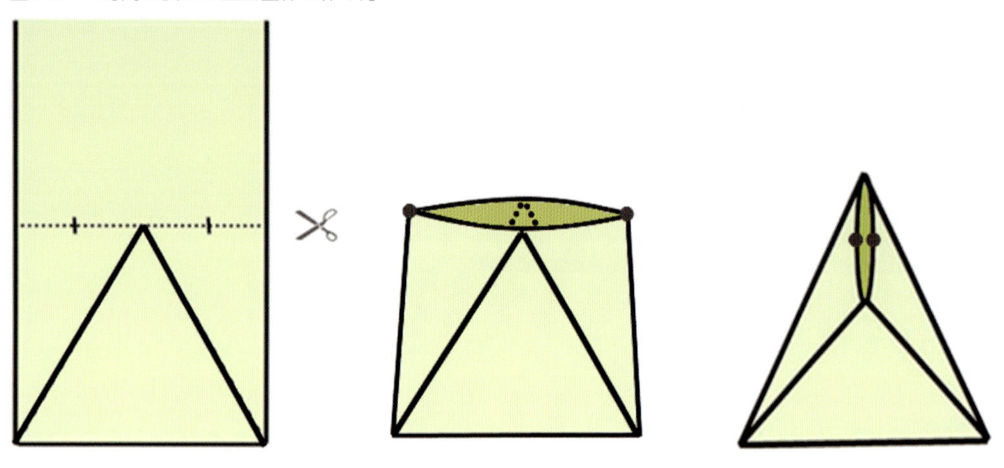

封筒に正三角形の上側の頂点と切り取り線の位置を決めるには，定規もコンパスも必要ない．次の画像のように折って，指定することができる．

図 2.35　切り取り線の決め方

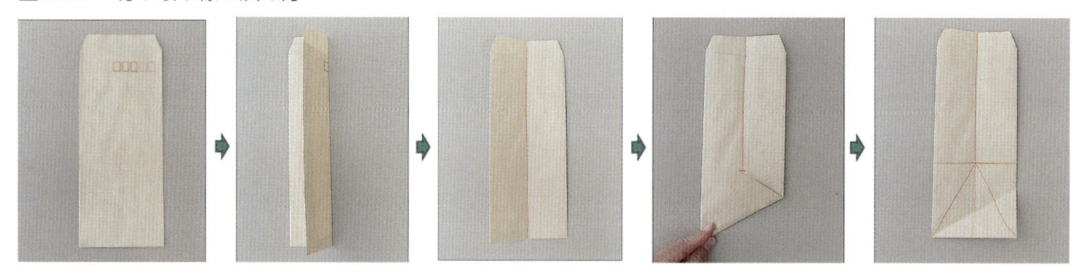

次は，空間充填できる場合を見る．正六面体（立方体）での空間充填はイメージできるだろう．正四面体と正八面体による空間充填を模型を使って説明しよう．

（その1）自分が担当している授業「数学課題探究」の受講生はっしーが作ってくれた模型：

図 2.36　正四面体と正八面体による空間充填の模型

左の画像では，平面上に10個の白い正四面体が並べられている．この並べ方は平面全体に広げることができる．正四面体3個が正三角形をなすように並べられている．

そのできたスキマ（黒い底辺が上になった正三角形が見える）に正八面体の1つの面をはめ込んで斜めに入れると，次の画像のようになる．
今度は3個の正八面体の間に，正四面体ぽいスキマを見つけることができる．

そこに実際，きちんと正四面体がはめ込める．正四面体をはめ込むと正八面体の面と合わせて，フラットな面が作られる．
鉛筆と一緒に写してみた．模型は実はこの大きさ．

（その2）レプタイル（Reptile）：

次のポリドロンで作った図形は，正四面体と正八面体で作られている．下図左は，見えているのは一部であるが，拡大された正八面体が8個の正四面体（黄色）と6個の正八面体（青と緑色）で作られている．下図右は，拡大された正四面体が4個の正四面体（黄色）と1個の正八面体（緑色）で作られている．拡大スケールは同じであり，置き換え規則（substitution rule）が定義されていることになる．

図 2.37　正四面体と正八面体で作った拡大形

（その3）しつこいかもしれないが，ポリドロンで別の並べ方をしてみた：正八面体（緑）を下図一番左のように6個並べた（見えているのは正八面体の半分が6個），そのスキマにちょうど正四面体（黄）がはまる．正四面体をはめ込んで終わったら，そこには正八面体（青）がはめ込めるようになっている．

図 2.38　正四面体と正八面体の別の並べ方

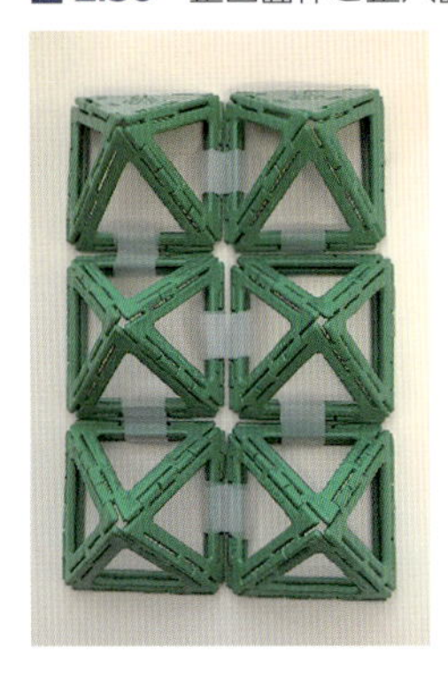

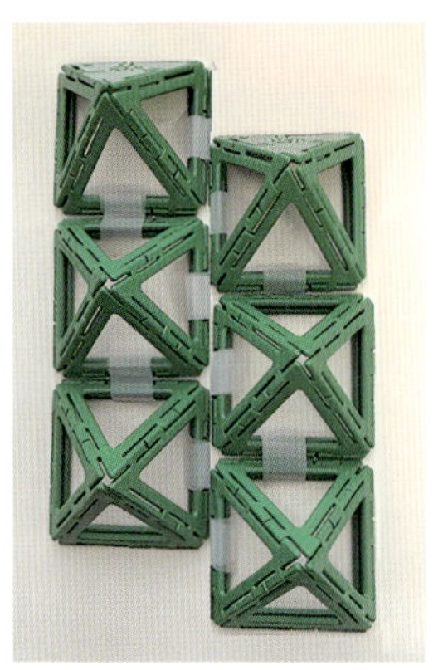

最初の正八面体の置き方を一番右の図のようにずらしてみよう．ここで次のことに気づいた．

そうしても，後の正四面体と正八面体をはめ込むのには支障がでない．多面体の面と面をきちんと貼り合わせない空間充填もできることがわかる．

よく考えると（その1）のときは，フラットな面（床面）ができているので，ずらす方向を2次元的にまったく自由にずらして空間充填できることがわかる．

正多面体の場合には，空間充填に関係した多面体は正四面体と正八面体だった．球に近い形は空間充填に適さないのか？と思ってしまうが，面は合同でも各頂点のまわりに集まる面の数が同じでなくてもいいとすると，単独で空間充填できるものがある．それは，次の等面菱形十二面体（とうめんりょうけいじゅうにめんたい）である．正四面体と正八面体による，面と面を貼り合わせて得られる空間充填の双対の空間充填を作るものである．

図 2.39　等面菱形十二面体

川村みゆき氏の著作『多面体の折紙』（[33]）のユニット折り紙で等面菱形十二面体（千代紙12枚使用）を作成した．

スキマなく積み重ねてみよう．

図 2.40 等面菱形十二面体をスキマなく積み重ねる

戸村浩氏の作品集『時空の積木』([45])には，空間充填をモチーフにしたものがたくさんある．見ているだけでも素晴らしい．

『多面体木工』([40])の中川宏氏の木工作品をたくさん手にして，空間充填してみたい．木工空間充填作品を集めたカラー作品集を見てみたい．

2.2.2 空間充填四面体

正四面体では無理だったが，単独で空間充填できる四面体はないのだろうか?

その答えは「存在する」である．しかし，どんな四面体が空間充填可能であるかという問題は未解決である．ここで考える空間充填は，面同士を貼り合わせるものばかりではないとしている．現在，わかっている空間充填できる四面体は3つの無限族とそれに加えて2つだけである．それらは，Sommerville（ソマービル）が見つけた3つの族と1つ，それからBaumgartner（バウムガルトナー）が見つけた1つである．

空間充填できる四面体にはどのようなものがあるか具体例を与えよう．

立方体を，その中心から12本の辺に向かう平面で分割すると，立方体は，その面である正方形を底面とし，立方体の中心を頂点にもつ6個のまったく同じ形の四角錐（ピラミッド型）に切り分ける．これらの四角錐は，頂点と正方形の底面の対角線を通る平面で，2個の同じ形の四面体(*)に切り分けることができる．さらに，この四面体は，頂点を通り，底面を2等分する平面で，2個の同じ形の四面体(**)に切り分けることができる．今度はこの四面体2個を底面の直角二等辺三角形で貼り合わせると異なる四面体(***)ができ上がる．

四面体(*), (**)は立方体を等分に分割して得られる四面体であるから，空間充填できる四面体であることがわかる．四面体(***)は，8個で自身を拡大した四面体を作り出せるし，3個で（斜）三角柱を作り出せるので，空間充填できる四面体であることがわかる．

四面体(*)はソマービルの見つけた3番目の型で，四面体(**)は2番目の型で，四面体(***)は1番目の型である．

後に，H. S. M. Coxeter（コクセター）やM. Goldberg（ゴールドバーグ）らが空間充填できる四面体を見つけたが，それらはすべて，既にソマービル氏の見つけたものであった．唯一，バウムガルトナー氏が見つけた空間充填できる四面体に1個，新しいものがあり，現在に至っている．

M.Senechalによるサーベイ記事「Which Tetrahedra Fill Space?」([19]) には，もっと詳しく書かれているので，興味がある方はご参照ください．このサーベイ記事は，1982年にCarl B. Allendoerfer賞を受賞している．この賞は，Mathematics Magazineに掲載された優れた数学的記事に与えられる．

立方体を分割して空間充填できる四面体を作るというくだりは，[26] の中村義作氏による“自己拡大する四面体”でも書かれている．

現在，わかっている空間充填できる四面体（3つの無限族とそれに加えて2つ）はすべて三角柱を分割することによって得られるものである．そのため，三角柱を分割することによって得られない空間充填四面体が存在するかどうかも，未解決の問題である．

どんな四面体が空間充填可能であるかという問題は，2011年に一歩前進があった．K.S.Kedlaya（ケドレヤ）, A.Kolpakov（コルパコフ）, B.Poonen（プーネン）, M.Rubinstein（ルービンスタイン）らは，πの有理数倍の二面角をもつ四面体をすべて分類した．これは1976年にJ.H.Conway（コンウェイ）, A.J.Jones（ジョーンズ）によって提起された問題の解決である．プレプリント「Space vectors forming rational angles」はarXivに掲載されている（[12]）．四面体の有理角の問題は，105項からなる6変数の多項式方程式を解くことに帰着される．この方程式の特別な解である「単位根」を見つける新しい手法が得られている．そして，πの有理数倍の二面角をもつ四面体は，59個の孤立した例と2つの無限族が存在することを証明した．これらは1990年代にコンピューターで発見されたものと一致する．

しかしながら，わかっている空間充填できる四面体の中にはそうでない四面体もある．どんな四面体が空間充填可能であるかという問題の解決には至っていない．

問題

四面体(***)は4つの面が辺の長さが2, $\sqrt{3}$, $\sqrt{3}$の2等辺三角形であるような四面体である．これもまた，正四面体と同じように，封筒を使って作ることができる．今度も，見た目が悪くなるが，しっかり補強して作ろう．実際に作って，8個で自身を拡大した四面体を作り出せることと，3個で（斜）三角柱を作り出せることを確認してみよう．

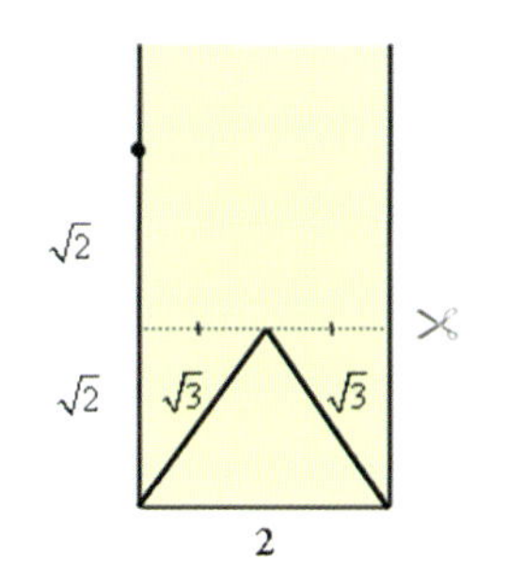

この場合も封筒に2等辺三角形の上側の頂点と切り取り線の位置を決めるには，定規もコンパスも必要ない．折ることで，指定することができる．これも考えてみよう．

8個で作り出した自身を拡大した四面体は2.2の最後に載せる．

2.2.3 コンウェイの二重プリズム

1988年に，Schmitt（シュミット）が3次元空間を非周期的にだけ空間充填する単一のタイル（凸多面体ではない）を発見した．Schmittは，このタイルの直接コピー（鏡像は使わない）によるすべての空間充填が非周期的であることを証明し，おそらく同様のことができる凸多面体のタイルがあるかもしれないと示唆した．その空間充填は一方向に角度αでスクリュー回転（screw rotation）の変換を許す．スクリュー回転変換とは，ネジを回したときのように，平行移動とその方向を軸にした回転変換を合わせたものである．この変換は無限位数をもつので，弱非周期的になる（124ページ参照）．

このSchmittのアイデアに基づき，タイルを凸多面体で実現したのが，コンウェイの二重プリズムである．そのタイルとタイリングを図に示す．

図 2.41 二重プリズムタイル

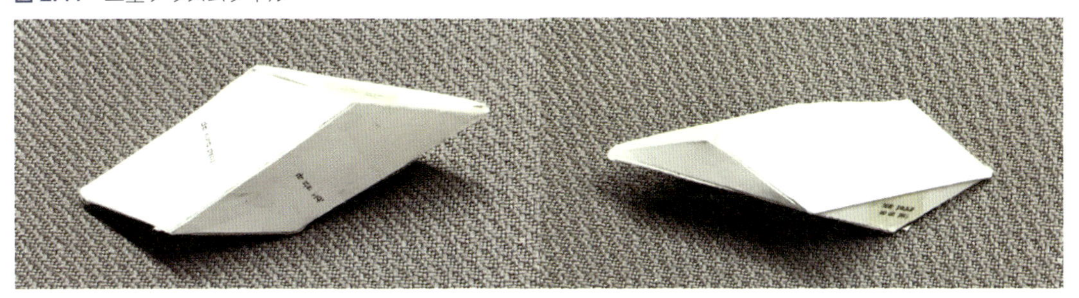

図 2.42　二重プリズムタイリング

図のように，二重プリズムは，層ごとは周期的な方法で埋め尽くされているが，積み上げていくとき，層がねじれる（π の無理数倍回転する）ことで，層を互いに重ねることができないようになっている．そこで，こうして得られる空間充填はスクリュー回転変換を許し，弱非周期的になる．ここで，タイルの面同士を貼り合わせているところばかりではないことに注意する．タイルの鏡像は使わない．鏡像を許すと周期的なタイリングが得られてしまう．Doris Schattschneider（ドリス シャットシュナイダー）によって設計された二重プリズムの展開図を載せる（[17]）．

図 2.43　二重プリズムの展開図

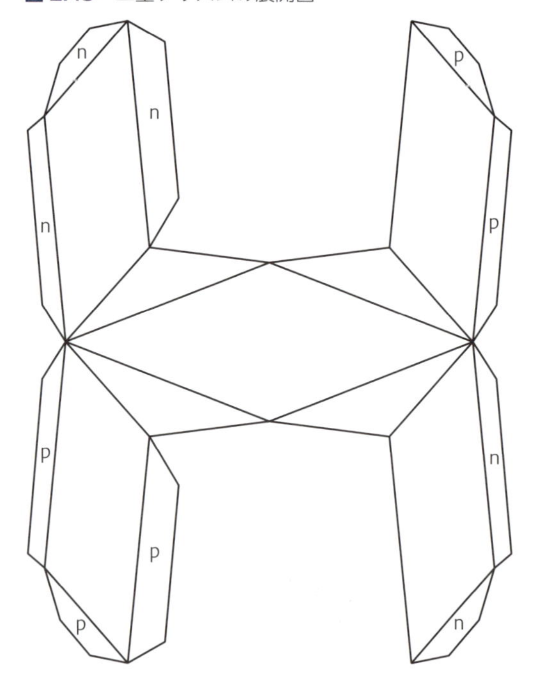

この二重プリズムの展開図において，中央のひし形は，2つの角柱の共有面としてモデルの内部にあり，辺の長さは2で，短い対角線は$\sqrt{2}$である．三角形の面は，短い高さが1/2である[注3]．

Danzerがさらに，面と面が貼り合わされる形で空間充填できるように改良した．

平行四辺形の面に三角形を内接させて，これらの三角形を28面体の面とみなすことで，Conwayの二重プリズムの敷き詰めを「面対面」にする方法を示した．Schmittが最初のアイデアを出し，Conwayがタイルを凸多面体で実現，Danzerがさらに改良したという経緯から，SCDタイルと呼ばれている．SCDは頭文字（Schmitt-Conway-Danzer）である．その展開図を載せる（[17]）．

図 2.44 SCDタイルの展開図

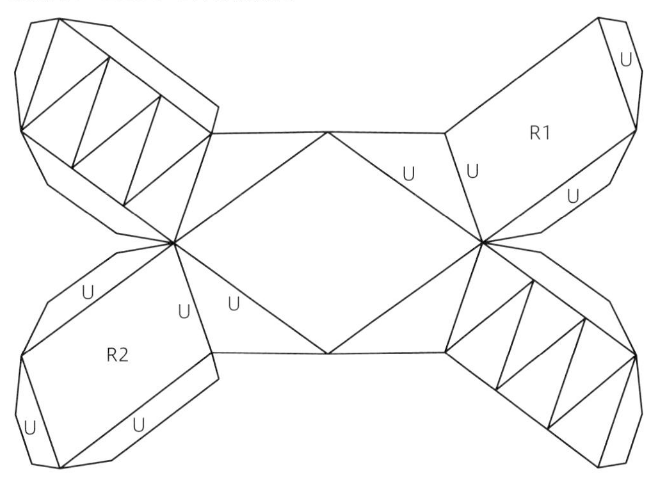

Conwayの二重プリズムの基本的な構造はジャイロビファスティギウム（gyrobifastigium，異相双三角柱）と同じであることが興味深い．ジャイロビファスティギウムは，26番目のジョンソンの立体で，2つの正三角柱の側面同士を90°ねじって貼り合わせた形である．この立体はジョンソンの立体の中で唯一，単独で空間充填が可能な立体である．

2.2.4 キューブ・リング

平面のタイリングの場合は1.2で，正多角形リングというものを考えた．空間のタイリングである立方体による空間充填の場合に，8個の立方体を1つの立方体につき2か所，合計8か所の辺を蝶番のようにつないで，変形可能なリング状にしたものを考える．これをキューブ・リングと呼ぶことにする．この蝶番のようにつないだつなぎ目のことをヒンジと呼ぶ．キューブ・リングという呼び名は［36］において使っていたものである．［7］（これは，M.C. Escherのご子息G. Escherによる）においても1か所ではあるが，この呼び名が使われている．キューブ・リングを作成するのは，北海道サイコロキャラメルの空き箱を使うと楽ちんである．キャラメルはおいしくいただこう．

注3　次のページのデモンストレーションでパラメータを変えたものを見ることができる．
Tiling Space with a Schmitt-Conway Biprism - Wolfram Demonstrations Project
(https://demonstrations.wolfram.com/TilingSpaceWithASchmittConwayBiprism/)

キューブ・リングは次の3種類の変形操作を許す．キューブ・リングでは一直線状に並んだヒンジに対して，その直線を軸として折るという変形ができる場合がある．他の個所の軸での変形を伴わず，1つの軸に対して折る変形ができるとき，その変形またはそれらの列を折り変形と呼ぶことにする．平行であるが，異なる複数の軸に対して同時に折る変形をスライド変形と呼ぶことにする．平行でない複数の軸に対して同時に折る変形をねじり変形と呼ぶことにする．

キューブ・リングをなす立方体の辺がx, y, z軸に平行になるように置いて，キューブ・リングのx, y, z軸方向の立方体の数がそれぞれn, m, ℓ個であるとき，その配置を$n \times m \times \ell$スタックという（[7]）．

図 2.45　キューブ・リングのスタック

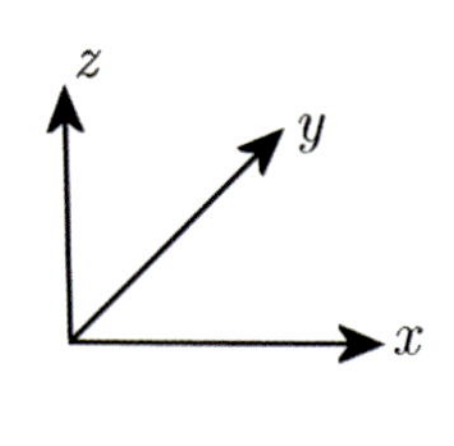

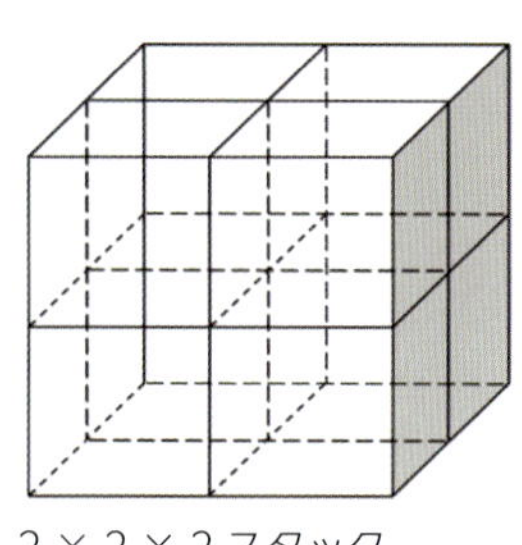
2 × 2 × 2 スタック

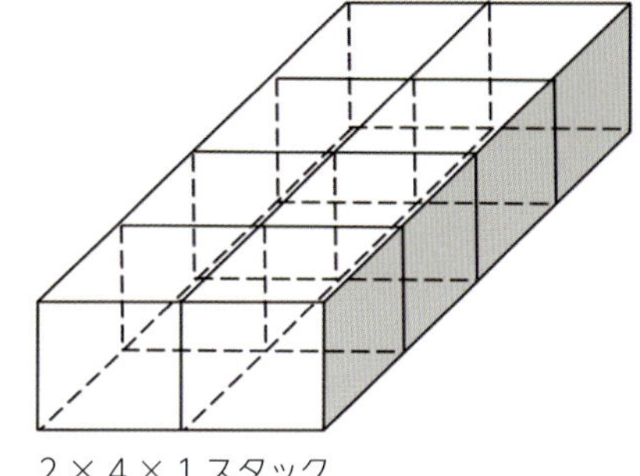
2 × 4 × 1 スタック

もっともよく知られているキューブ・リングはInfinity Cube（無限キューブ，無限展開立方体）であろう（[25]，[42]，[52]）．Infinity Cubeは折り変形だけを許す．考案者は物理学者の江口雅彦氏である．1958年刊行の[52]に紹介されていることから，これ以前に考案されていることになる．また，高木茂男氏により「無限に開ける立方体」と呼ばれたのが，現在の呼び名の由来であるとされている（[42]）．なぜ「無限に開ける立方体」と呼ばれるのかは，実際に作って変形してみれば一目瞭然である．この「無限に開ける」ということは後で定義する2×2×2スタック間のダイアグラムにも現れている．1971年にはInfinity Cubeの構造が見られる吉木キューブが造形作家である吉本直樹氏により考案されている（[25]，[42]）．

数学者のJohn Conwayは別のタイプのキューブ・リングを考案した．それはConway Cubeと呼ばれている．下図のように，Conway Cubeは，Infinity Cubeの緑のヒンジを内側に位置取ったものである．

図 2.46　Infinity Cube と Conway Cube

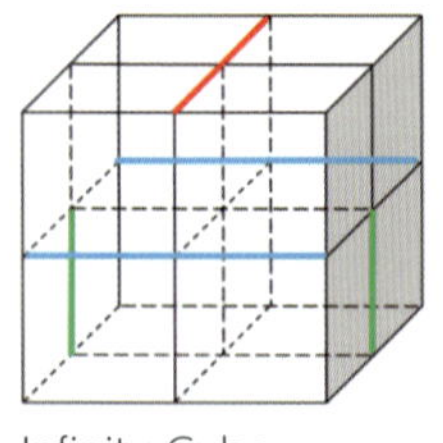
Infinity Cube

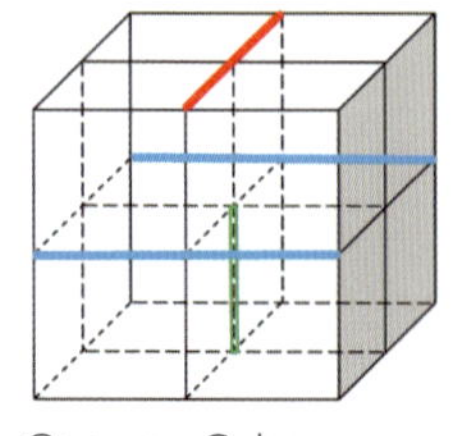
Conway Cube

以下のようにConway Cubeはねじり変形を許す.

図 2.47 Conway Cube のねじり変形

① 青のヒンジを軸として，前方と後方に開く

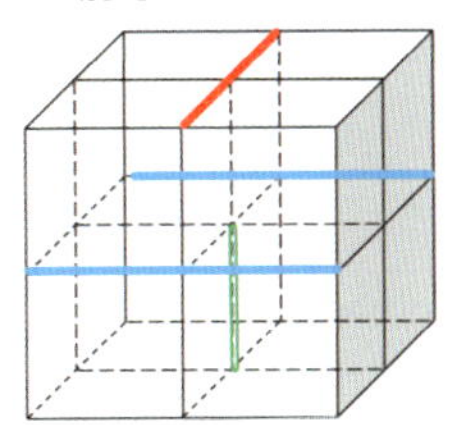

② 中央部分を両手で持ち軽く開きながら，左右で逆方向にねじる．ここでは★の２つの青いヒンジを固定して残りのヒンジで同時に折るねじり変形を施す

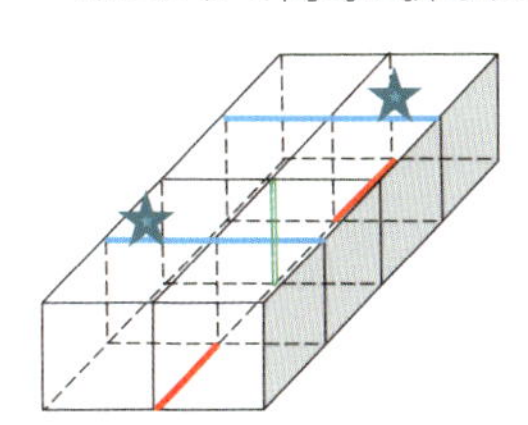

③ 2 × 2 × 2 スタックが得られる

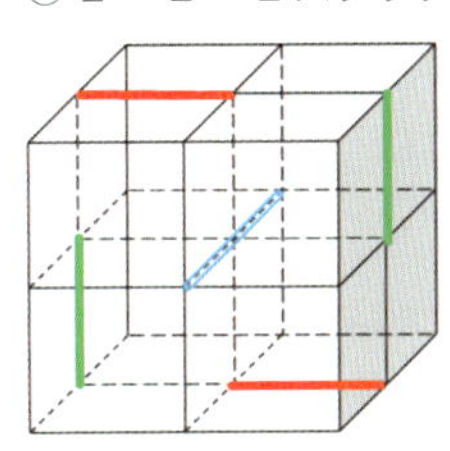

注意：②において固定する青いヒンジを変えてねじる方向を逆にすることもできる.

1996年にJohn Conwayは実物を見せながら，次の問題提起をしたそうである（[7]）.

「8つのヒンジで結合された8つの立方体のリングであって，少なくとも2つの異なる2×2×2スタックをもち，それらスタック間の変形操作を許すこの種のオブジェクトは他にもあるか?」

George Escherはすべての変形操作を許す場合に，Conwayの問題への答えとして17種類のキューブ・リングの群をリストアップしている（[7]）．さらに，それぞれの取り得る2×2×2スタックの数が述べられている．また，ねじり変形を許すかどうかについても調べられている.

一方，2×2×2スタック間の変形パターンの数については調べられていない．そのため，本書ではスタック間の変形操作を視覚化するために，2×2×2スタック間のダイアグラム（以下では単にダイアグラムと記す）という定義を導入しよう.

キューブ・リングにおいて，取り得る2×2×2スタックに頂点を対応させ，2つの2×2×2スタックが変形で移りあえるとき，対応する頂点を辺で結ぶ．いくつかの異なるパターンの変形で移りあえるならば，その変形のパターンの数だけの多重辺で結ぶようにする．このようにして得られるグラフをダイアグラムと呼ぶことにする.

例えば，Infinity Cubeのダイアグラムは次のようになる.

図 2.48 Infinity　Cube のダイアグラム

「無限に開ける」ということは，ダイアグラムの作るループをグルグルと回るようにたどることに対応している．

まず変形操作を折り変形だけに制限して調べ，次の結果を得た．そのあとスライド変形をもつ場合についても考察をし，2つの発見をした．こちらは最後に述べる（84ページ）．

定理

折り変形だけを許容するとき，少なくとも2つの異なる$2 \times 2 \times 2$スタックをもち，それらスタック間の変形操作を許すキューブ・リングはInfinity cubeとConway cubeを含めて6種類だけである．Infinity cubeは図2.48のダイアグラムをもつ．Conway cubeは図2.48のダイアグラムを連結成分の1つとしてもつ．その他の4種類については次の図2.49のダイアグラムをもつ．

図 2.49　ダイアグラム

注意：この定理のキューブ・リングは[7]において，A5, A6, A7, A8, A9と記号付けされたキューブ・リングとA9の一対のヒンジの位置をずらしたキューブ・リングに一致している．A5がConway cubeであり，A8がInfinity cubeである．上でも述べたようにInfinity cubeの一対のヒンジの位置をずらしてConway cubeが得られるが，このずらし方と同様のやり方でA9から最後のキューブ・リングが得られる．

Infinity cubeとConway cubeの変形過程を示す．Conway cubeの変形過程は[36]で述べられている．

図 2.50　Infinity　Cube の変形過程

① 青のヒンジを軸として，前方と後方に開く

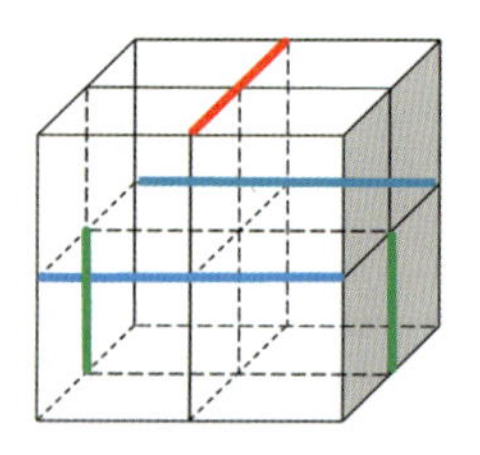

② 赤のヒンジを軸としく，左右に開く

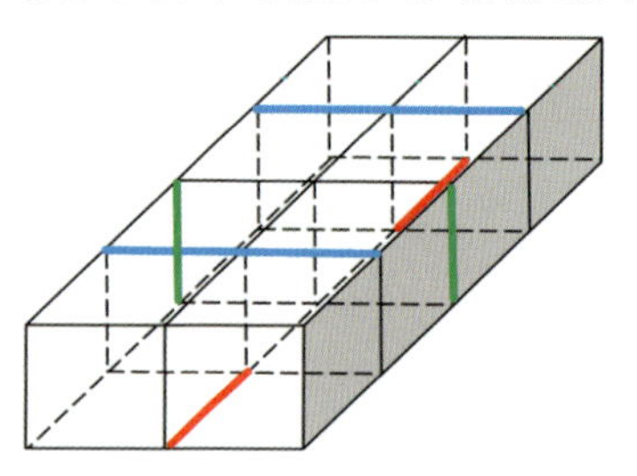

③ 緑のヒンジを軸として，前方と後方から折りたたむ

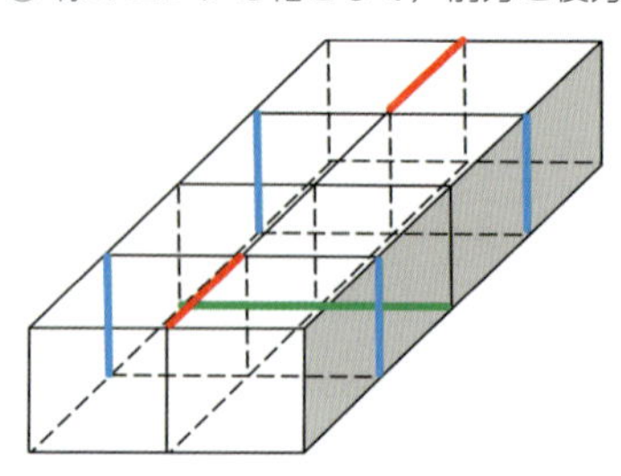

④ 青のヒンジを軸として，左右に開く

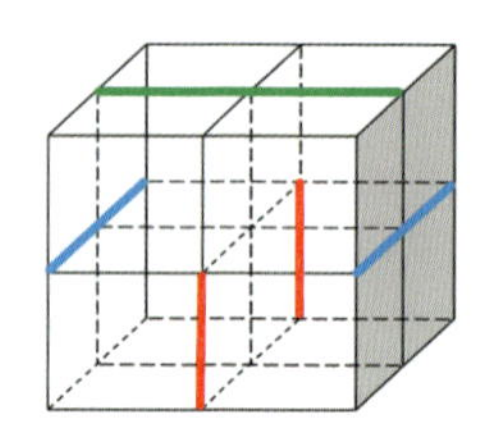

⑤ 緑のヒンジを軸として，前方と後方に開く

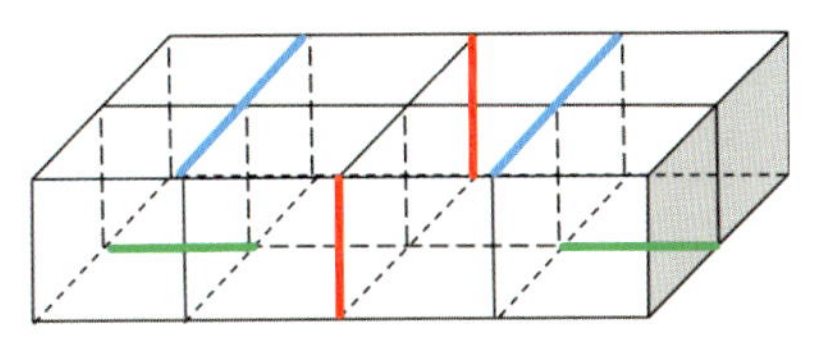

⑥ 赤のヒンジを軸として，左右から折りたたむ

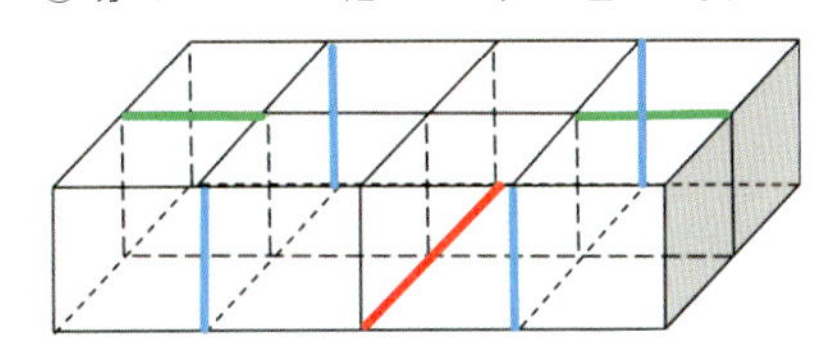

⑦ これで元に戻った

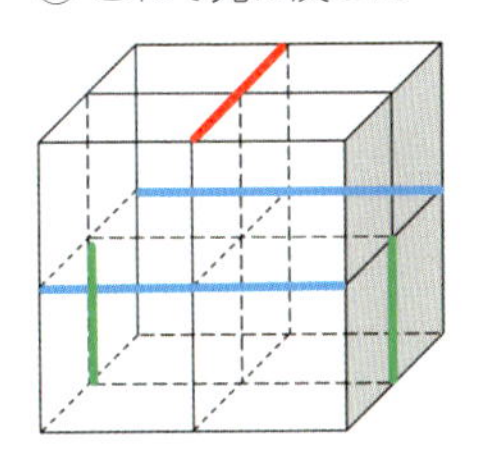

図 2.51 Conway Cube の変形過程

① 青のヒンジを軸として，前方と後方に開く

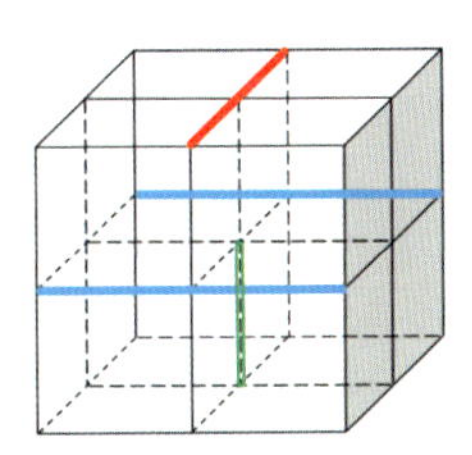

② 赤のヒンジを軸として，左右に開く

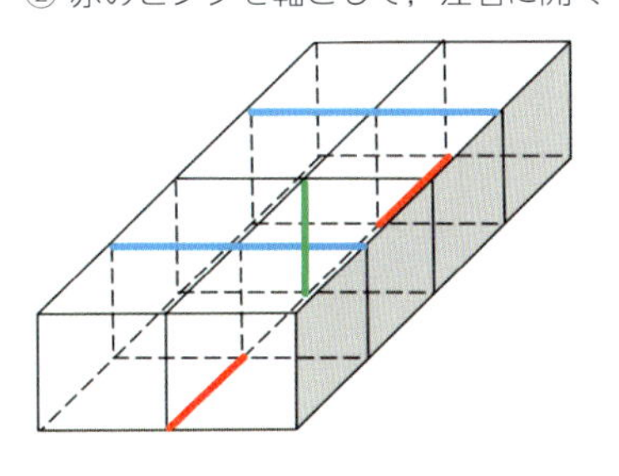

③ 緑のヒンジを軸として，前方と後方から折りたたむ

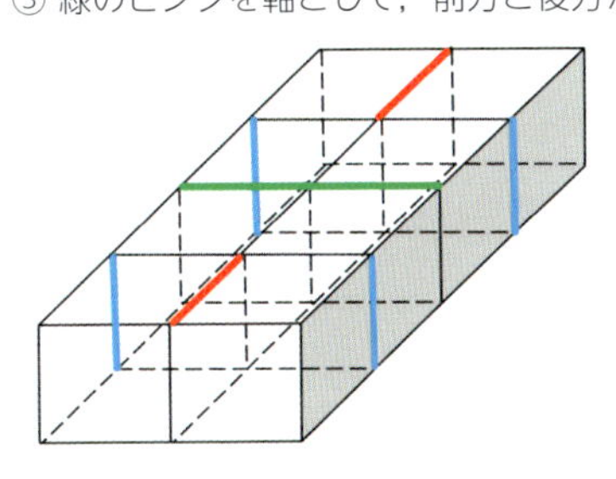

④ 青のヒンジを軸として，左右に開く

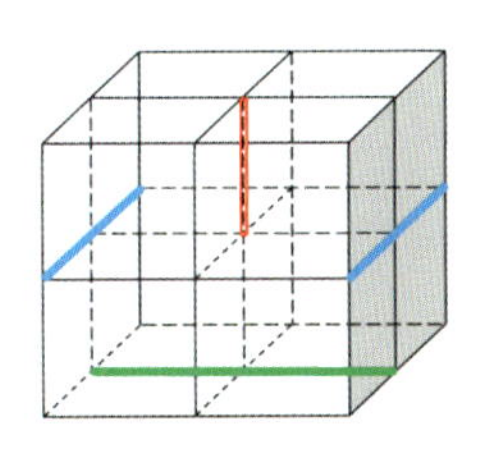

⑤ 緑のヒンジを軸として，前方と後方から折りたたむ

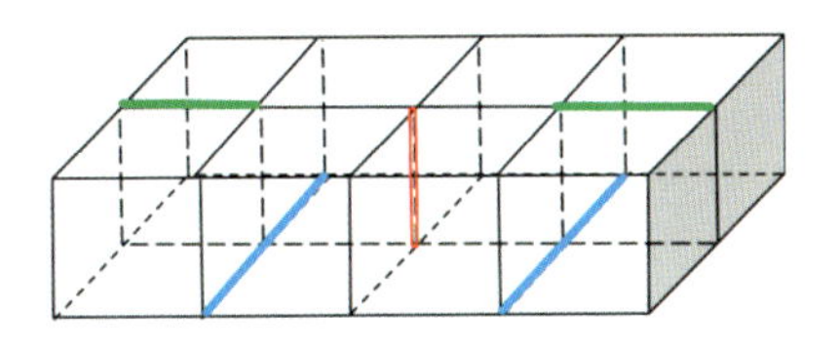

⑥ 赤のヒンジを軸として，左右から折りたたむ

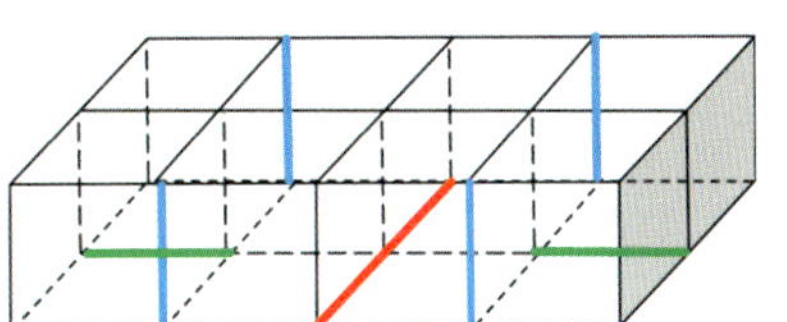

⑦ これで元に戻った

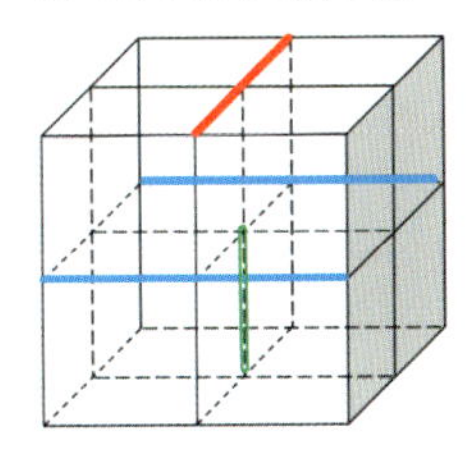

さらに考察を進めよう．

折り変形とスライド変形を許すキューブ・リングを考え，次の (I)，(II) を発見した．

(I) スライド変形まで許すとき，図2.48のダイアグラムをもつキューブ・リングはInfinity cube以外にも存在する．

図 2.52　キューブ・リング

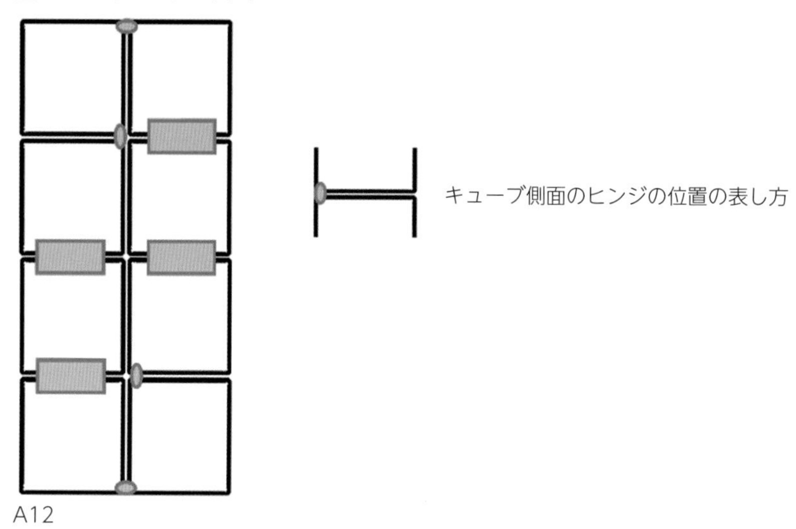

その一例として [7] におけるA12を挙げる．

A12は右図のようなヒンジ配置をもつキューブ・リングである．右図は2×4×1スタックを z 軸の正の方向から見た図である．キューブをまたぐ (不透明な) 長方形で上面の，半透明な長方形で下面のヒンジの位置を表す．

実際に作成して変形してみると，Infinity cubeやConway cubeと同じような操作感が感じられるキューブ・リングとなっている．

(II) 図2.49のダイアグラムをもち，[7] の17種類に該当するものがないキューブ・リングで (右図) を見つけた．

図 2.53　新しいキューブ・リング

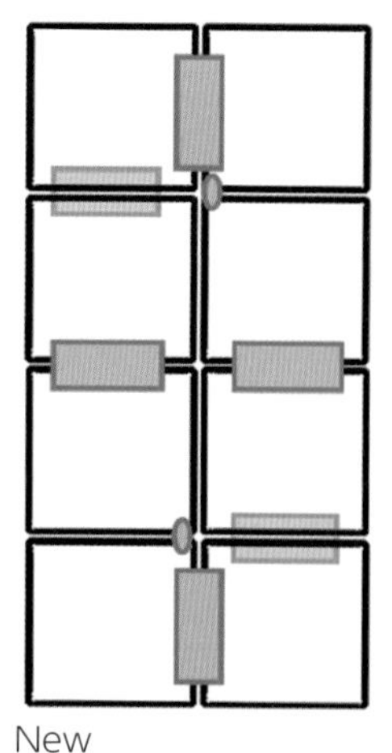

Conway cubeのねじり変形を調べる際，ねじり変形による変形を折り変形とスライド変形を用いて置き換えるようにヒンジの位置を変えようとしていて，見つけたものである．ダイアグラムは図2.49のものをもつ．

以下に2×2×2スタックから2×2×2スタックへの変形過程を紹介する．

図 2.54　2 × 2 × 2 スタックから 2 × 2 × 2 スタックへの変形

① 青のヒンジを軸として，前方と後方に開く

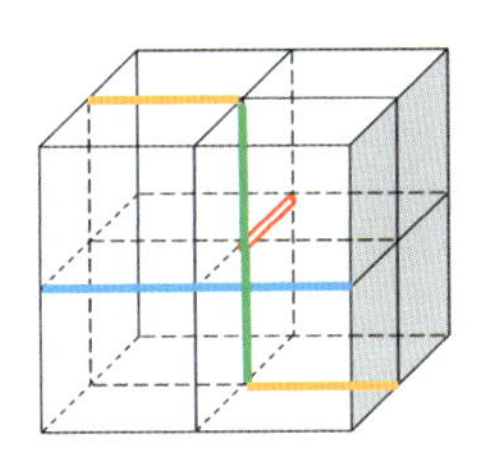

② 赤のヒンジを軸として，左右から折りたたむ

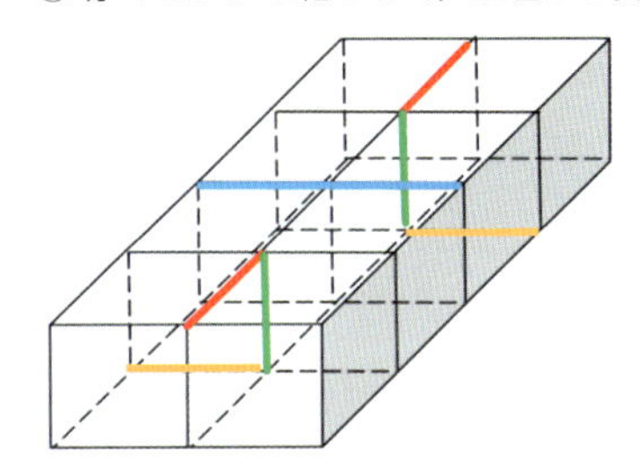

③ オレンジと緑のヒンジに対してスライド変形をする

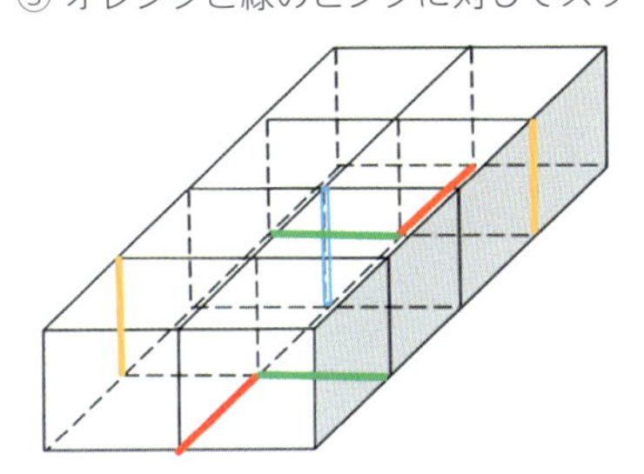

④ 緑のヒンジを軸として，左右に開く

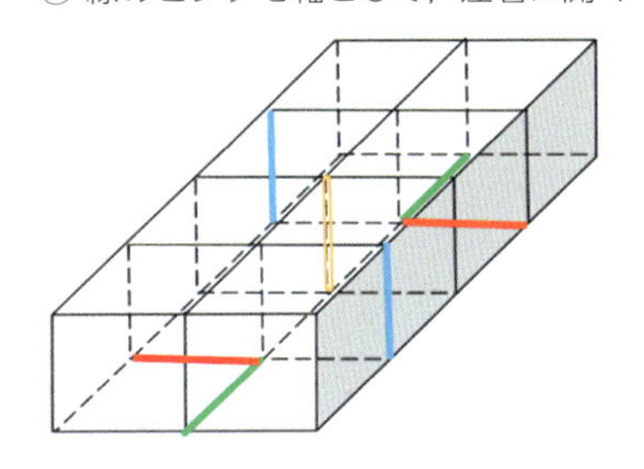

⑤ オレンジのヒンジを軸として，前方と後方から折りたたむ

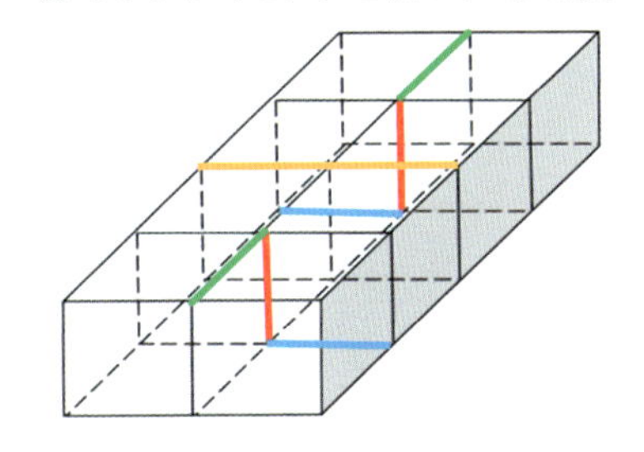

⑥ 2 × 2 × 2 スタックが得られる

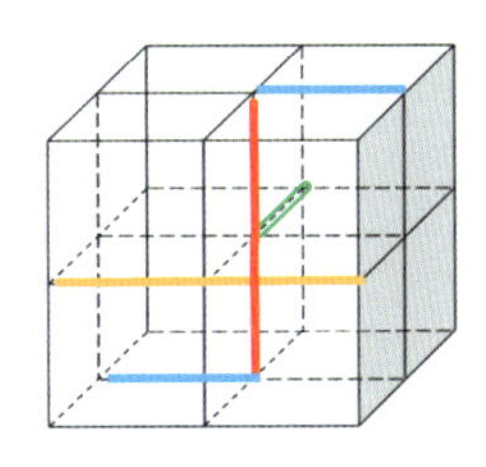

スライド変形について詳しく見る．矢印が描かれたキューブが矢印のように回転することで，オレンジと水色のヒンジで同時に折り変形を生じて，スライド変形される．

図 2.55　スライド変形（z 軸の正の方向から）

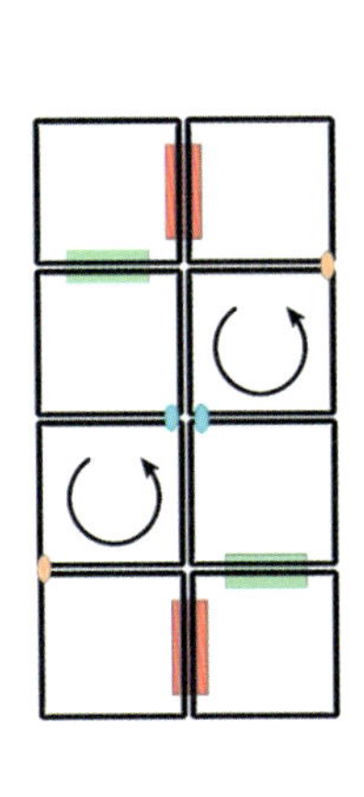

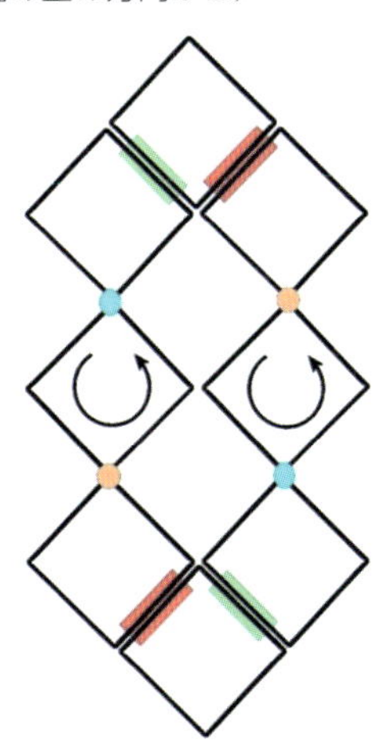

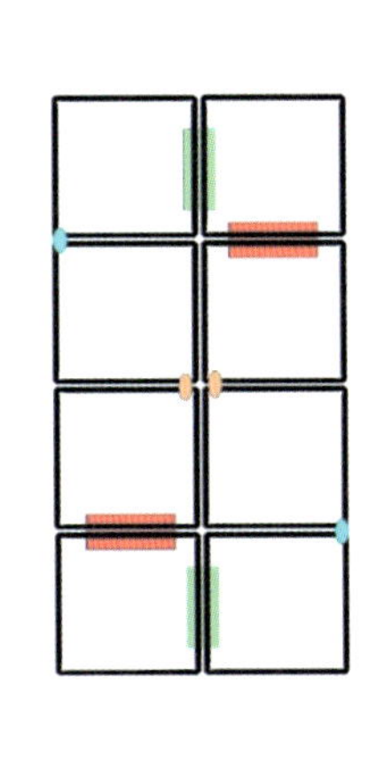

図2.55はz軸の正の方向から見た図である．左右は$2 \times 4 \times 1$スタックの図であり，中央はスライド変形の途中の状態の図である．

77ページの問題の答え

図 2.56 自身を拡大した四面体

COLUMN

四面体は難しい

- 昔あった四面体の形をしていた牛乳パック（テトラ・クラッシック）はどんな四面体だっただろうか？ 正四面体だという説があるようだが，2.2.2で出てきた4つの面が辺の長さが2, $\sqrt{3}$, $\sqrt{3}$の二等辺三角形であるような四面体という説もある．テトラ・クラッシックで画像検索すると縦に長い二等辺三角形の面をもつ四面体が出てくる．テトラ・クラッシックは正六角柱の専用容器で運搬されていたそうだ．テトラ・クラッシックの正確な寸法が知りたいものだ．さすがにそれが未発見の空間充填できる四面体かもという虫のいい話がある訳はないが，面白そうだ．
- キューブ・リングのように，四面体を辺でつないでリング状にし，そのつないだ辺をヒンジとして変形してみよう．それは，カライドサイクルと呼ばれているものである．内側と外側に入れ替えるように連続的に回転させることができる．正四面体では6個でリング状にはできるが，回転はできない．8個以上で作れる．辺が$2 : \sqrt{3} : \sqrt{3}$の面をもつ四面体の場合も，8個でカライドサイクルは作れる．変形途中が空間充填の一部分である配置で，とても座りがよい．その形は，きれいだと感じる．

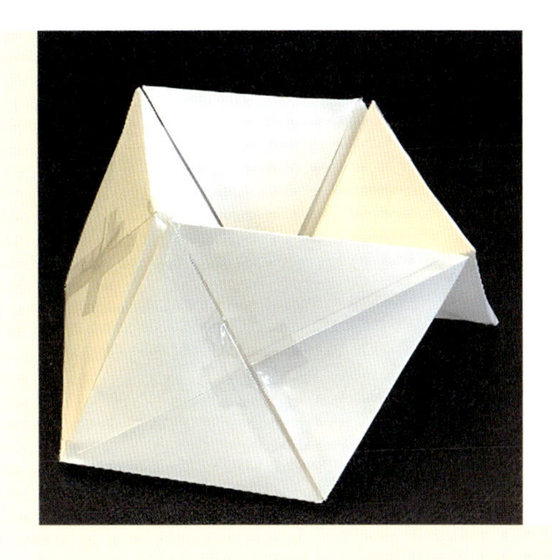

いろいろなカライドサイクルを作ってみたければ，型紙が付いていて切り取って作れる本 [3]，[18] がある．[18] には，エッシャー氏の作品が描かれている．

- メビウス・カライドサイクルなるものがある．鍛治静雄教授らにより，裏表のない帯であるメビウスの帯と同じつながりの形をもつこの新しいカライドサイクルが構成されている．その構造を空間多角形として定式化することにより，その動きは，可積分系で記述される．
- 正四面体では空間充填ができないことは見た．空間充填ができないまでも，できるだけ密になるように配置してみると，準周期タイリングとつながる．2009年のNature誌に，論文“Disordered, quasicrystalline and crystalline phases of densely packed tetrahedra”が発表されている．

- 正四面体を面で貼り合わせてつなげていっても，リングを作れない．

  S. Świerczkowski, On chains of regular tetrahedra, Coll. Math. 7 (1959) 9-10.
- 正四面体を面で貼り合わせてつなげていっても，三角柱を作れない．それならば，どんなものができるかが，次のセクションの内容である．正四面体の場合だけでなく，より一般化したものを考えたい．

2.3　コクセター螺旋とポップアップスピナー

2.3.1　コクセター螺旋

正三角形タイリングの頂点に，次の図のように0, 1, 2, 3, ･･･と数字を割り振る．

図 2.57　正三角形タイリング

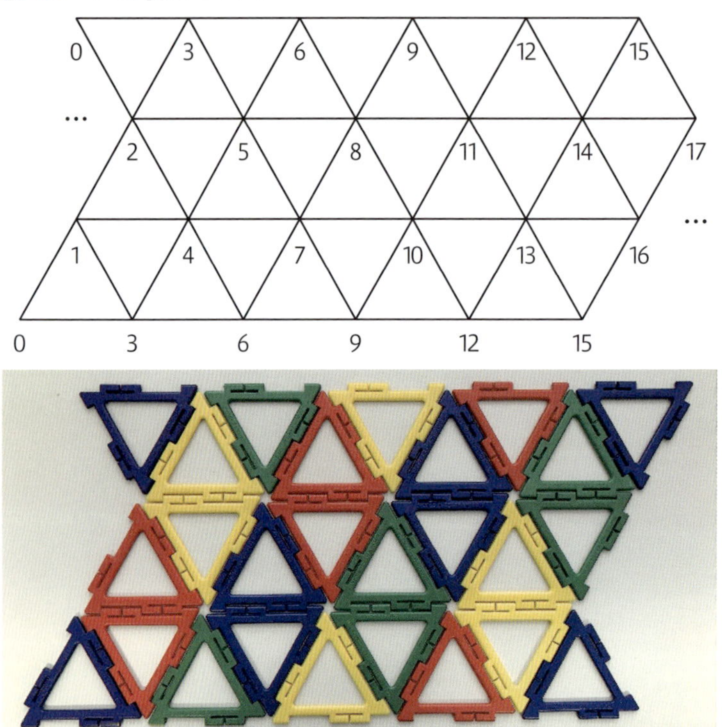

同じ数字をもつ頂点を合わせるように折りたたむことで，無限に続く筒状の螺旋構造体が得られる．

螺旋構造体の辺を頂点0, 1, 2, 3, ･･･と順にたどったものがコクセター螺旋（またはブールデイクー・コクセター螺旋）と呼ばれる（[4]）．連続する4点が正四面体の頂点を構成している．

図 2.58 コクセター螺旋

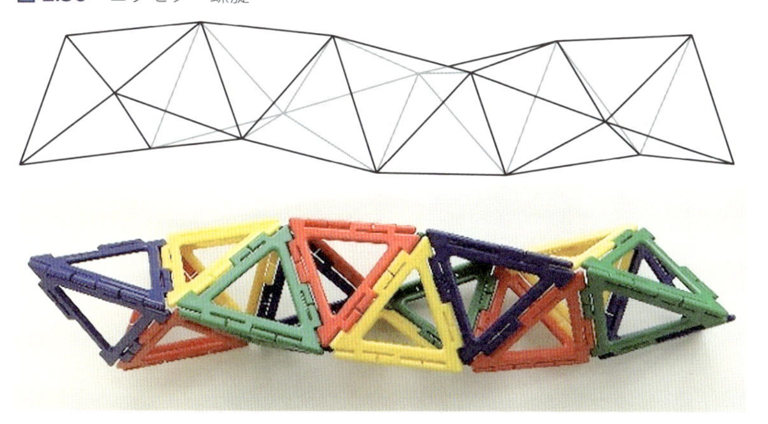

1999年にSadocとRivierは，タンパク質コラーゲンをコクセター螺旋構造と関連付けて研究した（[16]）．その分子は,螺旋構造の特徴である「非周期性」にちなんで，「生物学的準結晶」といわれている．また，その論文の中でコクセター螺旋構造から射影法によって1次元の準周期タイリングが得られることも考察されている．

このコクセター螺旋はボンド角固定チェインとみなすことができる．すなわち，たどる四面体の辺を，伸び縮んだり，曲がったりしないバーとみなし，それら辺のつなぎ目である頂点をジョイントとみなす．正四面体を四面体に変えたものを考えたいのだが，コクセター螺旋のほうをボンド角固定チェインに一般化する．その連続する4点が作る四面体を連結して得られる多面体の表面に巻き付いていることになる．

ボンド角固定チェインは次の画像のようなものを想像するとよいだろう．ここで，バーをボンド，ジョイントを頂点と呼ぶことにする．画像のチェインはボンドのなす角度（ボンド角）が90°に固定されたチェインである．

図 2.59 ボンド角固定チェイン

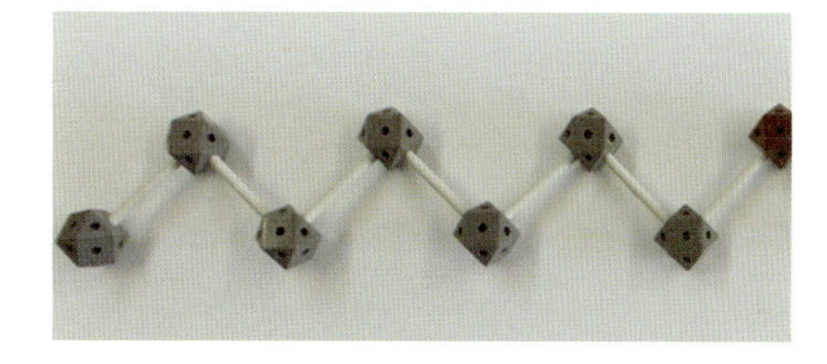

最初はボンド角が90°であるとする．連続する3つのボンドが形づくる四面体で，2番目のボンドを含む2つの面がなす二面角がすべてφとなる状態にチェインが展開されているとする．展開されたチェインの頂点は二面角φで，ある螺旋（弦巻線，helix）の上にあるだろうか？このことをCoxeterの論文を参考にして調べてみる．A_nにより展開されたチェインの頂点を添え字の順に表すことにする．A_nがある螺旋の上にあるとすると，スケール変換と合同変換を施すことで，次のような座標で表されるはずである：

$$A_n = (\cos n\theta, \sin n\theta, nr)$$

計算のために，ボンドの長さを1とすると，四面体 $A_0A_1A_2A_3$ において，頂点間の長さは $A_0A_1^2 = 1$，$A_0A_2^2 = 2$，$A_0A_3^2 = 3 - 2\cos\varphi$ と計算できる[注4]．そこで，これらの頂点間の長さの比から，次の2つの等式①，②を得る．

$$① \quad 2\left(2 - 2\cos\theta + r^2\right) = 2 - 2\cos 2\theta + 4r^2$$

$$② \quad (3 - 2\cos\varphi)\left(2 - 2\cos\theta + r^2\right) = 2 - 2\cos 3\theta + 9r^2$$

式①より $\cos\theta = x$ とおくと，$2x^2 - 2x = r^2$ となる．

これを用いて式②より r を消去し，$\cos\theta = x$，$3 - 2\cos\varphi = \alpha$ とおくと，

$$4x^3 + (\alpha - 9)\,x^2 + (6 - 2\alpha)\,x + \alpha - 1 = (x - 1)^2\,(4x + \alpha - 1) = 0$$

を得る．よって $x = \dfrac{-\alpha + 1}{4} = \dfrac{\cos\varphi - 1}{2}$ である．

$-1 \leq \dfrac{\cos\varphi - 1}{2} \leq 0$ であるので，この方程式は適正な解をもつことになる．

したがって，頂点が螺旋の上にあることがわかる．

$A_0 = (1, 1, 0)$, $A_1 = (0, 1, 0)$, $A_2 = (0, 0, 0)$, $A_3 = (\cos\varphi, 0, \sin\varphi)$ である．

ボンド角が他の角度である場合はどうだろうか．β でボンド角（bond angle）を表し，φ で二面角を表す．$p = \cos\varphi$，$b = \cos\beta$ とおく．螺旋の回転角度を θ とするとき，$x = \cos\theta$ は次のように表されることがわかる（[34]）．

$$x = -\frac{1}{2}\left\{(1 + p)\,b + 1 - p\right\}$$

このときも，$-1 \leq x \leq 1$ であるので方程式は適正な解をもつことになる．したがって，頂点が螺旋の上にあることがわかる．

最初のCoxeter螺旋の場合の $b = \cos 60^\circ = 1/2$，$p = \cos\varphi = 1/3$ を代入すると $x = \cos\theta = -2/3$，$\theta \doteqdot 131.49^\circ$ となり，[4] で求められていた結果が出てくる．$\cos\theta = -2/3$ であるとき，θ は π の無理数倍であった．

二面角が変化したときに，チェインとそれが巻き付いている四面体を連結して得られる多面体の様子を観察するためのペーパーモデルを考えよう．まず，ボンド角が90°に固定されたチェインの場合のペーパーモデルと思えるものを紹介しよう．それは次のように作られる紙のバネと呼ばれているものである．

注4　頂点間の長さは四面体 $A_0A_1A_2A_3$ の頂点の位置を計算しやすいところに変換すると容易に求めることができる．

紙を折ってバネのような構造を作る方法は以下のとおりである：

1. 紙の帯を２本，用意する．
2. 紙の帯の端を直角に重ねる．画像のように，端が下になっている方の帯（黄緑）を，上になっている帯（オレンジ）の端の上に重ねるように折る．これで帯の端での上下が入れ替わった．再び，画像のように，端が下になっている方の帯（オレンジ）を，上になっていた帯（黄緑）の端の上に重ねるように折る．

図 2.60 用意する紙の帯

図 2.61 紙の帯の折り方

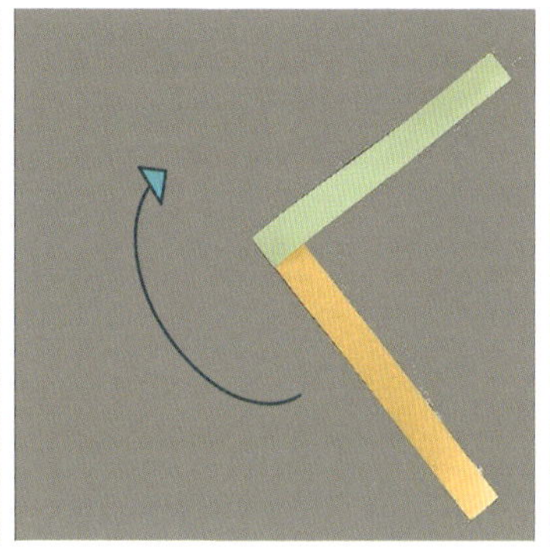

3. 端が下の帯を，上の帯の端の上に重ねるように折る．この手順を繰り返す．

図 2.62 紙の帯の折り方（つづき）

固定ボンド角が90°以外のチェインにしたければ，最初の重ねる角度を変えればチェインとなる部分はできる．しかし，残念ながら角度によっては，安定したものにはならない．ボンド角が正多角形の内角に等しい場合は，紙のバネは，なんと次のリンクにあるようにできるようだ．

図 2.63　紙のバネの例

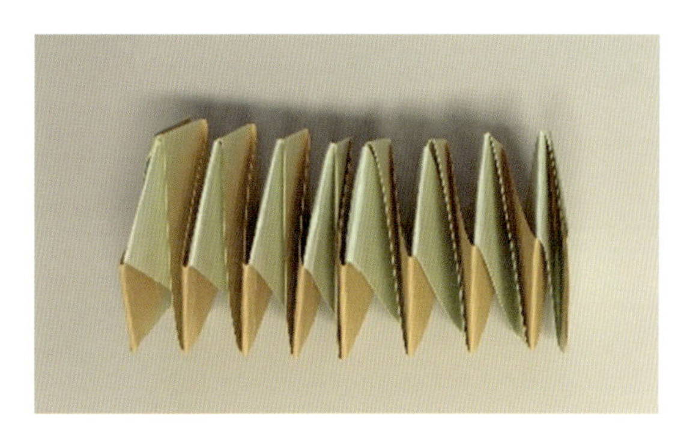

紙のバネ（正多角形版）の作り方 - 幾何学模様のブログ　みずすましの図工ノート（https://j344.exblog.jp/238867490/）

2.3.2 Popup spinner（ポップアップスピナー）

前の節で見たボンド角90°固定チェインのペーパーモデルである紙のバネとそれを反転させたものを連結してみよう．すると両端を持って伸ばしたとき，中央が回転しているように見える．

図 2.64　ねじれ構造の合わせ目に生じる回転

その理由は，身近なものから説明できる．キャンディの包み紙はワックスペーパーやセロファン

などの材質の四角い紙であり，これでキャンディを巻くようにしてから，両端をねじって留めることで包装している．ここで，真ん中に関して，両端のねじれが反転するようにする．いい換えれば，包み紙の両端を固定して，真ん中のキャンディが包まれている部分をねじっているわけである．この状態から，両端を左右に引っ張ることで，キャンディが包まれている部分が回転して，キャンディを取り出すことができる．

このことから考察されることは，ねじれ構造とその反転構造を合わせた構造は，そのねじれを解消しようとすると，ねじれ構造の合わせ目に回転が生じるというものだ．

勝手に，「キャンディの包み紙原理（Candy wrapping paper principle）」と呼んでいたりする [38]．

紙のバネとそれを反転させたものを連結したものから，チェインだけを取り出したものが次の画像である．実は，ボンド角90°固定チェインとして見せた図はこれの左半分であった．

図 2.65 取りだしたチェイン

このチェインをそのまま構造の核に含んでいるものがある．それがポップアップスピナーと呼ばれる回転するカードである（[5]，[13]，[34]，[38]，[59]）．次がその型紙である．

図 2.66 ポップアップスピナーの型紙

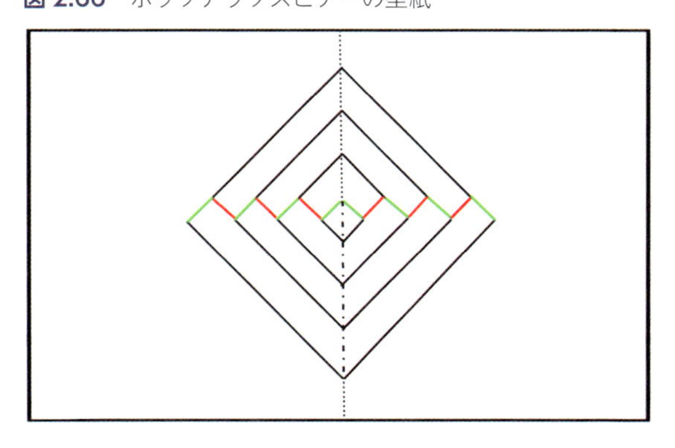

このポップアップスピナーの型紙において，山折り谷折りをする部分である緑と赤で描かれたジグザグの折れ線をチェインとみなすことができる．すなわち，緑と赤の線分をバーとみなし，それらのつなぎ目をジョイントとみなす．これが，ボンド角90°固定チェインである．オルーク（J. O'Rourke）は，［13］において，このことを指摘している．カードを閉じると，このチェーンは螺旋状に丸められ，カードが開かれると，チェーンは，最大長をもつこの平面的な階段配置に向かうことが示された．

誕生日カードのように開くと，仕掛けられたギミックによって動きが生じるカード（ポップアップカード）にはいろいろなバリエーションがあるが，ポップアップスピナーは，水平方向に回転の軸をもち，上下に尖った羽が回転するという動きをする．

図 2.67　ポップアップスピナー

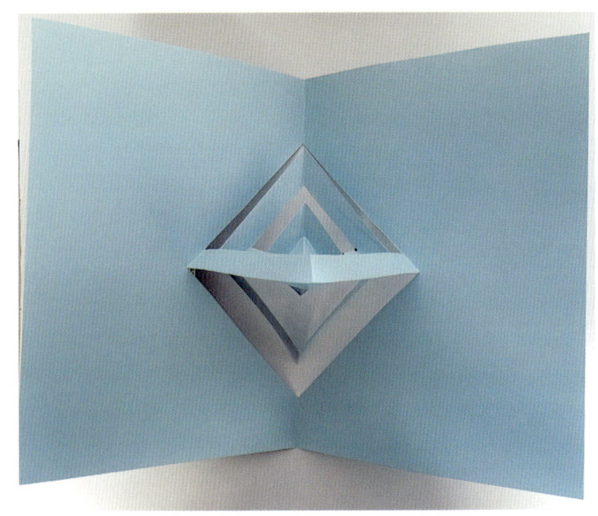

このポップアップスピナーという名前を付けたのは西原明氏である．1970年代にはもうあったらしいのだが，最初に誰が考案したのかということは，はっきりとはしていないようである．

このポップアップスピナーを観察すると，二面角が変化するときのボンド角固定チェインの動きの滑らかさを実感することができる．このことから，1次元のタイリング（準周期タイリングも含んでいる）からなる，二面角でパラメータ付けされた族ができるのではないかと思っている．

ポップアップスピナーを実際に作ってみると，両端を固定して，羽の位置をねじって，カードを平坦な状態にたたんでいるというキャンディの包み紙で言及したような構造であることが見て取れる．

実際に，ポップアップスピナーをつくってみよう．

材料

紙（回転する部分の大きさに合わせて，紙の厚さを選ぶ必要がある．回転する部分がある程度大きいものが作りやすいので，最初に試作するのには手に入れやすい八つ切り色画用紙を半分にしたものをおすすめする）．

道具

はさみ，定規，分度器，色ペン（ここでは赤色と緑色を使っている）.

次の谷折り，山折りの折り方に気を付けて，始めよう.

図 2.68　ポップアップスピナーの折り方

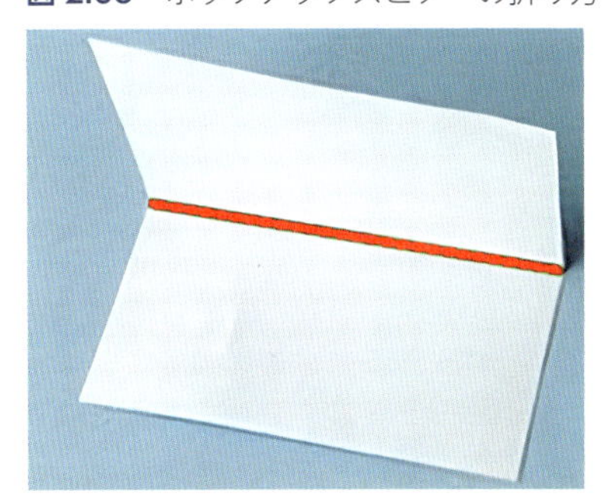

赤の線は線の裏のほうから，つまむように折る.
谷折りという.

緑の線は線のほうから，つまむように折る.
山折りという.

表 2.1　ポップアップスピナーの作り方の手順

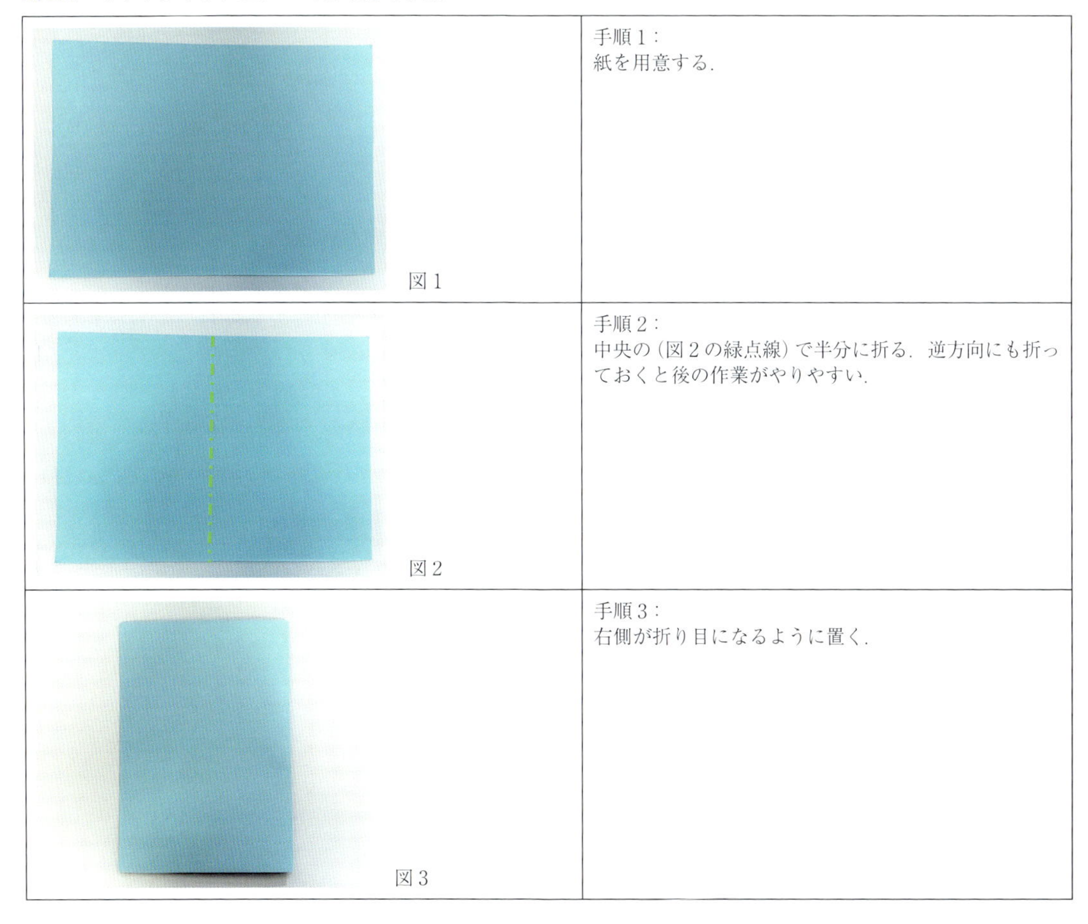

図 1	手順 1： 紙を用意する.
図 2	手順 2： 中央の（図 2 の緑点線）で半分に折る．逆方向にも折っておくと後の作業がやりやすい.
図 3	手順 3： 右側が折り目になるように置く.

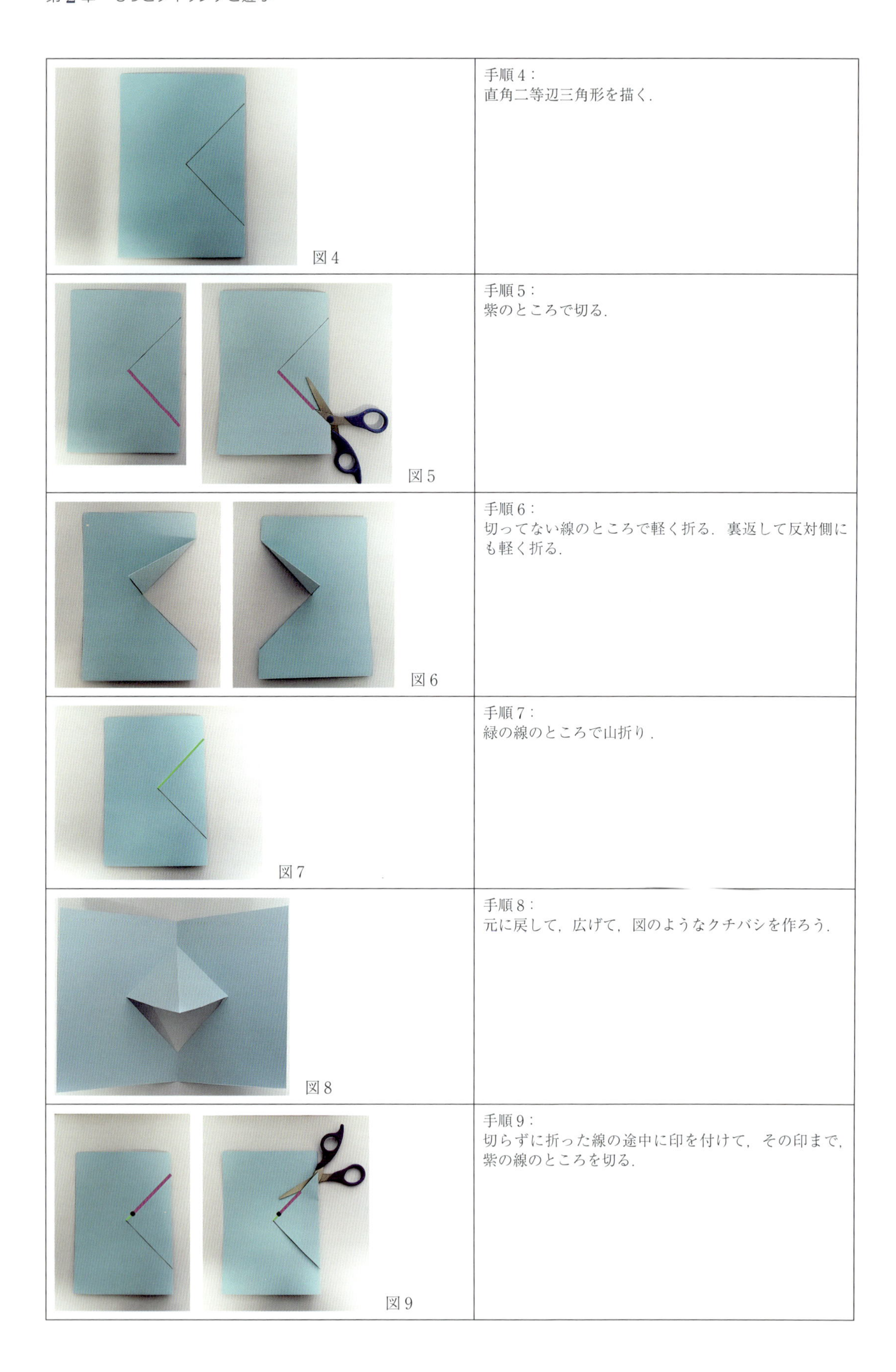

図4	手順4： 直角二等辺三角形を描く．
図5	手順5： 紫のところで切る．
図6	手順6： 切ってない線のところで軽く折る．裏返して反対側にも軽く折る．
図7	手順7： 緑の線のところで山折り．
図8	手順8： 元に戻して，広げて，図のようなクチバシを作ろう．
図9	手順9： 切らずに折った線の途中に印を付けて，その印まで，紫の線のところを切る．

図 10	手順 10： 図のように軽く折る．反対側へも軽く折る．
図 11	手順 11： 赤の線のところで谷折り．
図 12	手順 12： 少し小さなクチバシを作ろう．
図 13	手順 13： 線の途中に印を付けて，その印まで，紫のところを切る．
図 14	手順 14： 図のように軽く折る．反対側へも軽く折る．
図 15	手順 15： 緑の線のところで山折り．

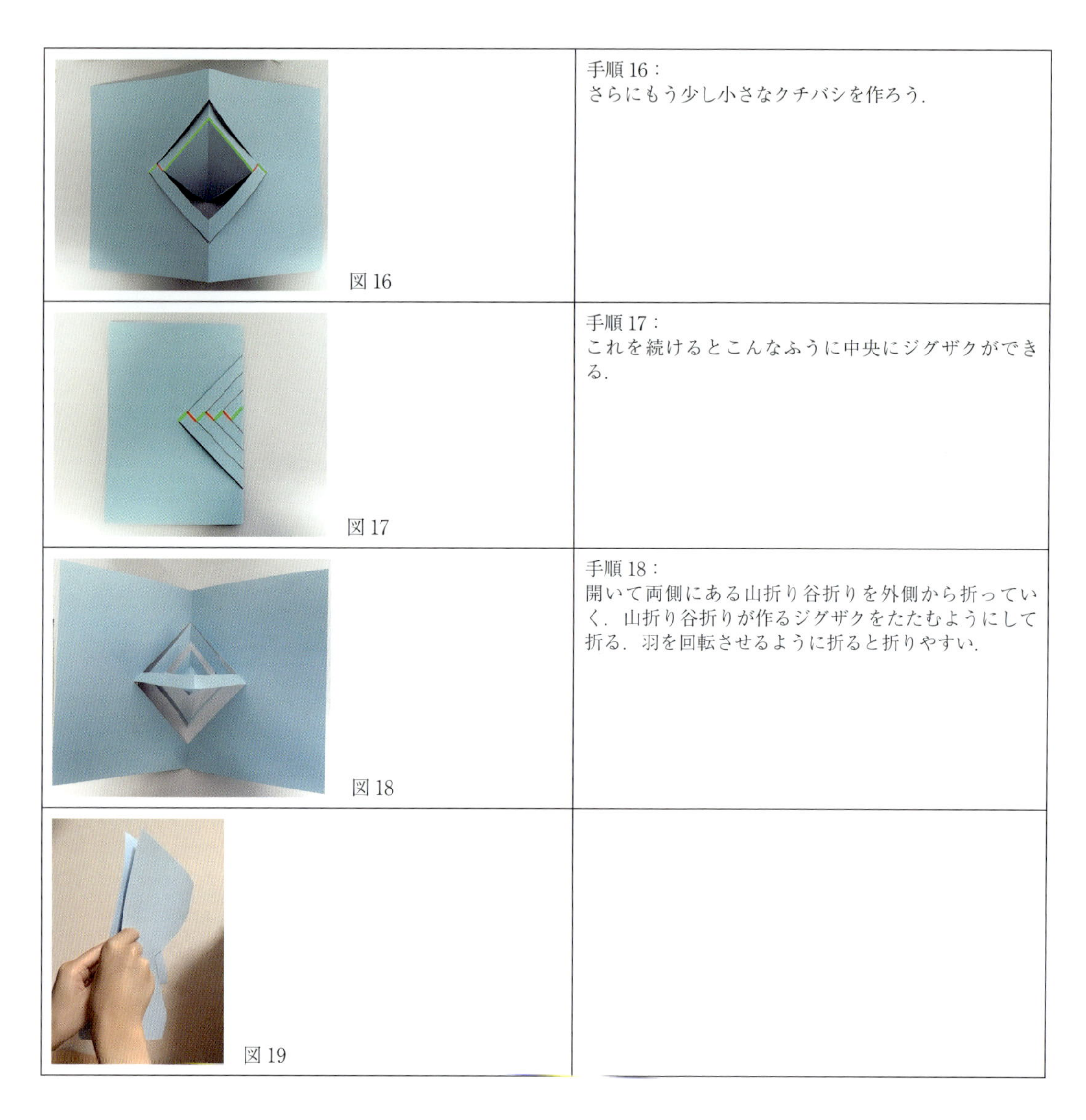

図 16	手順 16： さらにもう少し小さなクチバシを作ろう.
図 17	手順 17： これを続けるとこんなふうに中央にジグザクができる.
図 18	手順 18： 開いて両側にある山折り谷折りを外側から折っていく. 山折り谷折りが作るジグザクをたたむようにして折る. 羽を回転させるように折ると折りやすい.
図 19	

でき上がったポップアップスピナーの羽が回転する様子の動画は,「おもしろ科学実験室」(https://www.mirai-kougaku.jp/laboratory/) で見ることができる.

動画サイト YouTube では, 羽の形が円や星型であるようなポップアップスピナーも目にする.「おもしろ科学実験室」で説明した型紙の描き方をアレンジすると, 羽の形を変えることはそれほど難しくはないだろう. ぜひ試してみよう.

このポップアップスピナーの羽の回転角度を調べてみよう. その動きの過程では, 面が曲がることのない剛体折りであることを仮定してよい. 次の定理が導かれる ([5]).

図 2.69 羽の回転

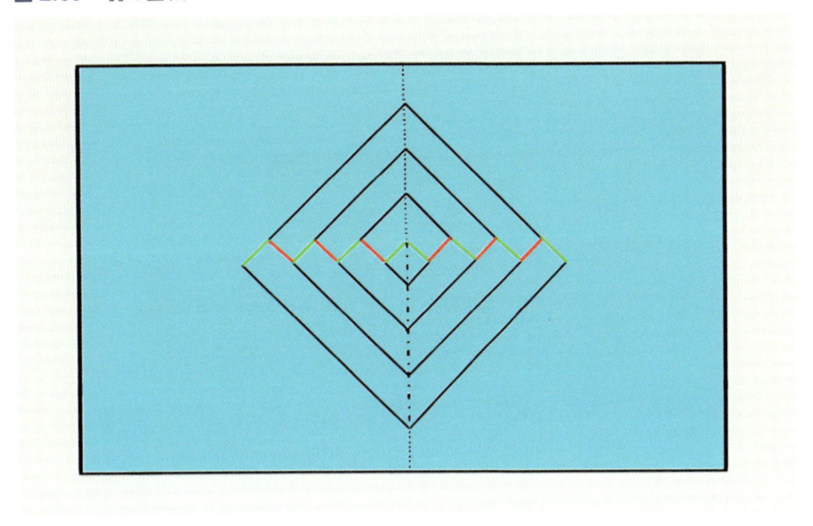

定理([5])

nを羽数，θを中央チェーンの固定角度とする．

ポップアップスピナーのn番目の羽（くちばしのような中央フレーム）の回転の角度$A(\theta)$は，$A(\theta)=n\theta$で与えられる．すなわち，ジグザグの角度θ，羽の数nをもつポップアップスピナーの一番内側の羽の回転角度は，$n\theta$である．

定理により，ここで作ったポップアップスピナーでは，ボンド角（ジグザグの角度）は$90°$，羽の枚数は7枚であるので，2回転には届かないが，1.75回転していることがわかる．90ページのように，$p=\cos\varphi$, $b=\cos\beta$，β：ボンド角，φ：二面角，θ：螺旋の回転角度とするとき，$x=\cos\theta$は$x=-\frac{1}{2}\{(1+p)b+1-p\}$と表された．じっくり見ると，この式から，二面角$\varphi$が$0°$から$180°$まで動くとき，螺旋の回転角度$\theta$がボンド角$\beta$だけ変化することがわかる．これはボンド角度固定チェインの立場から，上の定理の別証明を与えることになる（[34]）．

ここまで，読んでくれた人には，ボンド角度固定チェインはリング状にしないのか？といわれそうだが，[8]，[9]で調べている（証明にミスはあるけれど）．

タイリングと遊んでいるうちに，ポップアップスピナーにまで行き着いてしまった．

この後の3章と4章では，タイリングを構成する方法の説明に力を入れる．

COLUMN

もっともっと遊ぶには

タイリングはいろいろなところに出没する．身近なものや自然の中に．建物や庭には，装飾としてのタイリング．畳貼りの和室はドミノタイリングであり，Conwayの数学につながる．タイリングではないが，緑色のぐるぐるが2つ，うまくはまり合ってスキマなく収められた蚊取り線香には心ひかれる．ぐるぐると言えば，身近とは言えないかもしれないが，錯視を生じる錯視タイリングいう面白いものもある．これは前に林さんやゼミ生と調べたことがあったが途中になっている．折り紙もタイリングと深く関わっていた．生き物が作る模様には，タイリングとおぼしきパターンが現れている．ハチの巣は正六角形によるタイリングを形作っているし，イソギンチャクの群生の様子には，ボロノイタイリングが現れている．トンボの翅の模様も，ボロノイタイリングであるという記述を目にしたことがある．生き物の身体に現れる模様，例えば，貝の殻の模様や動物の身体の模様にも，タイリングが見られることがある．セル・オートマトンやチューリング・パターンが関係するようだ．

動物の身体の模様といえば，キリンの斑(まだら)論争が思い出される．高知県とゆかりの深い著名な物理学者・寺田寅彦先生のお弟子さんが，「キリンのまだら模様と濡れた地面が乾燥してひび割れ模様は同じなのではないか」と問題提起したことに端を発したものだ．この論争を収める役目を果たしたのが寺田寅彦先生の論説「割れ目と生命」である．岩波科学ライブラリー 220「キリンの斑論争と寺田寅彦」(松下貢 著) で読むことができる．「割れ目と生命」の中に，飼っていた猫の模様を布に写して，切り取り、1つにすると球体になるという実験をしたことが書かれている．2.1.2項で紹介した球面タイリングを球形曲線折り紙で制作したときに，この実験のことが頭をよぎった．高知県立文学館寺田寅彦記念室には「寺田寅彦実験室」という映像コーナーがあり，「割れ目と生命」というタイトルのものがある．猫の実験の再現映像が収められている．

キリンの斑模様は地面のひび割れ模様の原理ではなく，チューリング・パターンで説明されるようだ．一方で，マスクメロンの表面の網目模様は地面のひび割れ模様の原理と同じということだ．生物学者 近藤滋氏の解説を読んでみると面白い．

寺田寅彦先生が始めた，身近な自然現象を対象とした「寺田物理学」と呼ばれるものがある。それほどに立派なものにするのは難しいことであるが，そのタイリング版として，目にするタイリングを出発点として数学をやるともっともっと遊べて，楽しいのではないだろうか．

第 3 章

タイルを貼るには

3.1 ペンローズタイリングの貼り方

ペンローズタイリングは，辺のところに線が入った2つのひし形（薄いひし形は鋭角が36°，厚いひし形は鋭角が72°，2つのひし形の辺の長さは同じ）をタイルにして作られる．この2つのひし形タイルをペンローズタイルと呼ぶ．

図 3.1 ペンローズタイル

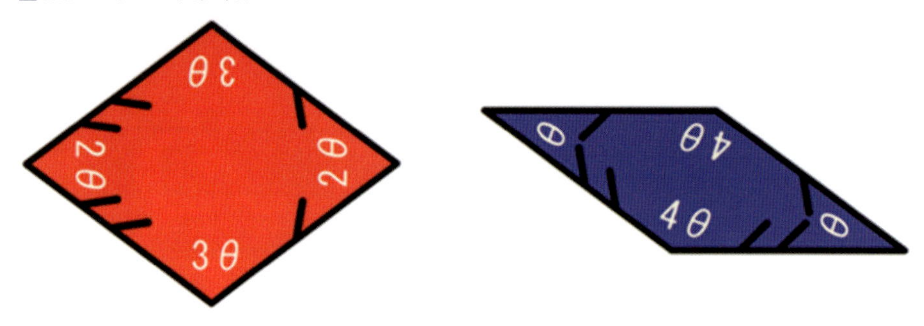

貼り合わせ規則は，貼り付けたときに辺のところに入った線で1重矢印か2重矢印かのどちらかができるような貼り付け方だけを許すというものであった．

ペンローズタイリングはペンローズタイルにこの貼り合わせ規則を定めて作られていたが，次のような疑問は湧いてこないだろうか？（[86] 参照）

(a) ペンローズタイルで本当にタイリングが可能なのだろうか？

(b) ペンローズタイリングでは2つのタイルのうち，どっちをたくさん使うのか？

(c) ペンローズタイリングの種類はどのくらいあるのか？

それでは，これらについて順に説明していくことにしよう．

(a) ペンローズタイルで本当にタイリングが可能だろうか？

貼り合わせ規則に従って，実際に貼っていけば，いくらでも広げられるのではと考える人がいるかもしれないが，ペンローズタイルの貼り合わせ規則は強い強制力をもっている．実は，次の8種類の以外の貼り方から始めてしまうと途中で広げられなくなってしまうことが知られている．頂点のまわりに薄いひし形10個を並べる配置は矢印はちゃんとできるのに，タイリングには許されないということになる．

図 3.2　許される 8 種類の頂点配置

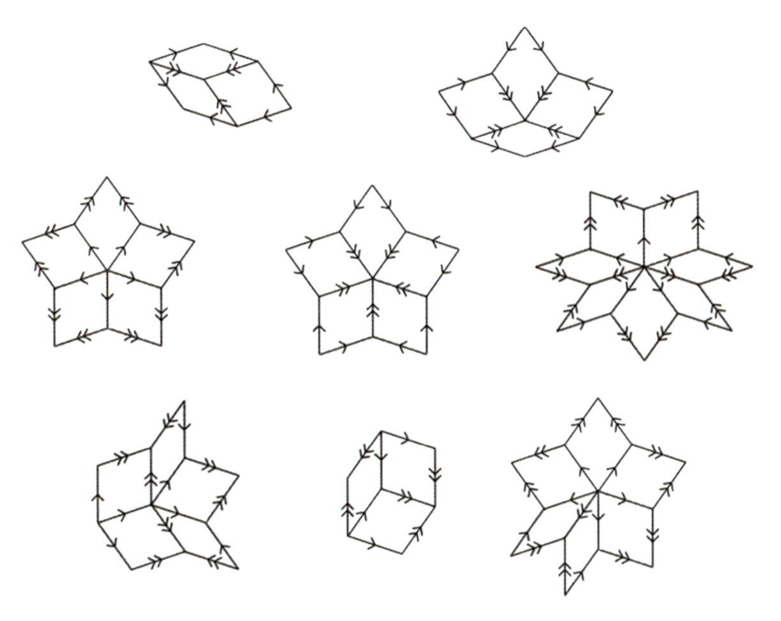

ペンローズタイルで本当にタイリングが可能であることを示すために，置き換え規則（Substitution Rule）という考え方を導入する．

図 3.3　ペンローズタイルの置き換え規則

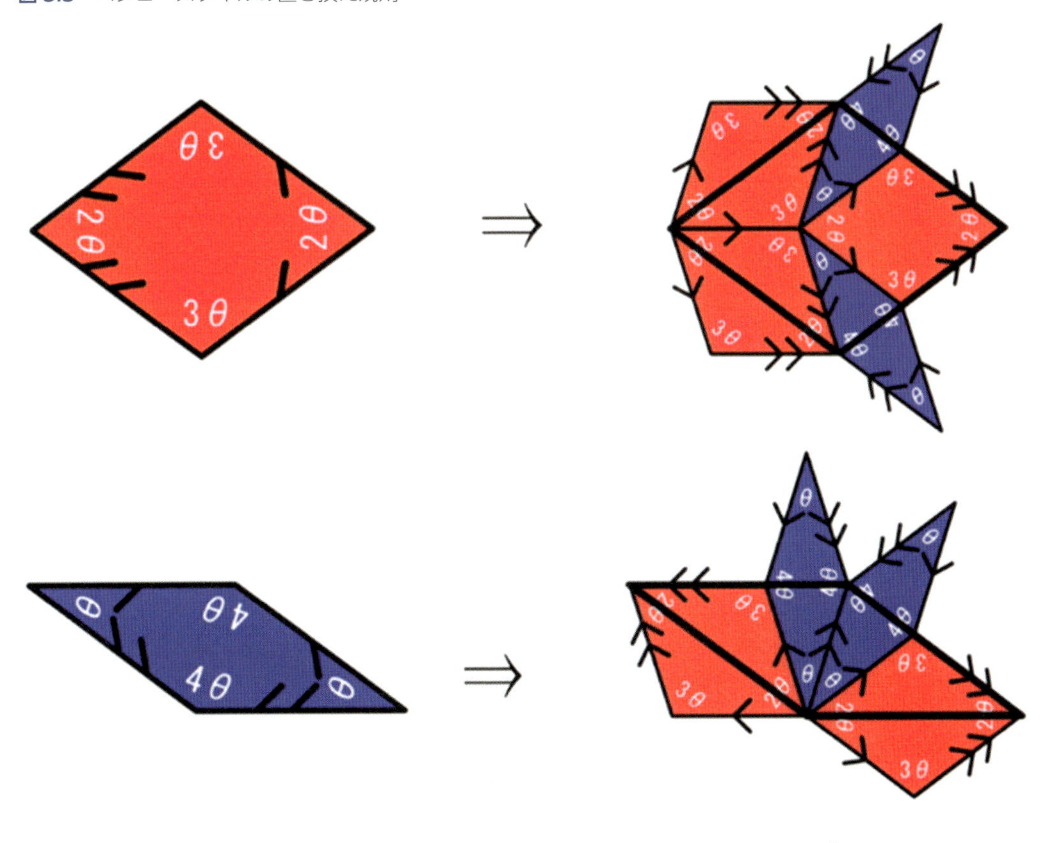

ここでの置き換え規則は名前そのままに，タイルをそれらタイルを縮小したものを貼り合わせたもの（パッチ）に置き換えるというものである．この置き換え規則を使って，タイリングを作るには，次の手順で行う．

(1) 貼られているタイルそれぞれに置き換え規則を適用して置き換えを行う．

(2) 置き換え後，縮小されているタイルのスケールを，最初のものと同じになるように拡大する．

(3) (1) に戻る．

ペンローズタイルの置き換え規則は元のタイルからはみ出しているものになっているため，本当に繰り返し置き換えを行ってタイリングを作れるのか不安を感じるかもしれない．次に赤の厚いひし形から始めて，置き換えと拡大を2回ずつ適用したものを載せておく．はみ出しているところがうまく合っていることがわかるだろうか．

図 3.4　はみ出しているところが合っているか

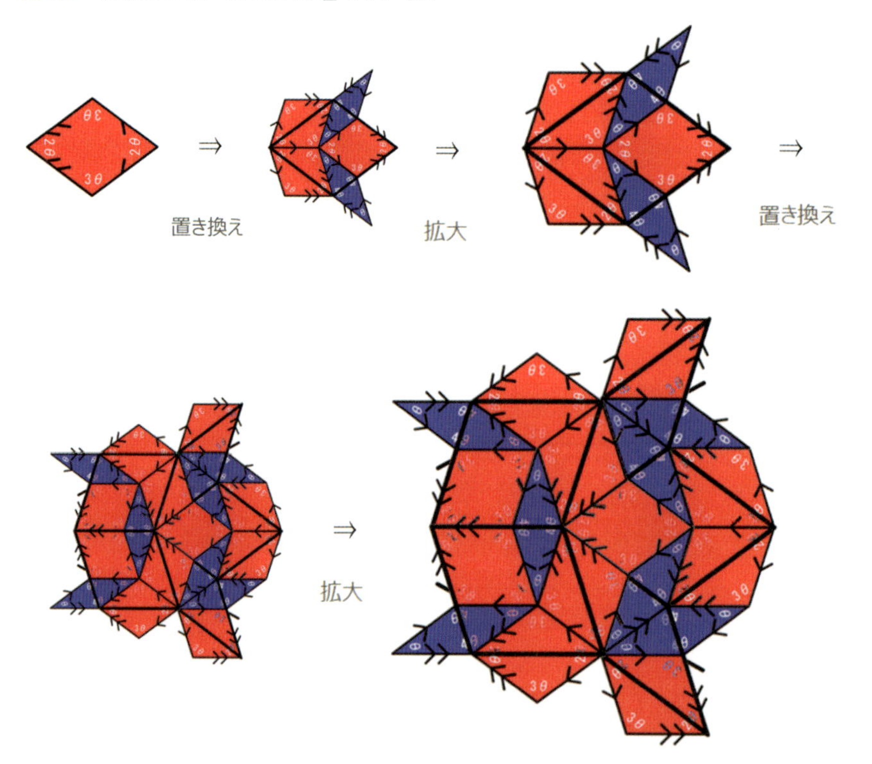

(b) ペンローズタイリングでは2つのタイルのうち，どっちをたくさん使うのか？

置き換え規則では，はみ出している分は無視して考えると，赤のタイル1枚は赤が2枚分と青が1枚分に置き換えられる．一方，青のタイル1枚は赤が1枚分と青が1枚分に置き換えられる．青のタイルから始めて，細分と拡大を繰り返して，タイルの数を増やしていく．n回繰り返したとき，赤のタイルと青のタイル何個分に置き換わったかをそれぞれa_n，b_nとおく．

このとき，

$$\frac{a_{n+1}}{b_{n+1}} = \frac{2a_n + b_n}{a_n + b_n} = 1 + \frac{1}{1 + \frac{a_n}{b_n}} \cdot c_n = \frac{a_n}{b_n}$$

$c_n = \dfrac{a_n}{b_n}$ とおくと

$$c_{n+1} = 1 + \frac{1}{1 + \frac{1}{c_n}}$$

と変形される．$c_1 = 1$，$c_2 = \dfrac{3}{2}$，$c_3 = \dfrac{8}{5}$，$\cdots$ とどこかで見たことがある数字が現れる．もし，c_nが ある1つの値に近づいていくなら（実際そうなのであるが），その値は，$x = 1 + \dfrac{1}{1 + \frac{1}{x}}$ を満たしているはずである．

変形すると $x^2 - x - 1 = 0$ となり，これの正の解 $x = \dfrac{1+\sqrt{5}}{2}$ が使用されている赤のタイルと青のタイルの個数の比の極限である．この数は黄金比と呼ばれているものである．これは，1より大きい値なので，赤のタイルのほうが多く使われていることになる．

また，この値が無理数であることから，ペンローズタイリングは周期的でないことも導かれる．

(c) ペンローズタイリングの種類はどのくらいあるのか？

Up-Down generationというタイリングの構成法を説明する（[67]）．この構成法はde Bruijnにより導入された．先に次のページの図のペンローズタイルの置き換え規則を見た．

次のページの図のように，各ペンローズタイルを半分にすることで，はみ出さない置き換え規則に変更することができる．

図3.5　はみ出さない置き換え規則の作り方

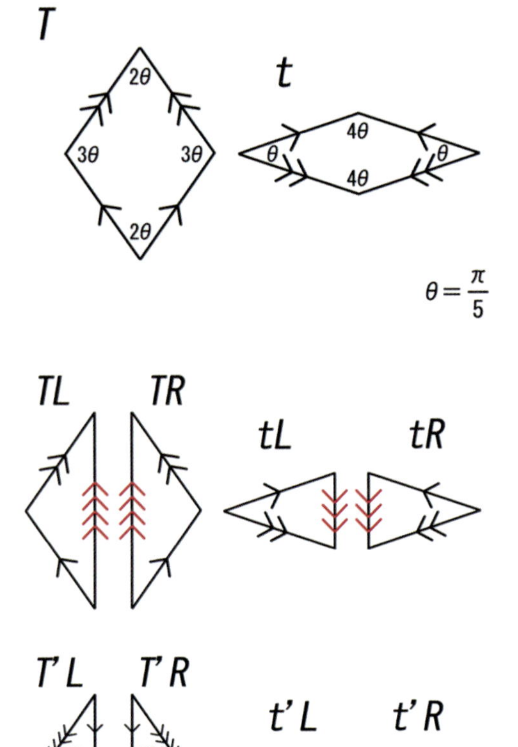

次に，各タイルのこの置き換え規則を，拡大されたタイルを作る操作だと解釈する．例えば，次の図のδという記号で表された操作は，タイルtRにTRとTLを貼り付けて，タイルTRが拡大された形$T'R$が作られているとみなす．

図3.6　tRから$T'R$へ

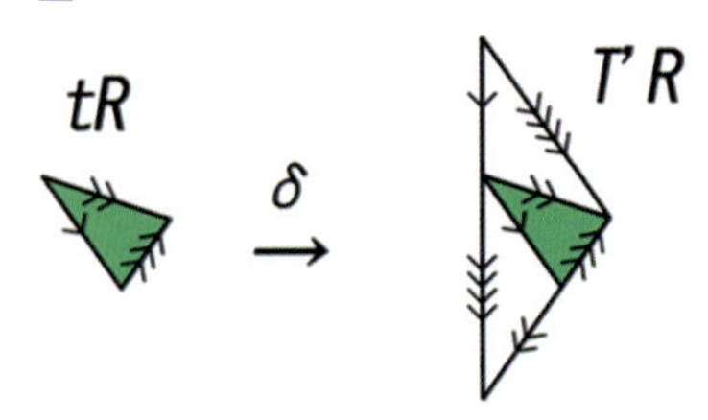

同じようにみなすことで，タイルの置き換え規則から，合わせて10個の操作が得られる．その10個の操作は，次の図の5個の操作とそれらの鏡映（鏡写し）となる5個の操作である．鏡映となる操作は，図の5個の操作のLとRを取り替えることで得られる．

図 3.7　拡大されたタイルを作る操作

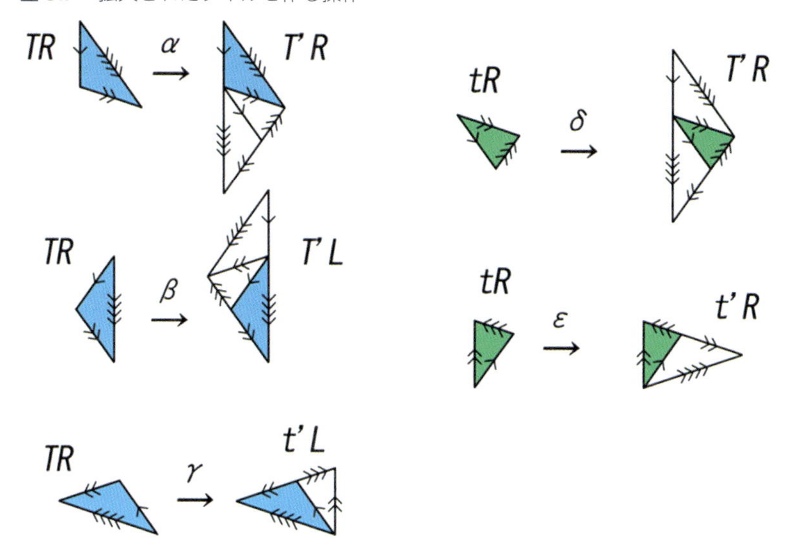

操作により得られた拡大タイルに注目し，操作の前より大きいスケールのタイルとみなすことで，続けて操作を適用して，さらに拡大されたタイルの形を作っていくことができる．

図 3.8　操作を続けて行う

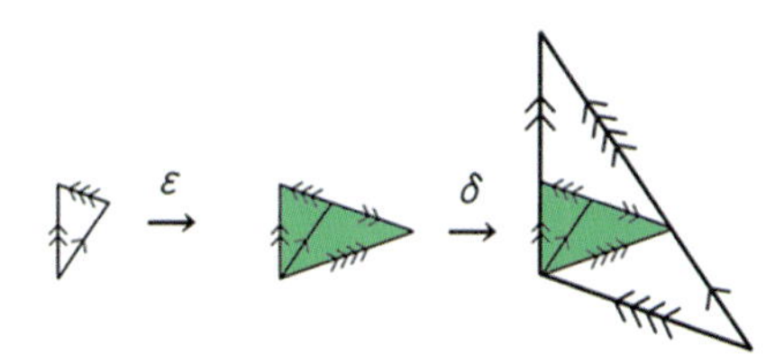

このようにするときには，操作により得られた拡大タイルを「'」を付けずに表すことにすると都合がいい．10個の操作がどのような順番で適用できるかは次のようにオートマトン（有向グラフ）を使って表すことができる．

図 3.9　拡大操作適用の順番を表したオートマトン

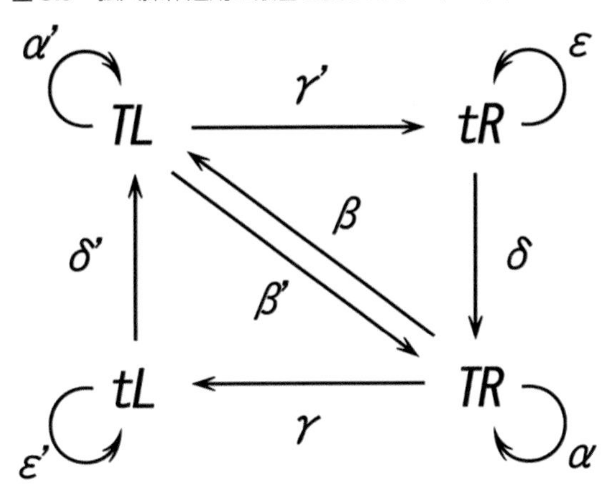

このオートマトンに従って操作を順に適用することをUPと呼ぶ．続けて操作を適用するときには，手前の操作で得られた拡大タイルのスケールが基準となってタイルが貼り付けられる．そのため，得られた拡大タイルを細分するタイルのスケールが混在することに注意する．このスケールが混在したものを，置き換え規則を使って，最初のタイルのスケールに揃えることをDOWNと呼ぶ．

図 3.10　Up-Down generation の例

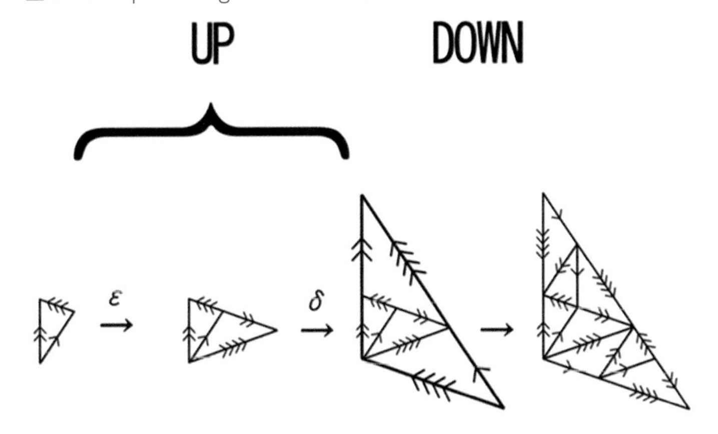

本当は考慮しなければならないことが少しあるが，10個の操作を無限に適用するときに辿るオートマトン上の無限路とタイリングが対応しているということは感じ取ってもらえただろうか．次の定理が成立している．

定理

非可算種類（自然数の個数よりも多い種類，並べることができない無限種類）のペンローズタイリングが存在する．

証明の方針

背理法で示す．並べることができると仮定する．右図のように，1行がタイリングに対応するオートマトン上の無限路（$a_1, a_2, a_3, \cdots$ など）になるようにして，それらを縦に（無限個）並べてリストを作る（点線より上）．

そのとき，青字のように対角線上から取ってきた無限路 $a_1, b_2, c_3, d_4, \cdots$ を考える．さらに右図の下側のように，この無限路と異なるように $\rho_1, \rho_2, \rho_3, \rho_4, \cdots$ を取ると，これは点線より上のリストにはない無限路である．なぜならば，上の無限個のリストのk番目のk列目の記号と $\rho_1, \rho_2, \rho_3, \rho_4, \cdots$ のk列目の記号 ρ_k が異なるように取ったからである．

図 3.11　無限路のリスト
（本当は有り得ない）

$$
\begin{array}{l}
a_1, a_2, a_3, a_4, a_5, \ldots \\
b_1, b_2, b_3, b_4, b_5, \ldots \\
c_1, c_2, c_3, c_4, c_5, \ldots \\
d_1, d_2, d_3, d_4, d_5, \ldots \\
e_1, e_2, e_3, e_4, e_5, \ldots \\
\vdots \quad \vdots \quad \vdots \quad \vdots \quad \vdots \quad \ddots \\
\hline
\rho_1, \rho_2, \rho_3, \rho_4, \rho_5, \ldots \\
\neq \quad \neq \quad \neq \quad \neq \quad \neq \\
a_1, b_2, c_3, d_4, e_5, \ldots
\end{array}
$$

緑の点線より上ですべての無限路を並べたリストを作ったはずなのに，そこにない無限路があることになってしまった．これは矛盾である．並べることができると仮定したことが間違いだったことがわかるので，並べることができないということがわかる．

この議論はカントールの対角線論法と呼ばれている．

注意：実をいえば，この証明の方針だけでは，証明を付けるには十分ではない．

オートマトン上の異なる無限路が同じタイリングを表すことがあるからである．オートマトン上の異なる無限路が同じタイリングを表すのは無限路がconfinal（共終的）という関係をもつときになる（[86] 参照）．2つの無限路がconfinalであるとは，それら無限路の最初の有限個を取り去って（取り去る個数が違ってもいい），残る無限路が一致するようにできるときをいう．このcofinalで同じタイリングを表す無限路をひとまとまりにして，上の議論を適用することで，証明することができる．

3.2 タイルの貼り方（貼り合わせ規則，置き換え規則）

1.1.2でペンローズタイリングを作る方法として，貼り合わせ規則を用いた構成法と置き換え規則を用いた構成法を見た．ここでは，他の例を見てみよう．

3.2.1 貼り合わせ規則(Matching rule)

例1（Ammann-Beenkerタイリング）　Robert Ammann（ロバート・アンマン）は次のような面白い貼り合わせ規則を考えだした（[62]）．タイルには図のような模様が描かれていて，正方形タイルと鋭角が45°のひし形タイル，ひし形タイルは模様が異なる鏡映も含めて2種類とし，計3種類のタイルを用いる．

図 3.12　使うタイルの種類と貼り合わせ模様

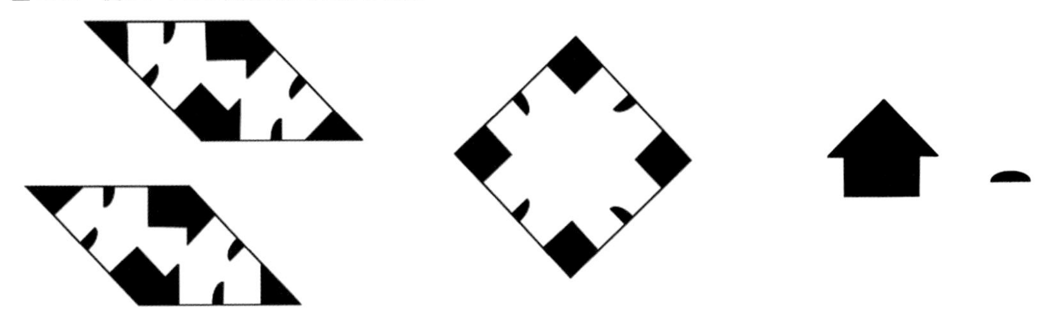

タイルを，タイルの右側にある矢印か半月の模様ができるように貼り合わせることで，次のようなタイリングが作られる．

図 3.13　得られるタイリング

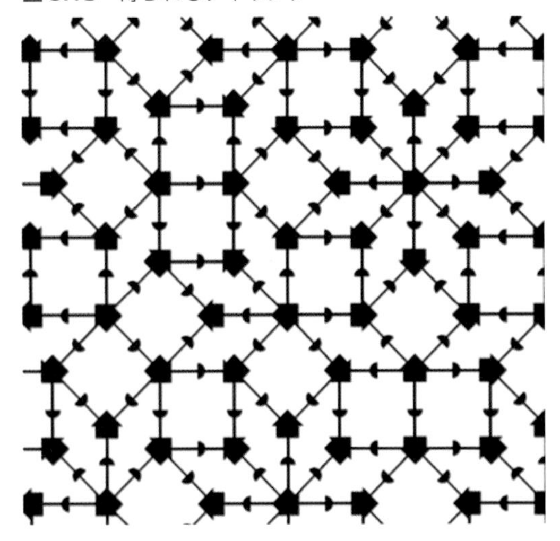

このタイルと貼り合わせ規則を使うと，8回対称性をもつタイリングを作ることができる．

例2（ギリータイリング） ハーバード大学のPeter J. Luとプリンストン大学のPaul J. Steinhardtによる，2007年2月23日号の「Science」に掲載された論文"Decagonal and Quasi-Crystalline Tilings in Medieval Islamic Architecture"（[81]）に次のタイリングとそれを作るタイルが示されている．論文のタイトルにあるように，中世イスラム建築のモスクや宮殿を装飾した「ギリー」（girih）と呼ばれる複雑なパターンを描くタイリングである．タイルは5種類であり，貼り合わせ規則はタイルに描かれた線がつながるようにするというものである．これまではこの幾何学模様を描くのに，定規やコンパスが使われていたとされてきた．論文にはこのギリータイリングとペンローズタイリングの関連性についても書かれている．

図3.14 使うタイルの種類

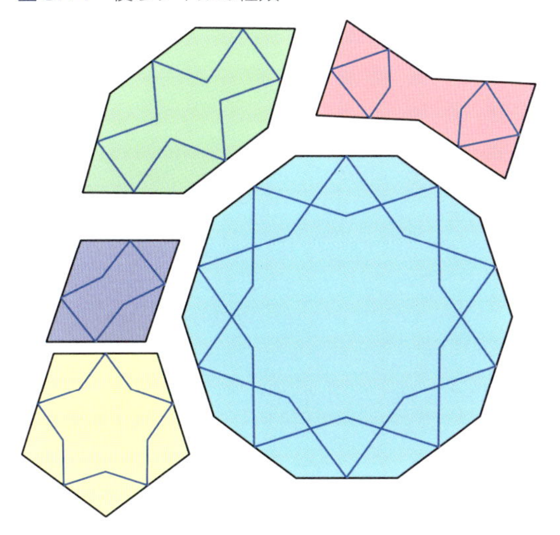

図3.15 得られるタイリング

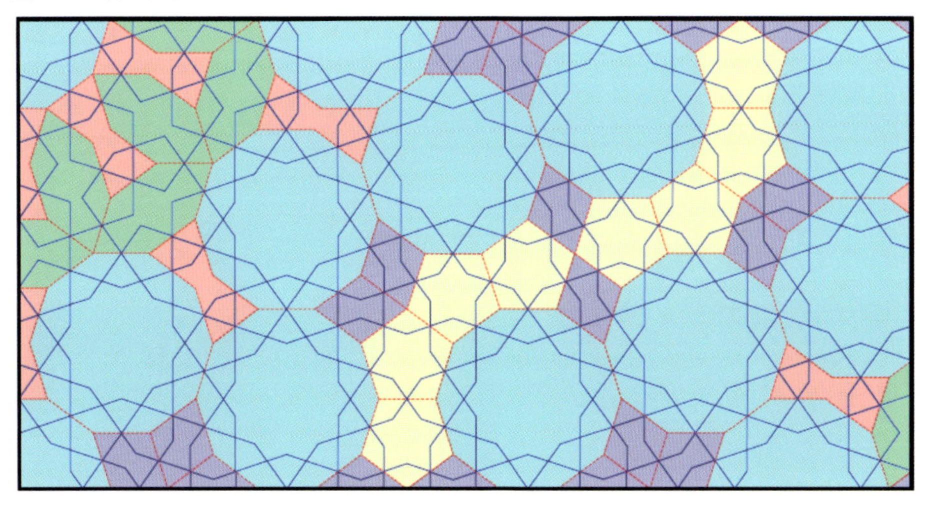

詳しく知りたい方は実際の中世イスラム建築の装飾とギリータイリングの[81]と[82]を参照されたい．

問題

下の図のように線が描きこまれたペンローズタイルを考える．ひし形の辺の長さが1であるとすると，描きこまれた線によって各ひし形の2辺は長さ $\cos(\pi/5)$ と $1-\cos(\pi/5)$ の部分に分割され，他の2辺は長さ $1/2$, $(1-\cos(2\pi/5))/2$, $\cos(2\pi/5)/2$ の3つに分割されている．

図3.16　線が描きこまれたペンローズタイル

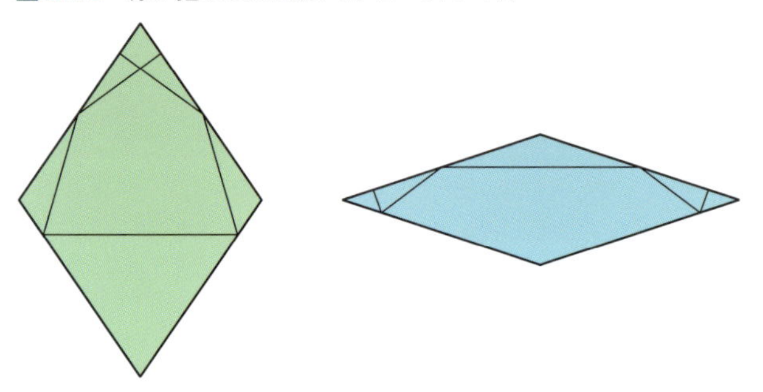

貼り合わせ規則をこの線がつながるように貼り合わせることにすると，ペンローズタイリングができることが知られている．貼り合わせていくと，タイルに描きこまれた線は何を描き出すだろうか？(答えは123ページ)

3.2.2　置き換え規則(Substitution rule)

3.1で見たように置き換え規則を用いたタイリングの構成法には,「本当に置き換えるというやり方」とUp-down generationがある．Up-down generationはいつも使えるとは限らない．まず,「本当に置き換えるというやり方」で置き換え規則が使われるタイリングの例を紹介する．

最初の例は平面(2次元)ではなく，直線(1次元)のタイリングのフィボナッチ列である．2つの記号 A, B を用意し，その置き換え規則を $A\to AB$, $B\to A$ で与える．右の図では A から始めて，置き換え規則を適用している．適用1回で AB になり，さらにそれぞれ，A は AB に，B は A に置き換えて適用2回でABAと続いていく．この置き換え規則から，記号 A, B による両側に無限に続く記号列であるフィボナッチ列が得られる．それは記号 A, B を長さが異なる線分に置き換える(A を長い線分，B を短い線分とするのが通例)と，実数直線を1次元のタイルであ

図3.17　フィボナッチ列

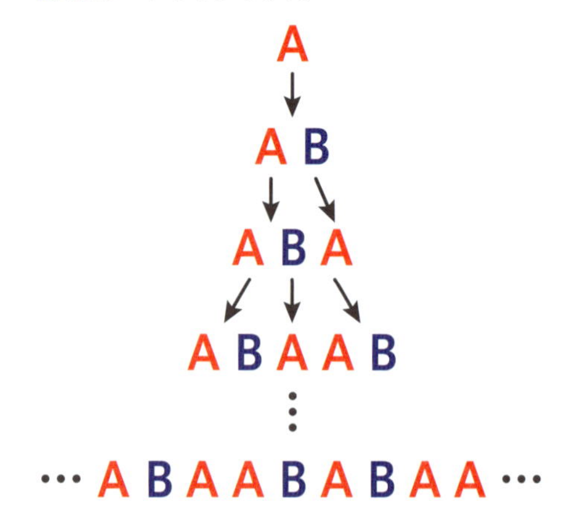

る線分に分割する1次元のタイリングとみなすことができる．記号A, Bの個数の比の極限が黄金比と，無理数となるので，ずらして重ねることのできない非周期な1次元タイリングとなる．

このフィボナッチ列を使って，再び正三角形と正方形によるタイリングを考えよう（[77]）．下図の4つのパッチ（a），（b），（c），（d）を考える．

図 3.18 4つのパッチ(a)，(b)，(c)，(d) とその貼り合わせ方（右）

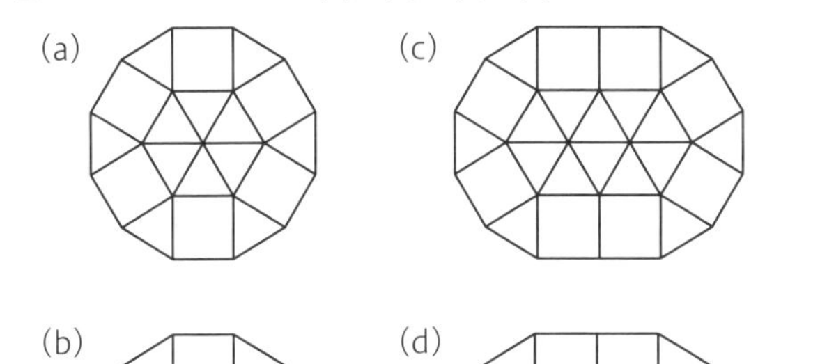

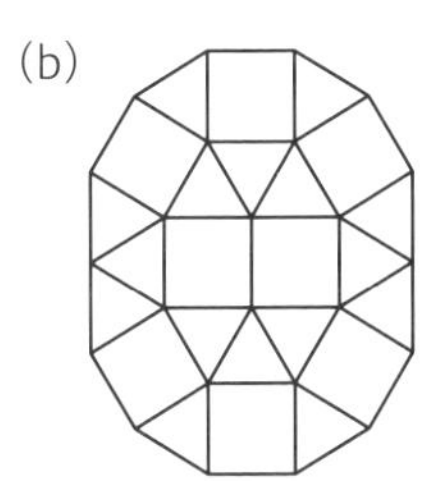

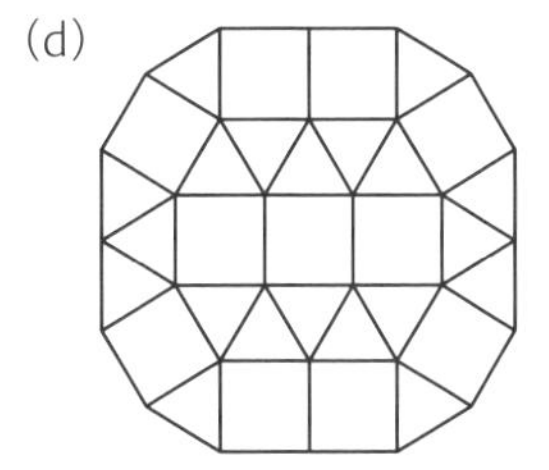

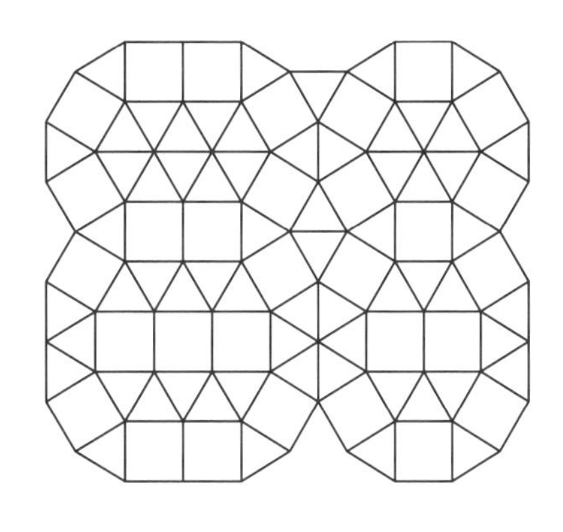

これらのパッチを並べることで，タイリングを作る．つまり，パッチをタイルとみなす．これらのパッチの並べ方は下図のように，水平方向は重ならないように貼り，垂直方向は重ねて貼っていく．その際，できたすき間は正三角形で埋めておく．

そこで4つのパッチ（a），（b），（c），（d）を下図のように4つの四角形とみなす．

図 3.19 パッチを四角形とみなす

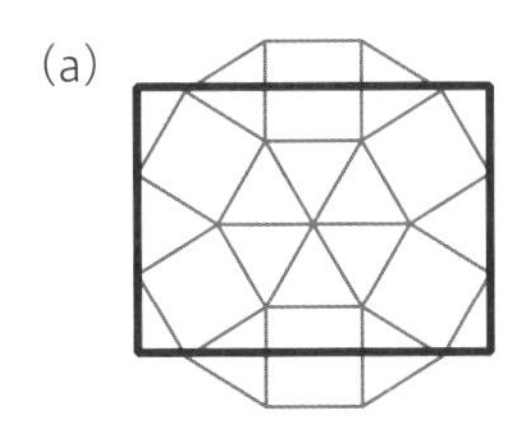

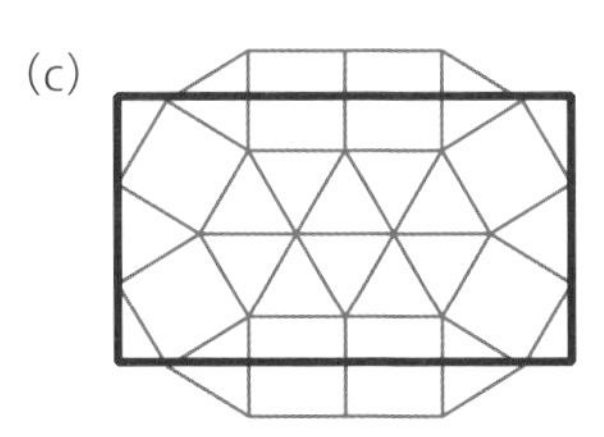

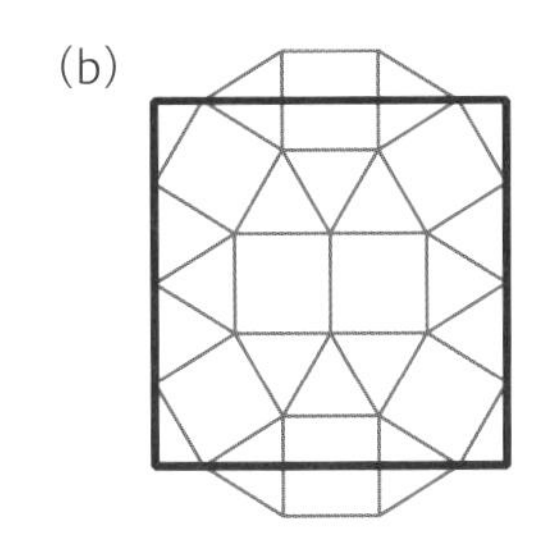

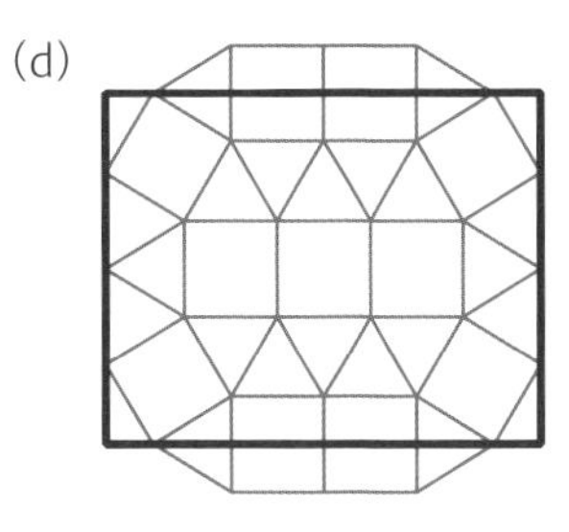

（c），（d）の四角形の水平方向の辺にA,（a），（b）の四角形の水平方向の辺にBという記号を割り当て，（a），（c）の四角形の垂直方向の辺にB,（b），（d）の四角形の垂直方向の辺にA，短い辺にBという

記号を割り当てる．

パッチをパッチに置き換える置き換え規則を次のように定める．

図 3.20　パッチの置き換え規則

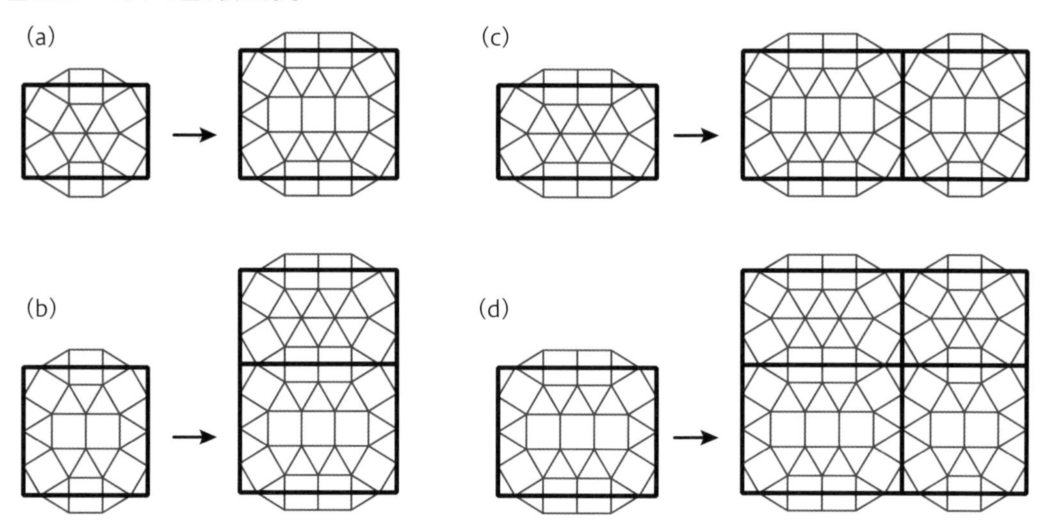

この置き換え規則において，水平方向垂直方向ともに，その辺において，記号 A, B の置き換え規則 $A \to AB$, $B \to A$ が得られる．この置き換え規則により，記号 A, B による両側に無限に続く記号列であるフィボナッチ列が得られる．

次のようなタイリング（実は準周期タイリング）が構成される．

図 3.21　図 3.20 を使ったタイリング

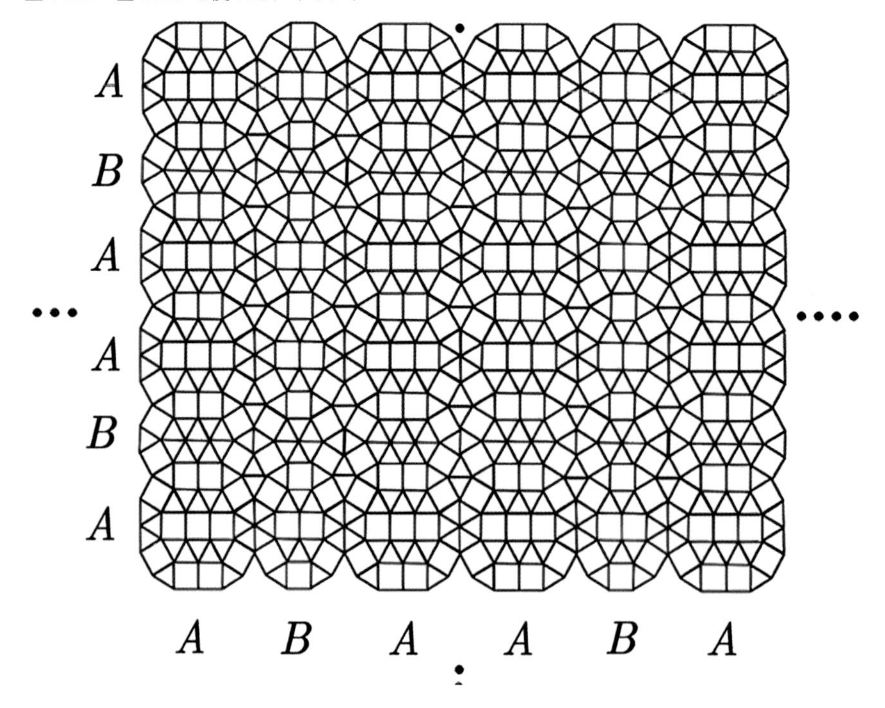

次に，Up-down generationで置き換え規則が使われるタイリングの例として，chairタイリングを紹介する．

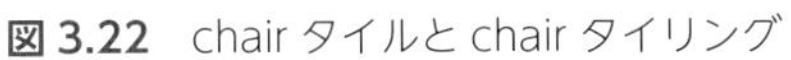
図 3.22 chair タイルと chair タイリング

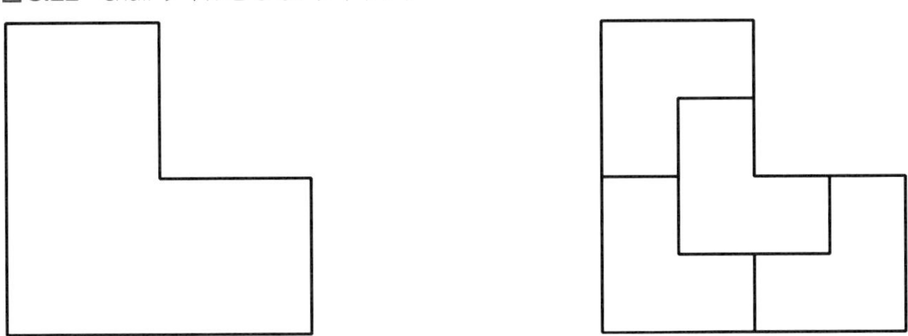

上の図左がchair（椅子）タイルであり，上の図右がその置き換え規則である．考えられるUp-down generationのUpの操作は4種類あるが，簡単のために，次の1種類だけに限定して考えてみよう．

図 3.23 Up の操作例

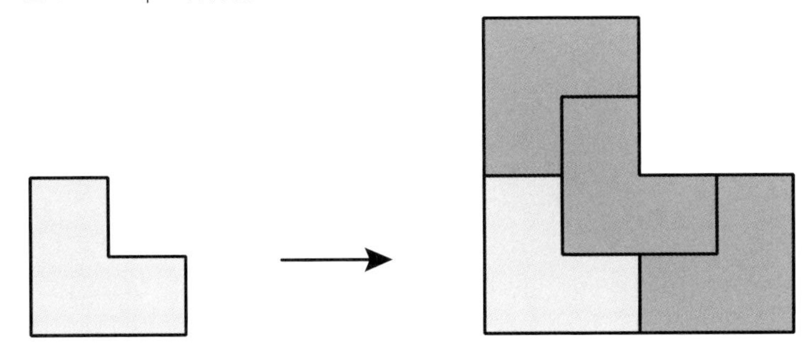

chairタイリングは容易に手作業で広い範囲のタイリングを描くことができる．実際にUp-down generationにより十分に広い範囲でタイリングを描くことで，タイルを貼るスピード感が実感できるはずだ．予想されるタイリングの出来上がりが非周期的であることは，タイルの向きで色を変えて色付けすることで見えてくるかもしれない．

図 3.24　Up-down generation の例

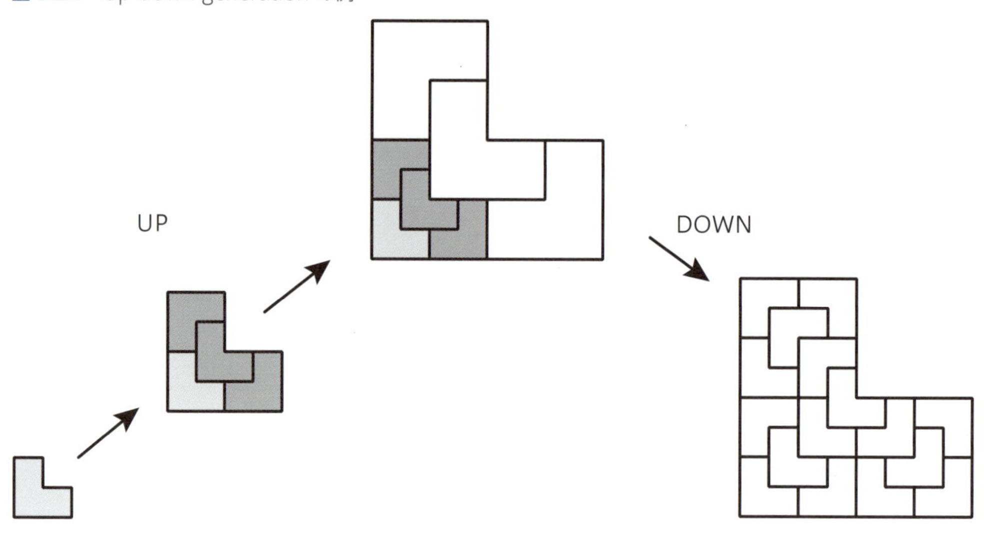

問題

chairタイルを使って，実際にUp-down generationにより十分に広い範囲でタイリングを描き，タイルの向きで色を変えて色付けしてみましょう（大きな方眼用紙を使って手描きか，パソコンで書いてみると楽）．予想されるタイリングの出来上がりをずらして元のものとぴったり重ねられるかどうか考察しよう（ヒント：始まりのタイルと同じ向きタイルに注目するといいかも）．

注意：「置き換え規則があれば，貼り合わせ規則がある」ことがわかっている（[69]）．

3つのいずれの構成法（特に「本当に置き換えるというやり方」）も，次の定理を暗黙のうちに認めている．

定理　**（拡大定理 "The Extension Theorem"）（[71]）**

どんな半径の円盤に対しても，それを覆うパッチが作れるなら，タイリング可能である．

この定理を少し拡張（?）する．

定理　**（パッチ空間の点列コンパクト性）（[76]）**

パッチを作るのに使うタイルの個数は有限でも無限でもよいとする．パッチの無限の列があると，うまくその中から無限個を順に選んでいくことで，タイルの貼り方を1つの貼り方に落ち着かせていくことができる．特に，広げてさえゆければ，（極限として）非有界領域のタイリングが得られる．

この定理が意味していることは次のようなことである．いろいろなパッチからなる集まりを考えると，パッチ同士が似ているか，そうでないかということを考えることができる．そうすると極限操作が考えられることになるが，定理はいろいろなパッチからなる集まり（パッチ空間）がその極限操作に関してよい性質（点列コンパクト性）をもっているということをいっている．

定理を用いると，5回対称性をもつペンローズタイリングを構成するやり方の1つが一般化できることを保証して，定式化できる：

定理　**系（n回対称性をもつタイリングの構成法の定式化）**

プロトタイルとその置き換え規則が与えられているとする．プロトタイルの中に$180/n°$の角度をもつものがあるならば，n回回転対称性をもつタイリングを構成できる．

7回対称性をもつDanzerタイリング（[84]）を例として，説明しよう．下のようにDanzerタイリングの置き換え規則は与えられる．

図 3.25　Danzer タイリングの置き換え規則

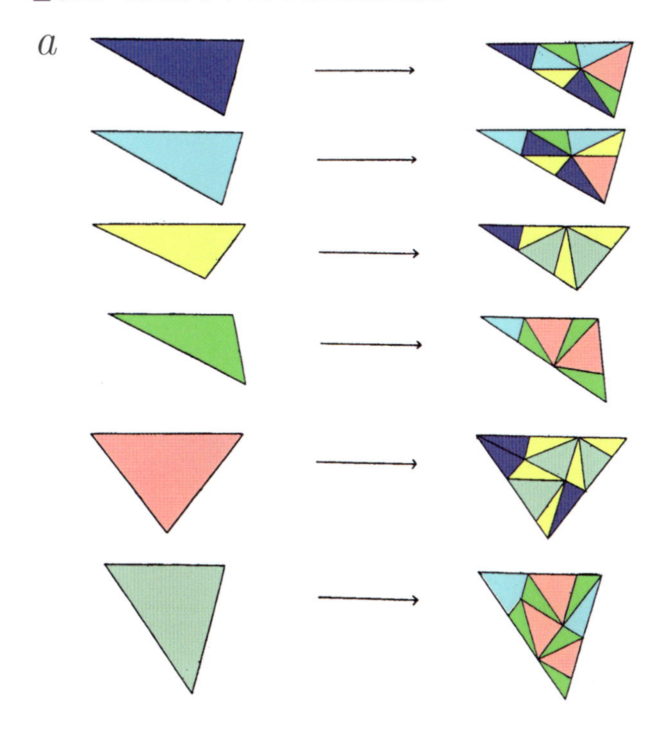

このとき，左上の青いタイルをaとする．このタイルは$180/7°$の角度をもつタイルである．

図 3.26　a の細分と拡大

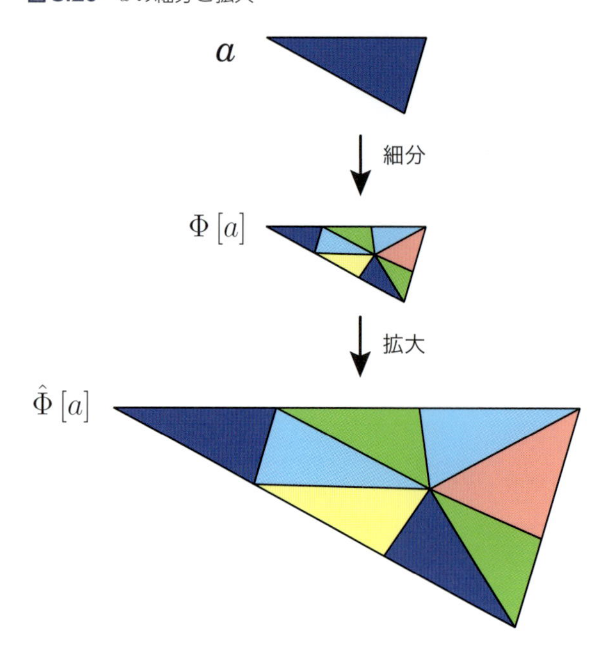

この a に置き換え規則を適用して細分したものを $\Phi[a]$ により表し，縮小されているタイルのスケールを元に戻すように拡大したものを $\hat{\Phi}[a]$ で表す．ここで，拡大の中心は，図のタイル a の左端の頂点とする．

細分と拡大を繰り返して，パッチの無限の列 $\left\{a, \hat{\Phi}[a], \hat{\Phi}^2[a], \cdots\right\}$ を取る．この場合は，この中から無限個を順に選ばなくても，そのままでタイルの貼り方が決まる．交わる 2 本の半直線の間にタイルを敷き詰めていく．

図 3.27　パッチの無限の列から得られる敷き詰め

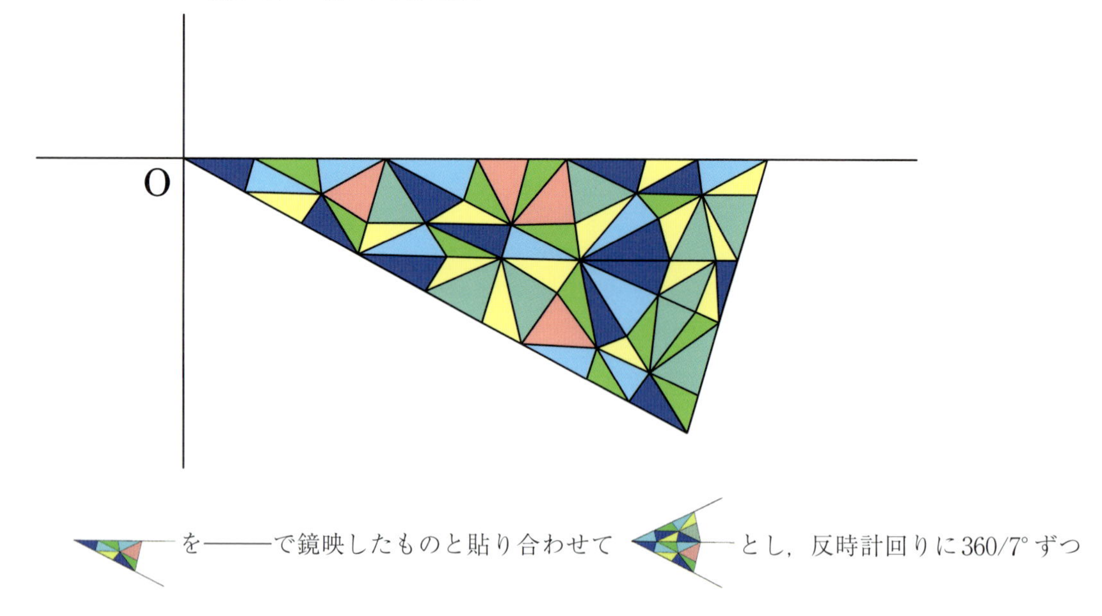

回転移動したものと貼り合わせて，全平面に広げる．

図 3.28　全平面への広げ方

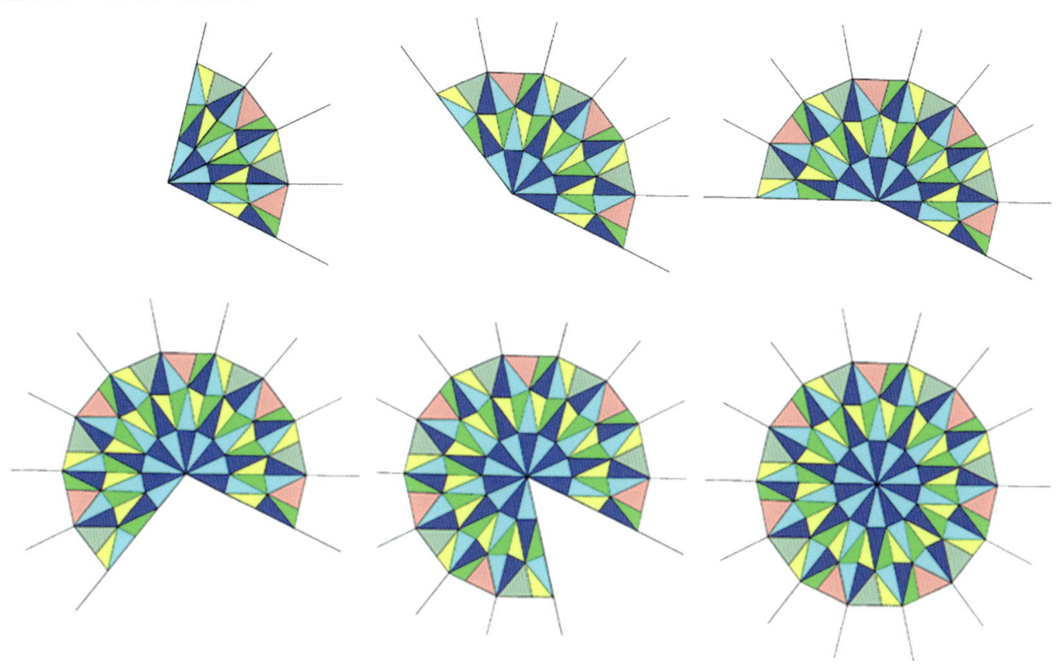

こうして，7回対称性をもつDanzerタイリングが構成される．

図 3.29　7 回対称性をもつ Danzer タイリング

5回対称性をもつペンローズタイリングを構成する場合は，105ページのひし形ペンローズタイルの半分とその置き換え規則を用いる．細分と拡大を繰り返したパッチの無限の列からうまく選ぶと下図が得られる（半分から元のひし形に戻せるところは戻しておいた）．

図 3.30　ペンローズタイルのパッチの無限列からの敷き詰め

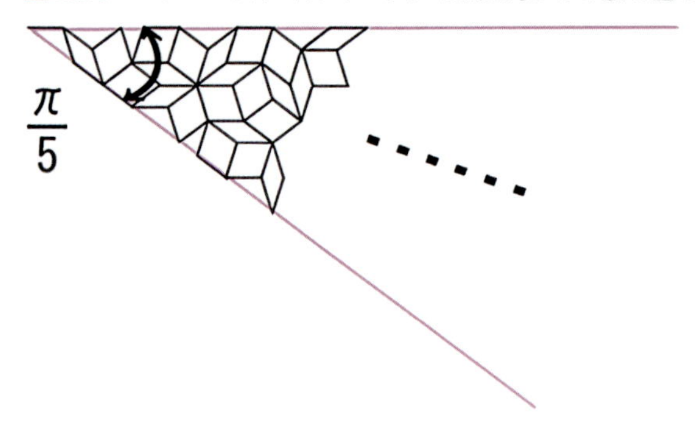

この配置からは，下図左の5回対称性をもつペンローズタイリングが得られる．別の取り方をすると，下図右の5回対称性をもつペンローズタイリングが得られる．

図 3.31　5回対称性をもつペンローズタイリング2種類

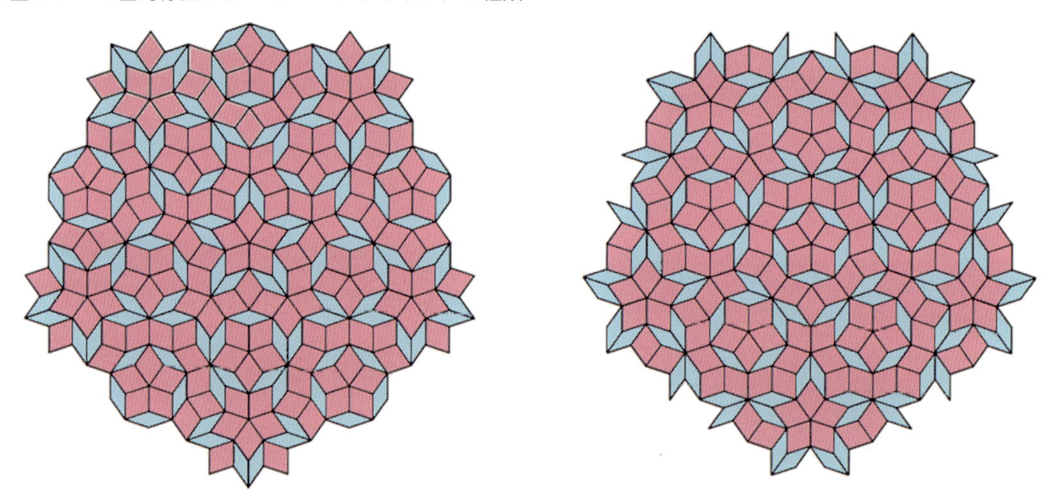

注意：先ほどの系のやり方で作られるタイリングは回転角 $\frac{2\pi}{n}$ の回転変換で不変になるが，次の2つの鏡映変換でも不変である．

R_1：x軸に関する鏡映変換

R_2：$x\tan\left(-\frac{\pi}{n}\right)-y=0$ に関する鏡映変換

鏡映変換 R_1, R_2 により生成されるCoxeter群は，$n=5,\ 6<n<+\infty$ のとき，非結晶型のCoxeter群と呼ばれている．

非結晶型ということで，もしやと思ったかもしれない．そのとおり．次の定理が成り立つ．

定理

$n=5,\ 6<n<+\infty$ のとき，n回対称性をもつタイリングは非周期的である．

次の補題を用いれば証明を与えることができる．

補題 （J.H.Conway, $n=5$のときはP.Barlow）

$n=5,\ 6<n<+\infty$ のとき，n回対称性をもつタイリングはn回対称の中心を2個以上もたない．

補題の証明の方針

n回対称の中心を2個以上もつと仮定して，それら中で距離が最短のものを選ぶ．その2点を点A, Bとする．$\theta_k\,(\theta_1=2\pi/5,\ \theta_2=2\pi/n)$とおく．点$A$は$n$回対称の中心であるので，$A$を中心として反時計回りに$\theta_k$回転しても，タイリングは変わらない．そのため，$n$回対称の中心である点$B$を$A$を中心として反時計回りに$\theta_k$回転した先の点$B'$も$n$回対称の中心となる．

今度はAとBの立場を入れ替えると，n回対称の中心である点Aを点Bを中心として反時計回りにθ_k回転した先の点A'もn回対称の中心となる．そうすると，距離が最短のものをA, Bとしたにもかかわらず，下図のようにもっと距離が短いものA', B'が作れてしまうので，矛盾である．したがって，n回対称の中心は1個しかないことが示された．

図 3.32　2個以上もつと仮定

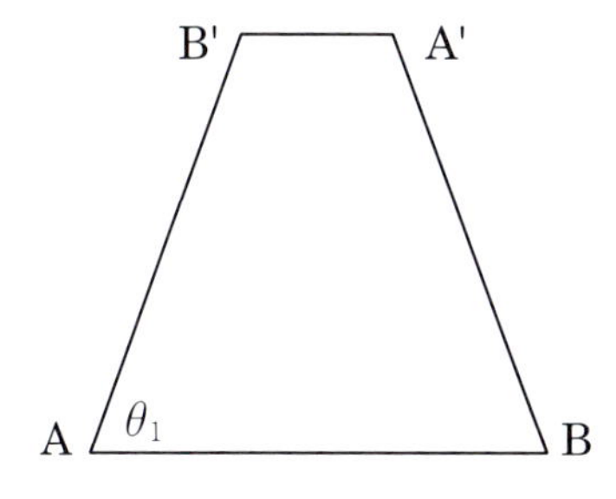

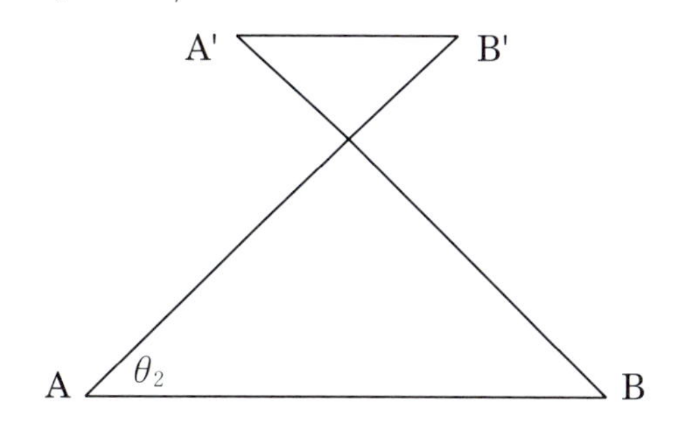

（証明終了）

これで，「$n=5,\ 6<n<+\infty$ のとき，n回対称性をもつタイリングは非周期的である」が証明できる．非周期的でないとすると，ある方向にずらしたら，元のタイリングに重ねることができることになる．しかし，その方向にずらすことで，n回対称の中心を増やしてしまう．よって，タイリングは非周期的である他なくなる．

ついでに，タイリングが（非）周期かどうかの判定についてもう少し書いておこう．次の2つが成立している．

(a) 置き換え規則から得られるタイリングの階層 (hierarchy) 構造がuniqueであるとき，そのタイリングは非周期的である ([71]).

(b) タイリングのタイルの個数の比の極限が無理数であるとき，そのタイリングは周期的ではない.

(a) について，置き換え規則から得られるタイリングの階層構造とは，下の図に見られる異なったスケールのタイルによるタイリングが重なって層になっている構造をいう．下の図では，水色とピンクのひし形によるペンローズタイリングと紫色の太線で描かれたペンローズタイリングが重なっている．置き換え規則から，後者のタイリング（レベル n+1）から，縮小されたサイズのタイルによる前者のタイリング（レベル n）が得られる．タイルのスケールを小さくするだけでなく，タイルのスケールを大きくするほうにもうまくいっているときに，階層（hierarchy）構造がuniqueであるという．どういうことかというと，小さいスケールのレベル n のタイルから，1つ上のレベル n+1のタイルを合成し，タイリングを作るやり方が唯一に決まるということである．そのため，unique compositionと呼ばれることもある．

図 3.33 タイリングの階層構造

この構造をもつタイリングは非周期的である．もしも非周期的でないと仮定すると，そのタイリングは平行移動して自分自身に重ねることができる．上のレベルのタイルを合成し，タイリングを作るやり方が唯一なので，その平行移動によって上のレベルのタイリングも自分自身に重ねることができる．十分に上のレベルでは，タイルの大きさが平行移動の移動距離を上回ることになり，矛盾が生じてしまう．

(b) についてはペンローズタイリングのときに既に使っていた．対偶であり，同じ内容を意味する「タイリングが周期的ならば，タイルの個数の比の極限は有理数である」がどんな感じなのか見てみよう．周期的なので，有界な基本領域をもつ．その中のタイルの個数の比はもちろん有理数だ．タイルの個数の比を調べる領域の面積がどんどん大きくなっていくとき，基本領域の平行移動を使って調べられる場所のタイルの個数の比は有理数で同じ値を取る．調べる領域の面積が大きくなるほど，調べる領域の面積に対して，基本領域の平行移動を使って調べられる場所は順調に広がるが，タイルの個数の比がそれと同じ値でないかもしれない部分の面積は，相対的に小さくなって無視できるようになるのである．

112ページの問題の答え

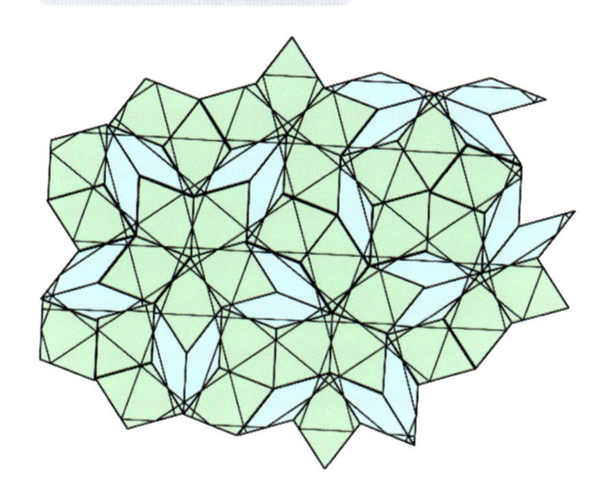

5つの独立な方向をもつ平行な直線の族が描かれる．それら平行な直線の族の直線間の間隔は2種類でその並びはフィボナッチ列になることが示されている．そのことを用いるとペンローズタイリングが非周期的であることがただちに証明される．貼り合わせ規則となるばかりでなく，非周期性を可視化できる秀逸なものである．これはAmmannが考案したAmmann barと呼ばれるものである．ペンローズタイリングだけではなく，Ammann-Beekerタイリングにも同様のものがあることが知られている．

3.3 ワンの問題とアインシュタイン問題

ワンの問題とアインシュタイン問題はトピックとしてははずせないだろう．この章の他のセクションを見てもらうとわかるように，筆者はタイルの貼り方を研究してきて，これら2つの問題にはほとんど関わってこなかった．そんな自分がこれらの問題について書くのは甚だ烏滸（おこ）がましいのだが，タイルの貼り方という視点から書かせていただく．まずは準備をしよう．次のように，基本領域によっても（非）周期性が特徴づけられる．

実際，次は同値である．

(1) 基本領域が有界である．

(2) タイリングが周期的である（タイリングが独立な2方向への平行移動を許す）．

次はどのような関係だろうか.

(a) 基本領域が有界でない.

(b) タイリングが非周期的である (タイリングが平行移動をまったく許さない).

(b) ⇒ (a) は正しい. (a) ⇒ (b) は正しくない.

ここで, ユークリッド平面において, 次の定義を与えることができる. ここより前に非周期と呼ばれていたのは, 強非周期のことになる.

- タイリングが (a) を満たすとき, そのタイリングを弱非周期的 (weakly non-periodic) タイリングと呼ぶ. また, タイリングが (b) を満たすとき, そのタイリングを強非周期的 (strongly non-periodic) タイリングと呼ぶ.
- (a) を満たすようなタイリングの存在だけを許すプロトタイルの組を弱非周期 (weakly aperiodic) タイルと呼ぶ. また, (b) を満たすようなタイリングの存在だけを許すタイルの組を強非周期 (strongly aperiodic) タイルと呼ぶ.

平面においては, 多角形タイルならば, 辺と辺を貼り合わせて1方向への平行移動を許すタイリングを作れるならば, 独立な2方向への平行移動を許すタイリングも作れる [71, 定理3.7.1].

この結果はワンの問題やアインシュタイン問題におけるタイルの集合やタイルにも当てはまる. したがって, タイルの集合やタイルの弱非周期性と強非周期性を区別せずに, このセクションでは, 単に非周期と呼ぶことにする.

3.3.1 ワンの問題

1961年にHao Wang (ワン) が次の問題を提起した.

「平面をタイリングすることは可能だが, できるタイリングはすべて強非周期的である」というような, 色付き正方形の組み合わせは存在するだろうか? すなわち, 色付き正方形による非周期タイルは存在するか? ここで, 色付き正方形とは4つの辺が色付けられていて, 同色の辺では貼り合わせることができるとする. 色付き正方形は平行移動のみを許し, 鏡映や回転などは許さないものとする.

ワンの予想は非周期タイルは存在しないだろうというものだったが, 1966年にRobert Berger (バーガー) が非周期タイルである20426種類の色付き正方形を見つけた. このことにより, ワンの問題は次に変化した.

色付き正方形による非周期タイルの種類の最小は何種類であるか?

色付き正方形による非周期タイルのことをWang tiles (ワン・タイル) と呼ぶ.

Robert Bergerがすぐに20426種類を104種類に減らしている. 1966年から1978年まで, 104, 92, 56, 52, 40, 35, 34, 32, 24, 16種類と順当に数を減らしてきた.

1978年に16種類のワン・タイルを構成したのは，これまでも何度か名前が出てきたAmmann（アンマン）である（16種類のワン・タイルについては［p.595, 597, 71］参照）（Ammannのことがもっと知りたくなった人は，Senechalによる「The mysterious Mr. Ammann」を読んで欲しい）．

Wordでワン・タイルを試すのに，ちょうどよいものがあったので（［p.595, 597, 71］），16種類のワン・タイルに色付けをした．以下に，ワン・タイルとその置き換え規則，置き換え規則が適用される様子を載せる．

図 3.34　Ammannのワン・タイル

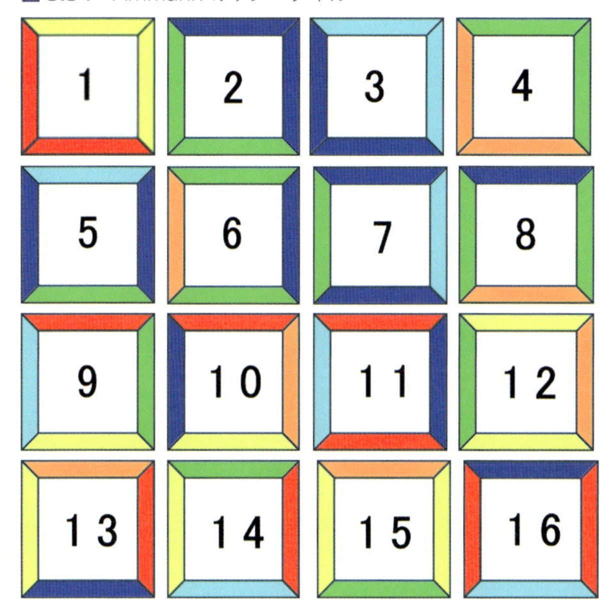

図 3.35　Ammann のワン・タイルの置き換え規則

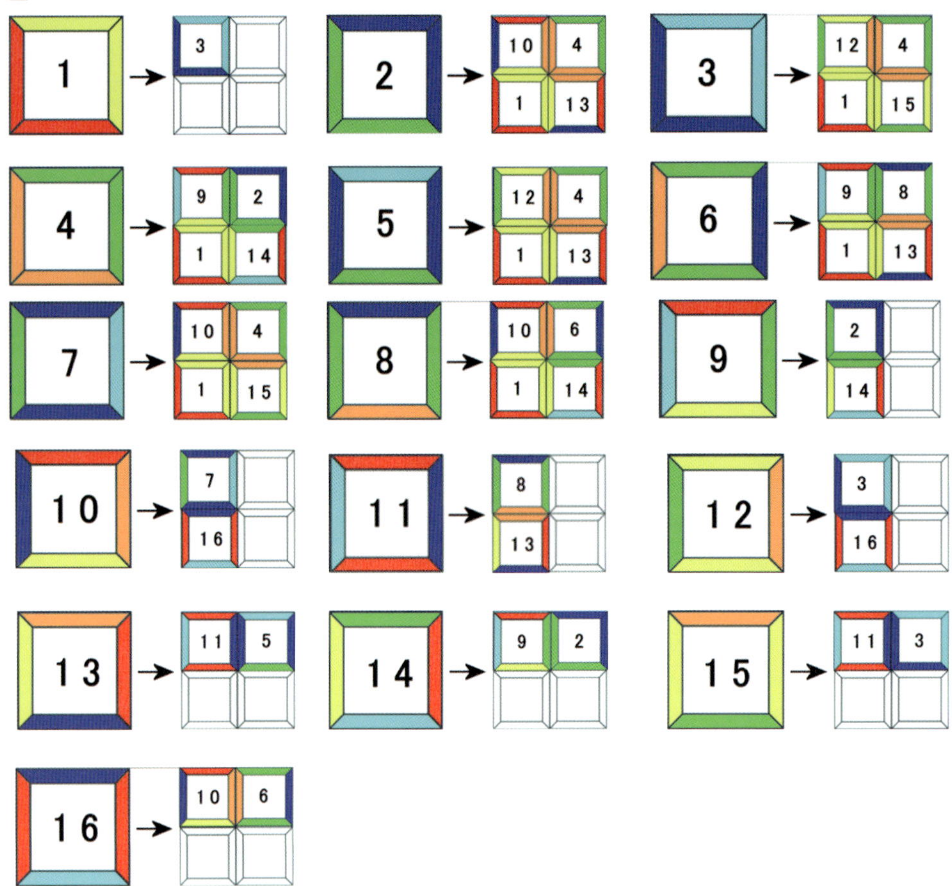

図 3.36　Ammann のワン・タイルで 1 のタイルから始めて，置き換え規則の適用と拡大を 3 回繰り返した様子

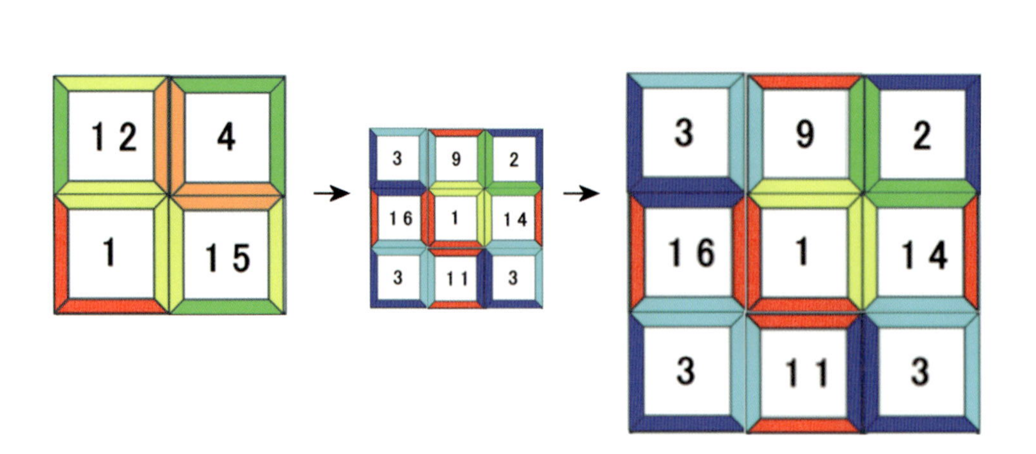

1978年から18年と間が空いて1996年にJ. Kari（カリ）がまったく新しい手法で14種類に更新した（[75]）．同1996年に，その手法を少し修正したバージョンを用いて，K. Culik（クリック）が13種類にした（[65]）．さらに，2015年にカリの手法を一般化することで，E. Jeandel（エマニュエル・ジャンデル）とM. Rao（マイケル・ラオ）は11種類4色のタイルからなるワン・タイルを発見した．さらに，Jeandelらはコンピュータプログラムを用いた数百コアで約1年にも及ぶ全数検索によって，11種類4色が最小であることを証明した（[74]）．

カリの手法について見てみよう．その手法の核になるのが，ミーリー計算機（Mealy machine）と呼ばれるオートマトンである．ミーリー計算機を試しに使ってみるのにうってつけの例があるので，それを先に見よう．次のような5つの真ん中が白と黒に塗られ，辺にはピンクかブルーが塗られた色付き正方形がタイルとなる．

図 3.37　5つの色付き正方形タイル

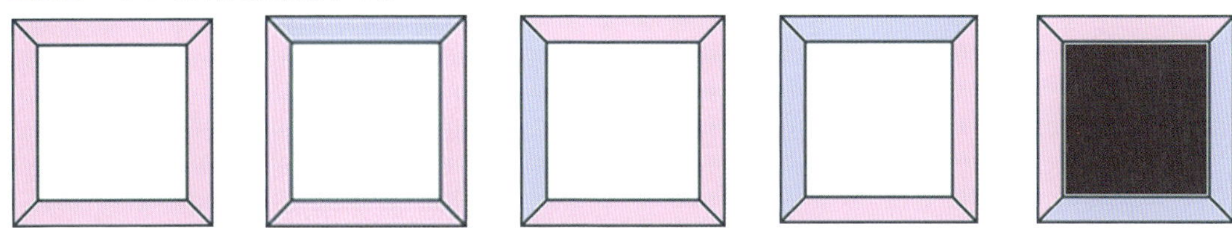

同色の辺では貼り合わせることができるという条件は同じだが，その他に真ん中が白のものと黒のものは上下左右隣り合わないという条件でタイリングする．

このタイルによるタイリングはE.Arthur Robinson, Jr.が講演の中で挙げていたものである．使用するミーリー計算機は次のようなものとする．

図 3.38　ミーリー計算機

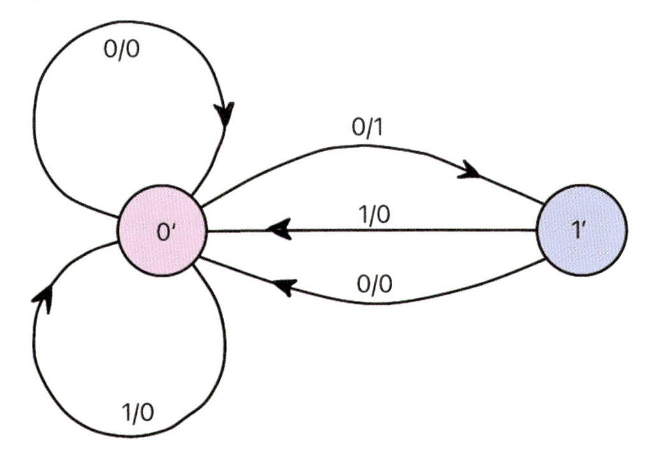

0および0'はピンクを表し，1および1'はブルーを表す．このとき，ミーリー計算機での次のような遷移をタイルと対応させる．

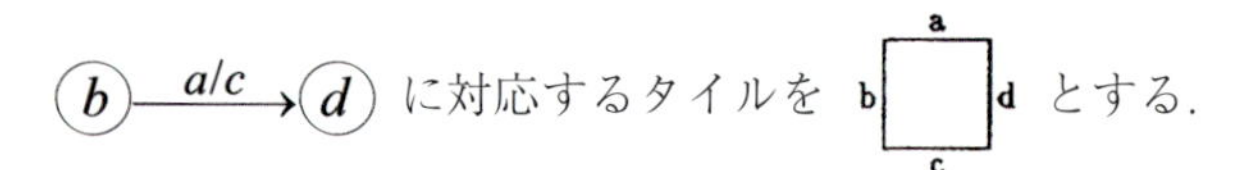

a, cは0または1を表し，b, dは0'または1'を表す．正方形の辺に描かれた数字と記号に対応する色で塗られて色付き正方形になる．そのとき，a, b, c, dの配色から真ん中の白黒の色も決まる．

このミーリー計算機に従って，色付き正方形を水平方向に貼っていこう．ミーリー計算機の0'または1'から始めて，有向辺を矢印に従って進む．そうすると，水平方向は白のものと黒のものが隣り合わないように貼られていく．そのあと，垂直方向は，白のものと黒のものが隣り合わないように貼ってみよう．どのようなタイリングができると想像するだろうか? 下に得られるタイリングの1つを載せる．正方形の辺の色を消すと2次元フィボナッチタイリングになる．3.2.2でも2次元フィボナッチタイリングといえるものを見たが，それとは異なるタイプのものが得られる．

図 3.39　2次元フィボナッチタイリング

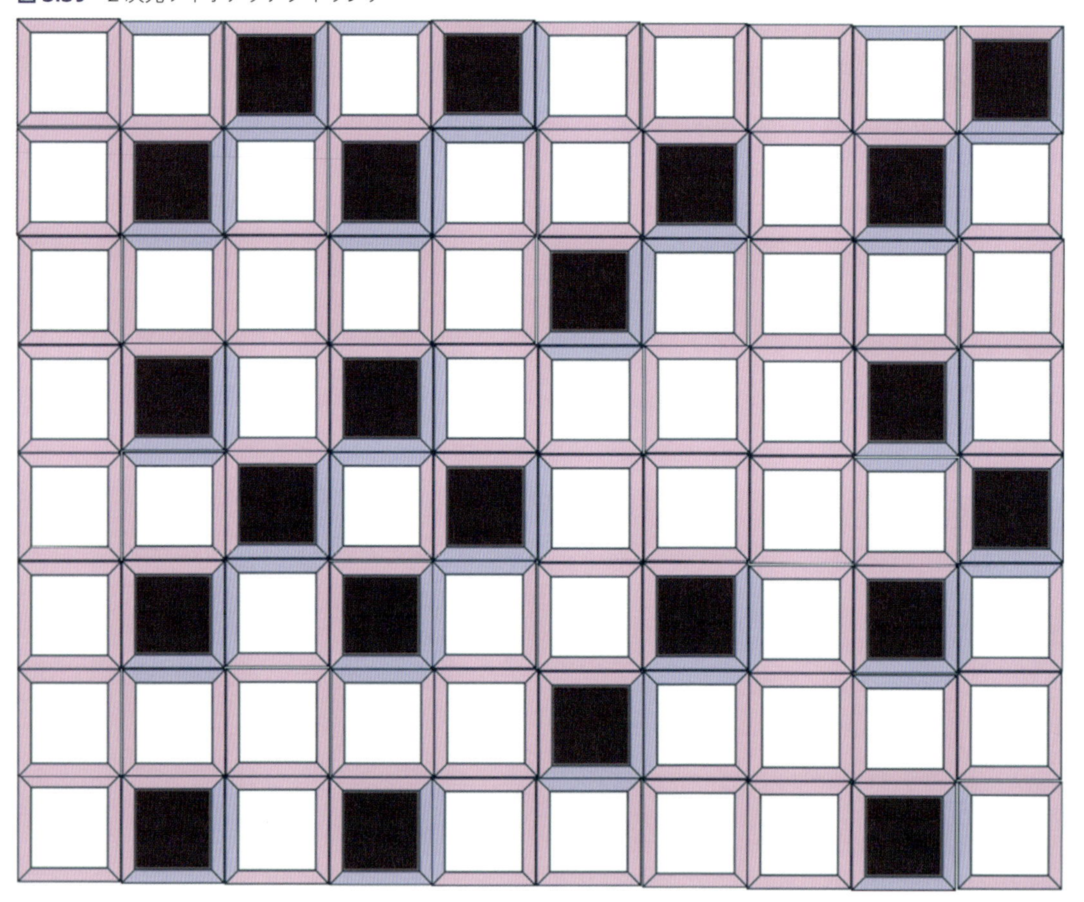

それではカリの論文で使われているワン・タイルとミーリー計算機を見ていこう．カリの14種類のワン・タイルは次のようなものである．

図 3.40 カリによる 14 種類のワン・タイル

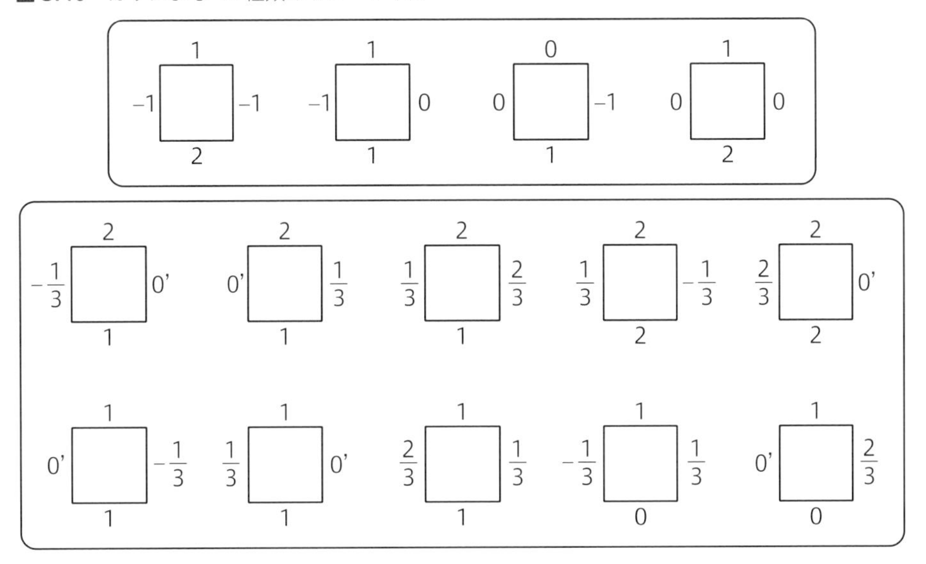

ここでは論文の図に青い枠を描きこんでいる．上の青い枠内の4個のタイルを T_2 とし，下の青い枠内の10個のタイルを $T_{2/3}$ とする．タイルの辺に描かれた数字と記号で辺の色への塗り分けを表す．ここで，0と0'はタイルを貼っていく途中には区別をするが，タイリングが出来上がってしまえば，同じ色で塗ることができる．

次がカリが使用したミーリー計算機である．

図 3.41 カリが使用したミーリー計算機

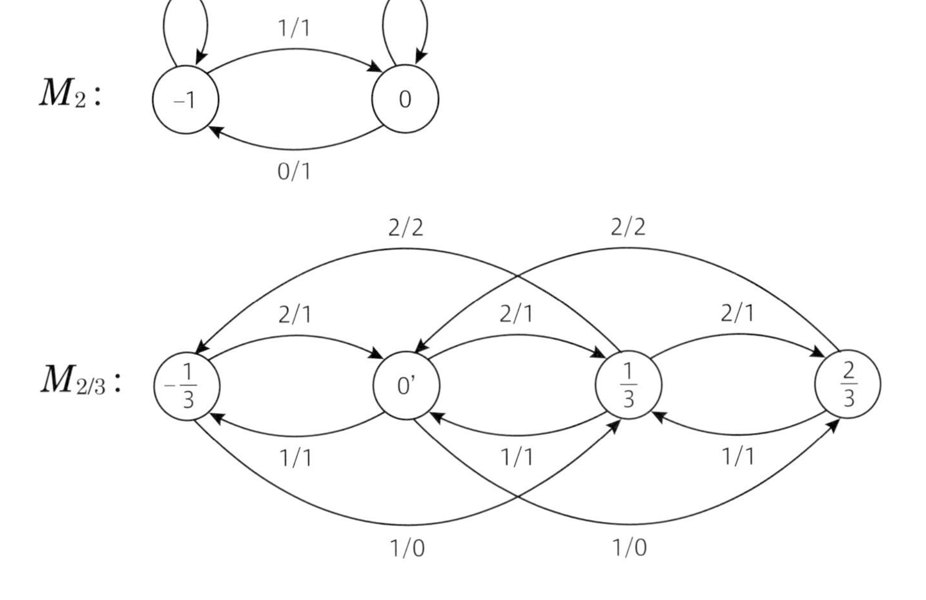

ここでも，ミーリー計算機の遷移をタイルと対応させる．

$(b) \xrightarrow{a/c} (d)$ に対応するタイルを

a
b　　d
c

とする．

ミーリー計算機M_2では，T_2の4個のタイルと対応し，ミーリー計算機$M_{2/3}$では，$T_{2/3}$の10個のタイルと対応する．

前の2次元フィボナッチタイリングの例では，計算機という感じがしなかったと思う．これからがミーリー計算機の真骨頂である．まず，準備をしよう．

ビーティー列 (Beatty sequence) は，正の無理数の整数倍の床関数（xに対してx以下の最大の整数を与える関数）$x \to \lfloor x \rfloor$をとることによって得られる整数列である．すなわち，ビーティー列の定義は次のとおりである：

正の無理数 α に対して，ビーティー列 $A(\alpha)$ は $\lfloor \alpha \rfloor$，$\lfloor 2\alpha \rfloor$，$\lfloor 3\alpha \rfloor$，$\cdots$ と生成される．その階差である $B(\alpha)_i = A(\alpha)_i - A(\alpha)_{i-1}$ は，前に1次元準周期タイリングとしてみなしたフィボナッチ列と同じよい性質をもっている．

このビーティー列の階差列を用いて，

a
b　　d
c

$$
\begin{aligned}
b &= q\lfloor (k-1)\alpha \rfloor - \lfloor q(k-1)\alpha \rfloor, \\
d &= q\lfloor k\alpha \rfloor - \lfloor qk\alpha \rfloor, \\
a &= B(\alpha)_k,\ c = B(q\alpha)_k
\end{aligned}
$$

を満たすように，タイルの色付けを行う．$q = 2$，$1/2 \le \alpha \le 1$ のとき T_2の4個のタイルを，$q = 2/3$，$1 \le \alpha \le 2$ のとき $T_{2/3}$の10個のタイルを構成している．このとき，$qa + b = c + d$ を満たしていることに注意しよう．特に，この関係式から，カリの14種類のワン・タイルによるタイリングは非周期的なものに限られることが示される．構成されるミーリー計算機は上側の水平な辺に $B(\alpha)_k$ が入力されたとき，下側の水平な辺に $B(q\alpha)_k$ を出力するものである．このことを用いて，平面がタイリングできることも示される．カリの論文は6ページ（うち1ページは参考文献のみなので，実質5ページ）と短い．証明を読んでいくと（筆者が深読みできていないためかもしれないが）あれよあれよという間に終わり，狐につままれたような気分になってしまった．鮮やかな証明である．

3.3.2 アインシュタイン問題

アインシュタイン問題とは，相対性理論で知られるアインシュタインとはまったく関係がなく，平面において，1個のタイルからなる非周期タイルが存在するかどうかという問題である．ペンローズタイルのように2個のタイルからなる非周期タイルは得られていたわけだが，1個というのは長年，未解決の問題であった．アインシュタインという呼び名は，ドイツ語のアインシュタイン (Einstein) の「Ein」は1つ，「stein」は石を表すということで，「単一非周期タイル」を意味するように，Danzerによって広められたそうだ（[87]）．

2011年にタスマニアのアマチュア数学者J. M. Taylor（ジョーン・テイラー）が発見したのは，次のような装飾のある六角形である（[89]）．

図 3.42 テイラーの装飾のある六角形のタイルとタイリング

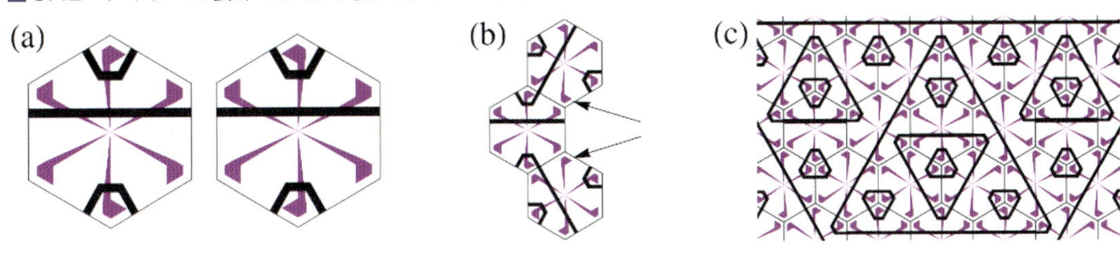

この図で，(a) が発見された装飾のある六角形とその鏡映であり，(b) がその貼り合わせ規則である．それは，隣接するタイルは連続した黒い線を形成しなければならないということと，タイルの辺の両端にある旗の装飾（矢印で示されているように）は，同じ方向を指さなければならないということである．(c) はこのタイルによるタイリングの一部である．黒い線が形作る三角形の入れ子構造が大きな役割を果たすことになる．装飾のある六角形はアインシュタイン問題をほとんど解決するものであったが，残念なことに，タイルの装飾による貼り合わせ規則をタイルの形によるもので表そうとすると，タイルが連結でなくなってしまう．

2023年3月に，4人の著者C. Goodman-Strauss（グッドマン－ストラウス），D. Smith（スミス），C. S. Kaplan（カプラン），J. S. Myers（マイヤー）により，アインシュタイン問題を解決する単一非周期タイルである帽子タイルの存在が発表された．テイラー氏が発見したタイルの場合に残されていた形による貼り合わせ規則の問題もクリアしているものである．次で，関連するツールや資料などのリソースが公開されている：An aperiodic monotile（https://cs.uwaterloo.ca/~csk/hat/）．

著者の一人スミス氏が帽子タイル（論文ではhat polykite）を発見した経緯は論文に書かれているが，膨大な量の試行錯誤や探索が行われていただろうと想像される．

図 3.43 帽子タイル

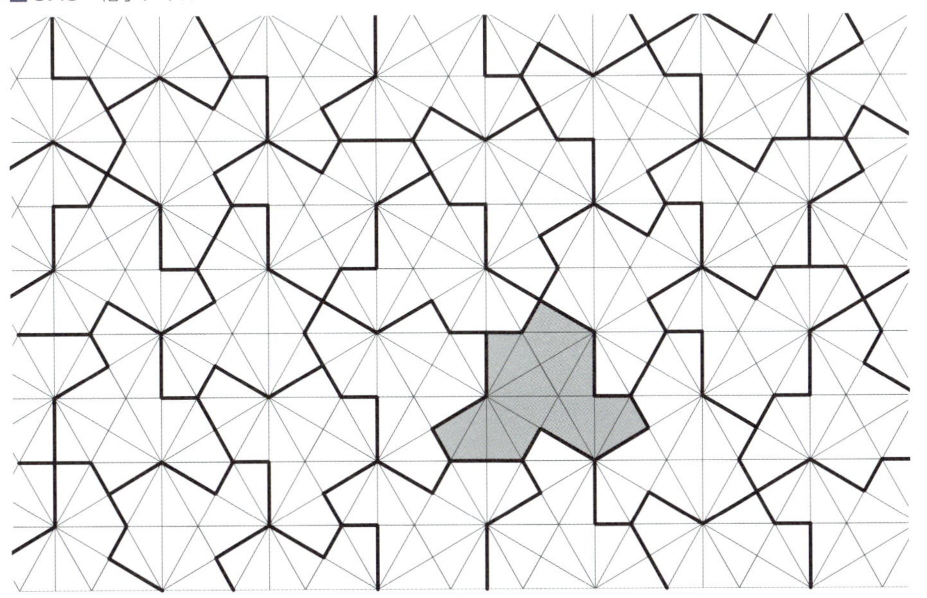

スミス氏は帽子タイル（hat polykite）が辺の長さを独立に変化させることで，同じタイルの貼り方をもつタイルに連続変形されることも発見していた．以下に順次見ていこう．帽子タイル（hat polykite）は英語のほうのポリカイト（polykite）からわかるように，8個の凧型（カイト，kite）を組み合わせた形をしている．凧型は角度30°，60°，90°をもつ三角形を斜辺で合わせたものであって，辺の長さは2種類あり長さの比が$1{:}\sqrt{3}$となっている．簡単のために，長さ1と$\sqrt{3}$をもつとしておこう．帽子タイルの辺は，凧型の長さ1と$\sqrt{3}$の辺から作られ，長さが1, 2と$\sqrt{3}$の辺をもつ．長さが2の辺は，180°の角度を挟んで連続する長さが1の辺とみなして，帽子タイルを$\mathrm{Tile}(1, \sqrt{3})$と表す．次の図のタイルは，帽子タイルと同じ角度をもつが，長さが1と$\sqrt{3}$の辺が入れ替わっている．

図 3.44　長さが入れ替わったタイル（$\mathrm{Tile}(\sqrt{3}, 1)$）

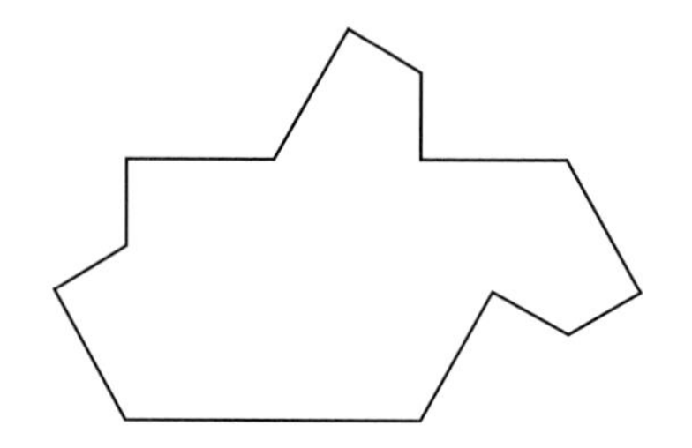

aとbを非負の実数で，両方ともが同時にゼロでないとする．aがゼロでないとき，$r = b/a$とおき，$\mathrm{Tile}(a, b)$という多角形を，帽子タイルの長さが1の辺を長さがaの辺に置き換え（置き換えた辺を1-辺と呼ぶ），長さが$\sqrt{3}$の辺を長さがbの辺に置き換える（置き換えた辺をr-辺と呼ぶ）ことで定義する．先ほどの図のタイルは$\mathrm{Tile}(\sqrt{3}, 1)$となる．

aがゼロでないとき，rの値により，タイル$\mathrm{Tile}(a, b)$の相似形が決まる．rの値を変化させると，タイリングはその組み合わせ構造を保ったまま連続的に変形される．帽子タイルが非周期タイルならば，$r \neq 1$が正の実数のとき，$\mathrm{Tile}(a, b)$も非周期タイルであることを示している（[87]）．kが奇数の正の整数のとき，$\mathrm{Tile}(1, k\sqrt{3})$と$\mathrm{Tile}(k\sqrt{3}, 1)$は，ポリカイトになる．したがって，タイルの形をポリカイトに限定しても，（可算）無限個の非周期タイルが得られることになる．rをパラメータとして，タイルとタイリングの族が得られる（このことをもと基にして，[87] では組み合わせ同値の概念が定義されている）．

除外されていた$r = 1$の場合の$\mathrm{Tile}(1, 1)$は次の図のように周期的なタイリングが可能なタイルである．

図 3.45 Tile(1, 1)

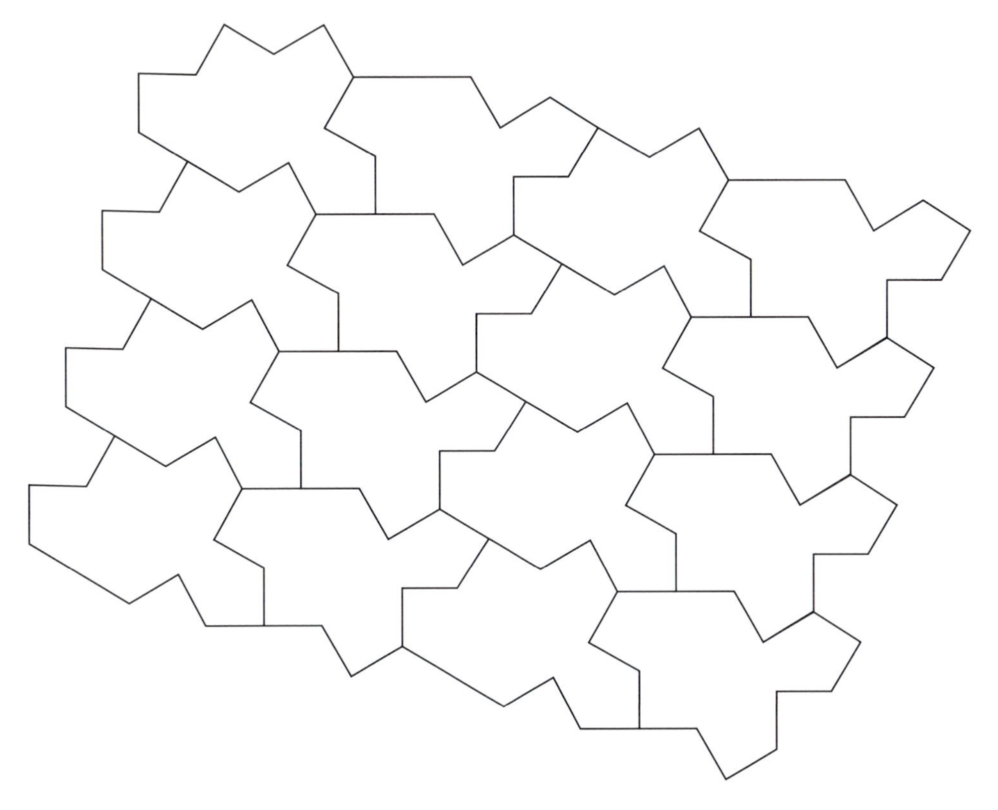

2023年5月に，同じ4人の著者が [88] を発表した．タイル Tile(1, 1) は，鏡映を許さず，平行移動と回転のみを許すとした場合には非周期性をもつという内容である．このタイル Tile(1, 1) は「spectre」(スペクター，おばけ) と呼ばれている．

上で触れなかった $a=0$，$b\neq 0$ の場合と $a\neq 0$，$b=0$ の場合を見よう．Tile$(0,\sqrt{3})$,Tile(1, 0) は周期的なタイリングが可能なタイルであることがわかっている．

図 3.46 帽子タイルとポリアモンド

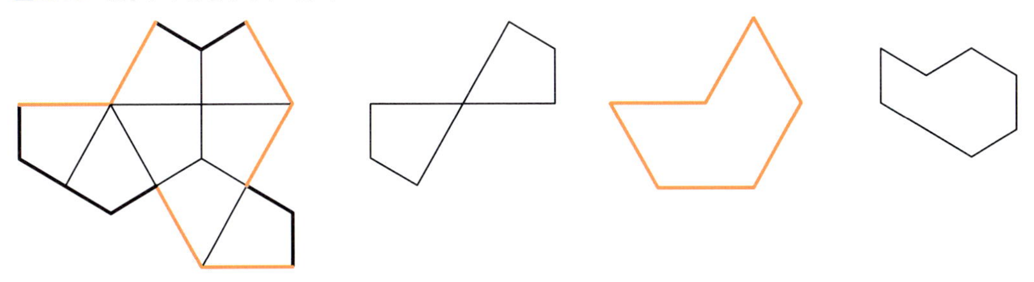

上の図で，一番左が帽子タイル Tile$(1,\sqrt{3})$ である．凧型を組み合わせた形で描かれている．その辺は，長さが1または2のものは細い黒い線分で示され，長さが$k\sqrt{3}$のものは太いオレンジ色の線分で示されている．図の左から2番目についてはここでは触れない．図の左から3番目4番目は，

2つのポリアモンド（polyiamond）である．この呼び方は，ダイアモンド（diamond）が正三角形2個を組み合わせたひし形であることから連想されるように，正三角形を組み合わせた形を表している．図の左から3番目の太いオレンジ色の線分で描かれたポリアモンドは帽子タイルTile$(1,\sqrt{3})$の長さが1または2の辺を点にまで縮退させたTile$(0,\sqrt{3})$であり，4個の長さが$\sqrt{3}$の正三角形を組み合わせたものである．図の左から4番目の細い黒い線分で描かれたポリアモンドは帽子タイルTile$(1,\sqrt{3})$の長さが$\sqrt{3}$の辺を点にまで縮退させたTile(1, 0)であり，8個の長さが の正三角形を組み合わせたものである．

下の図のように，一番左の，帽子タイルTile$(1,\sqrt{3})$によるタイリング$\mathcal{T}$に対して組み合わせ的に同値なTile$(0,\sqrt{3})$によるタイリング$\mathcal{T}_4$，Tile(1, 0)によるタイリング$\mathcal{T}_8$が対応することになる．

図3.47　$\mathcal{T}$と同値なタイリング

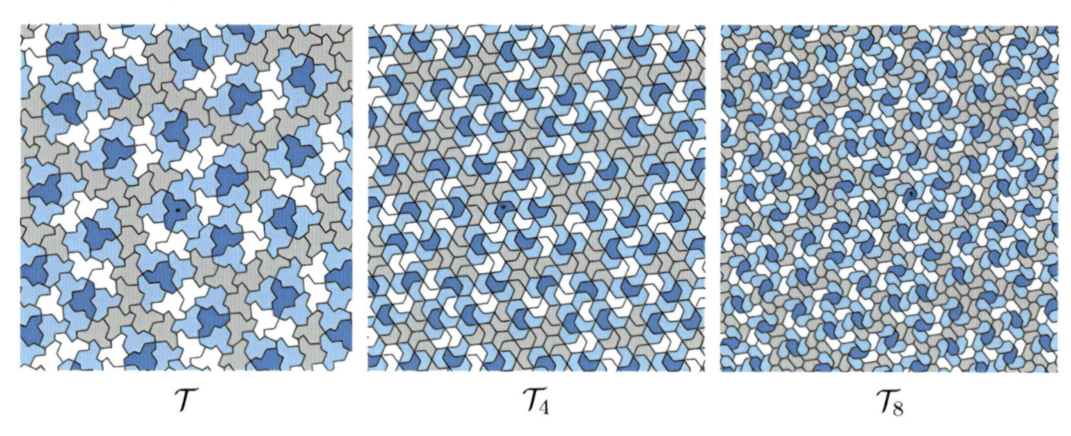

［87］には，次のような図が掲載されている．a, bが変化した場合にTile(a, b)が組み合わせ的に同値に貼られていることがよくわかる．

図3.48　いろいろなTile(a, b)

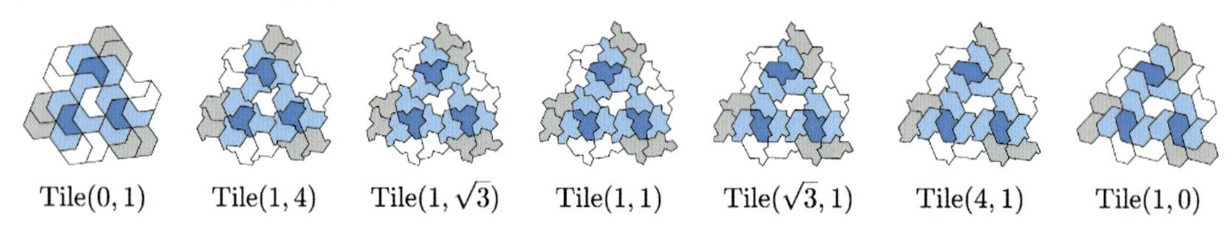

Tile(0, 1)　Tile(1, 4)　Tile$(1,\sqrt{3})$　Tile(1, 1)　Tile$(\sqrt{3}, 1)$　Tile(4, 1)　Tile(1, 0)

ここからは，［87］において与えられている「帽子タイルが非周期タイルである」ことの証明の方針について説明していこう．「帽子タイルが非周期タイルである」ことを証明するためには次の2つが証明される必要がある．

(1) 帽子タイルで平面がタイリングできる．

(2) 帽子タイルによるタイリングは非周期的なものに限られる．

(2) について，スミス氏らは2とおりの証明を与えている．1つが前述の連続変形を用いたものである．それをまず見ていこう．上述のように，帽子タイル Tile(1, $\sqrt{3}$) によるタイリングは，面積の比が2/3である2つのポリアモンド Tile(0, $\sqrt{3}$), Tile(1, 0) によるタイリングに対応する．帽子タイルが周期的にタイリングをもつと仮定して，背理法を用いて証明する．帽子タイルによる周期タイリング，それに対応する2つのポリアモンドによるタイリング（Tile(0, $\sqrt{3}$) によるタイリング, Tile(1, 0) によるタイリング）も周期的でなければならない．そのとき，Tile(0, $\sqrt{3}$) によるタイリングの基本領域を Tile(1, 0) によるタイリングの基本領域に写す相似変換があることが示せればよい（このことを示すのがこの証明での難所である．これ以上踏み込まない）．存在が示されれば，その相似変換の相似比は $\sqrt{(2/3)}$ でなければならない．ところが，これらのタイリングはそれぞれ辺の長さが $\sqrt{3}$ と1の2つの正三角形タイリングに頂点をもつ．同じ辺の長さをもつ2つの正三角形タイリングの基本領域の間には，相似比 $\sqrt{2}$ は不可能なので，辺の長さが $\sqrt{3}$ と1の2つの正三角形タイリングの基本領域の間には，相似比 $\sqrt{(2/3)}$ の相似変換は存在しない．これで矛盾が生じたことになる．

次に，(1) の証明と (2) のもう1つの証明について見よう．帽子タイルによるタイリングにおいて鏡映のタイルに注目すると，次の図の黒太線のように，そのまわりの特定のタイルの配置（パッチ）によりタイリングが分割されている．

図 3.49 特定のタイルの配置によるタイリングの分割

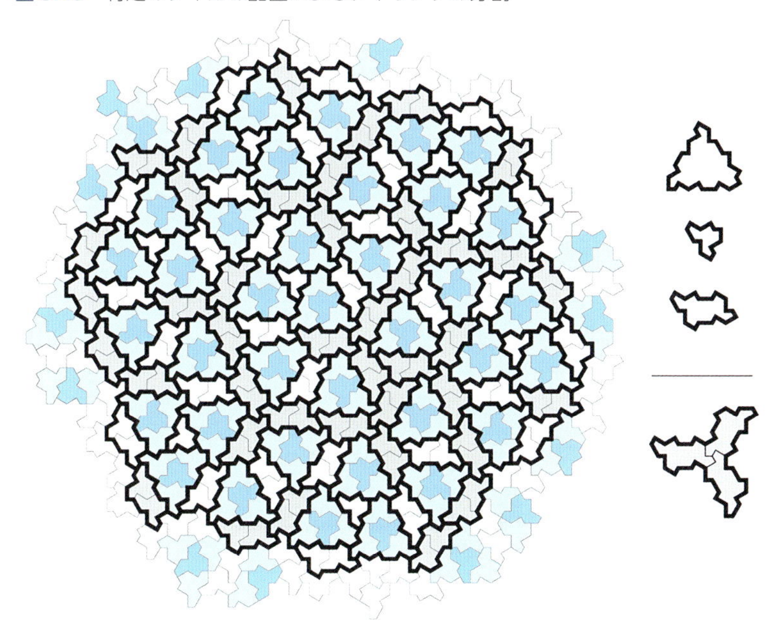

タイリングが特定のパッチをタイルとしたタイリングとみなせるとき，それらのパッチのことをパッチタイルであるという．パッチタイルをよりわかりやすい形に変形したもののことを [87] ではメタタイルと呼んでいる．

図3.50 メタタイル

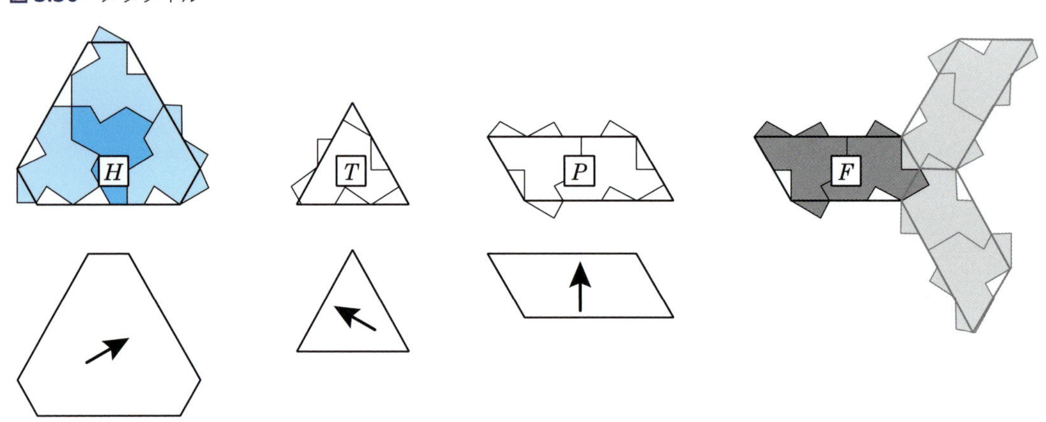

証明は，パッチタイルがもつ置き換え規則を見つけ出すことで (1) を示し，さらにその階層構造が一意的であることを見ることで (2) を示そうとするものである．一筋縄ではいかず，（幾何学的な）置き換え規則を一般化した「組み合わせ的」な置き換え規則というアイデアが導入された．（幾何学的な）置き換え規則で使えていた相似関係は使えない．適用するたびに異なる「組み合わせ的」置き換え規則を考えなければならず，それはフラクタルな境界をもつ幾何学的置換規則に収束するものであった．この組み合わせ的な性質のため，証明にはコンピュータプログラムを用いた全数検索が行われている．

3.2.2において，パッチタイルとは呼んでいなかったが，正三角形と正方形のタイルからなるパッチタイルを扱っていた．そこではパッチタイルとその置き換え規則を自分で定義していたので，簡単だった．一方，タイリングに対してパッチタイルとそれがもつ置き換え規則を見つけ出すことは非常に難しい．そこでも，膨大な量の試行錯誤や探索が行われていたのは間違いない．

コンピュータを用いた証明は，ワンの問題のときにも用いられていたが，筆者にはどうも，もやもやが残る証明である．2023年7月に，秋山茂樹氏と荒木義明氏がTile($\sqrt{3}$, 1)を取り上げ，帽子タイルが非周期タイルであることの明快な素晴らしい証明を与えた（[61]）．

図 3.51 Tile($\sqrt{3}$, 1) によるタイリング

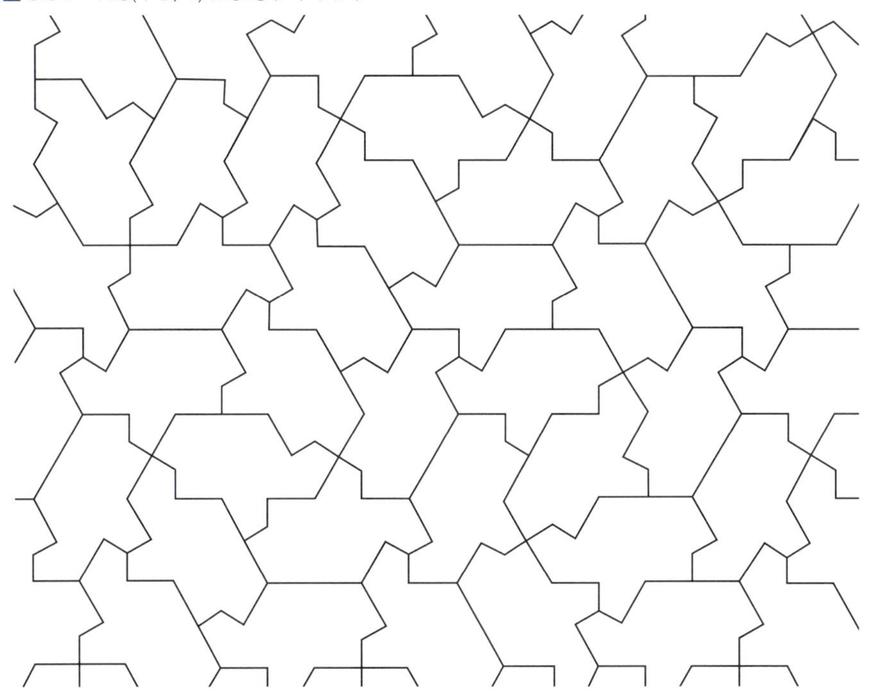

まず，本質的に正三角形，平行四辺形，2つの二等辺台形であるタイルをもつ「黄金六角置換」という具体的な置き換え規則を与える．この新しい規則の整合性は，置換の適用による頂点まわりのすべての配置の明示的な遷移図を与えることで示される．証明はコンピュータプログラムを使わずに済む．これにより，Tile($\sqrt{3}$, 1) によるタイリングが存在することが証明される．

次に，Tile($\sqrt{3}$, 1) によるすべてのタイリングが非周期的であることを，特別な線形マーキング「ゴールデンアンマンバー」を使って示す．これをGABと略して呼ぶ．

図 3.52 GAB

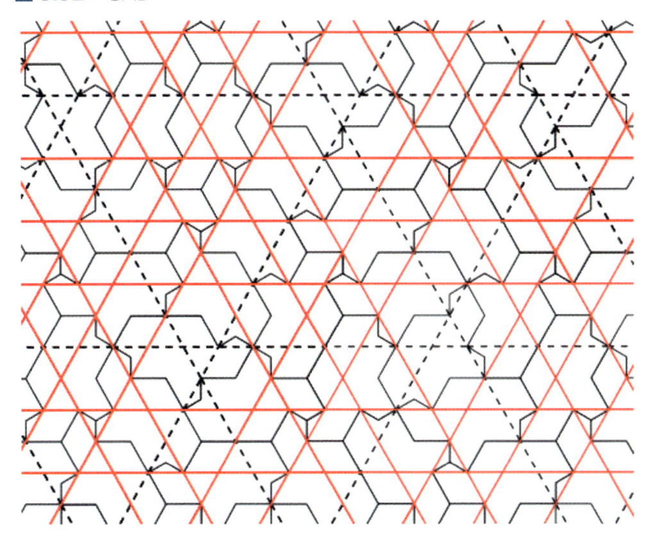

Tile(b:1) によって生成されるタイリングと Tile(c:1) によって生成されるタイリングは，組み合わせ同値である．上記の議論を合わせると，帽子タイルの非周期性の簡単な独立した証明が得られることになる．

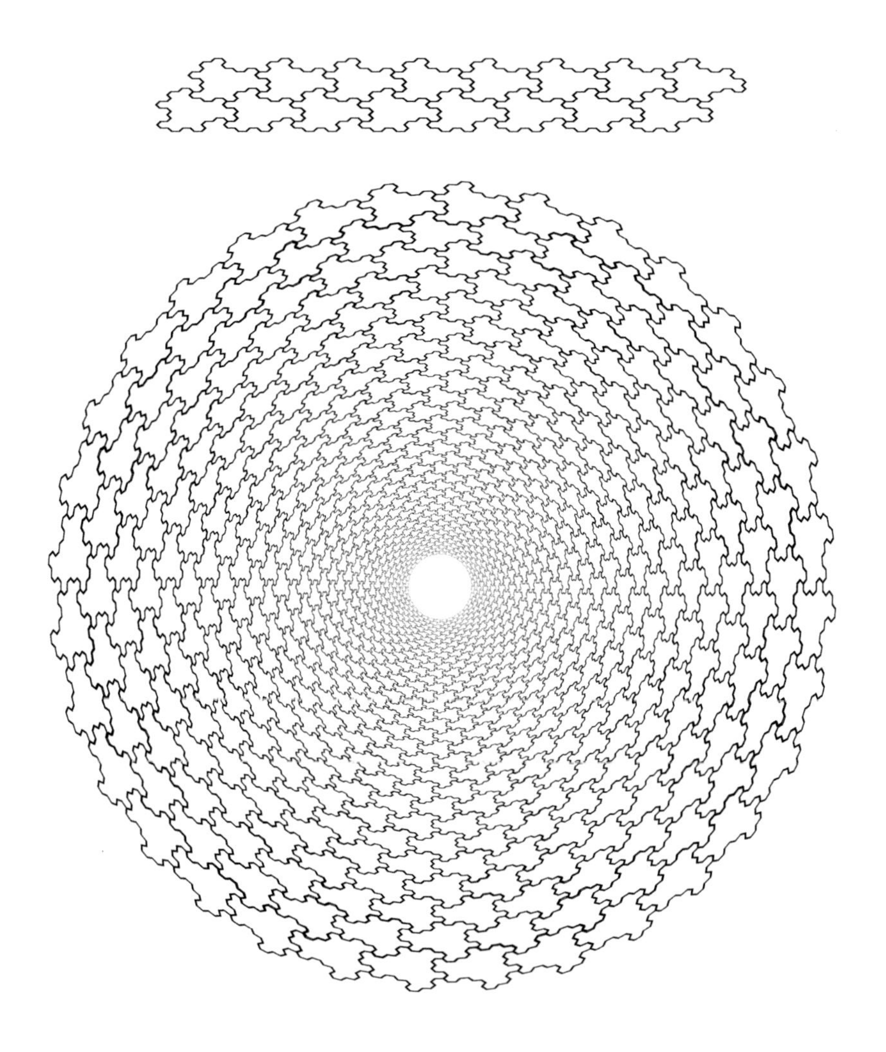

第 4 章

さらにタイルを貼るには

4.1　タイルの貼り方（射影法）

射影法とは高い次元の周期構造から低い次元の準周期構造を作り出すというアイデアによるものである．射影法はペンローズタイリングの構成のために，1981年にde Bruijnにより，その枠組みが導入された．1985年にDuneauとKatzにより，一般の次元への拡張がなされ，さらに，1986年にGahlerとRhynerにより，一般のlatticeへの拡張がなされた．

「射影法で得られれば，貼り合わせ規則がある」ことがわかっている．

射影法はさらに進化を遂げているが，ここでは初期の素朴なものを紹介する．

ペンローズタイリングの場合は5次元の周期構造から作られるが，図にできずイメージがしにくい．そこで，射影法の枠組みを次元を落とした例で説明する．具体的にはフィボナッチ列を構成する場合を説明する．

表 4.1　射影法でフィボナッチ列を構成する

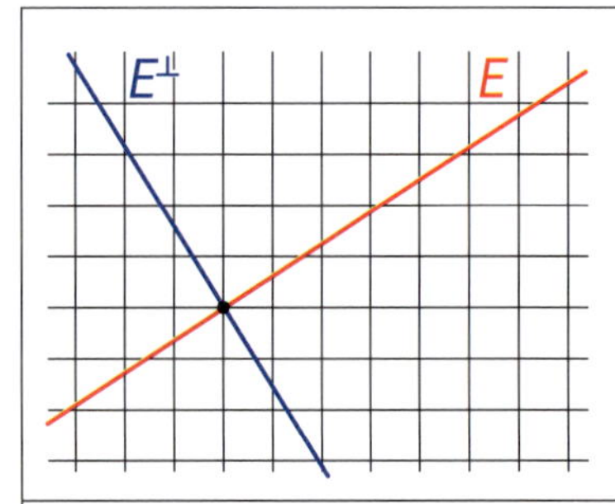	正方形タイリング（正方格子）を2次元の周期構造として用意する．図のように傾き $1/\tau$ の直線 E とそれに直交する $E^{\perp}$ を描く．この E 上にフィボナッチ列を線分をタイルとする1次元のタイリングとして構成する．
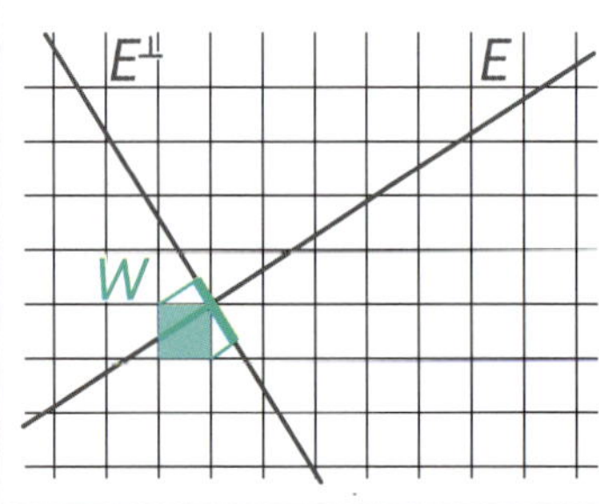	正方形タイリングをなす1辺が1の正方形を1つ取り，$E^{\perp}$ に射影する．すると，その像として $E^{\perp}$ に長さ $\cos\theta + \sin\theta$ の線分（緑の太線）が得られる．ここで，θ を $\tan\theta = 1/\tau$ を満たす角度とする．この線分をウインドウ（window）と呼び，記号 W で表す．
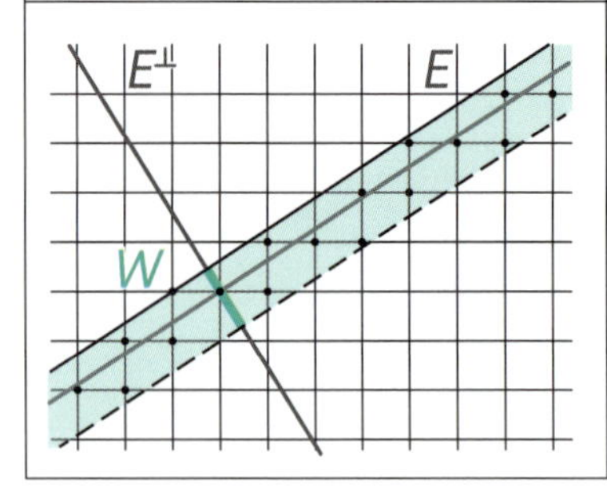	帯状の領域 $E \times W$ を考える．正方格子の格子点で $E \times W$ の下側の境界以外に含まれている点を選ぶ（図の黒い点）．これはウインドウ W を通して見える点を選ぶということである．ウインドウ（窓）という呼び名はここから来ている．

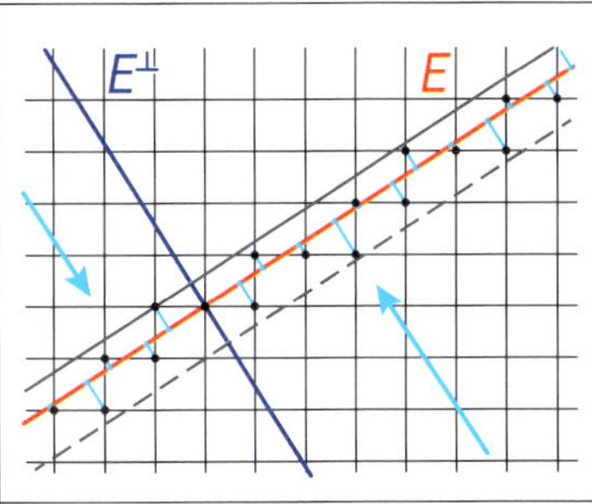	黒い点を E に射影する．すると E は長い線分と短い線分の 2 種類の線分で分割される．長い線分を記号 A，短い線分を記号 B とおく．
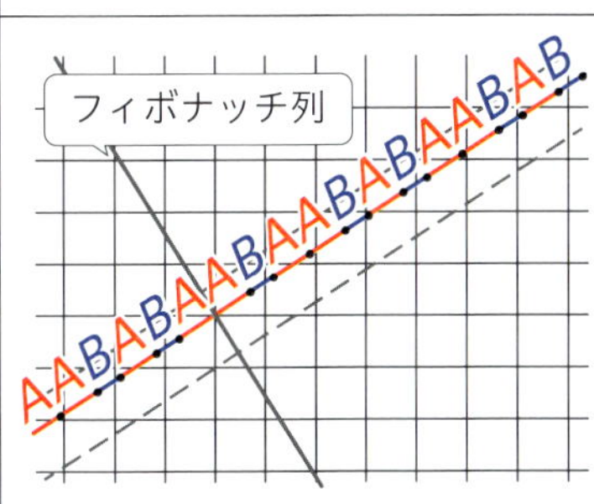	これで，1 次元のタイリングであるフィボナッチ列が得られる．分割点をフィボナッチ列の頂点と呼ぶ．タイルである線分 A, B も正方形タイリングの辺の射影として得られていることに注意しよう．これは一般の次元の射影法を読み解くのに役に立つ．

一般の次元の場合は次のように設定する．

L ：次元標準整格子（辺がベクトル $\{e_i \,|\, i=1,2,\cdots,d\}$ と平行，等長な辺からなる d次元超立方体による d次元空間の敷き詰め（タイリング））．

ここで，$e_1=(1,0,\ldots,0)$，$e_2=(0,1,0,\ldots,0)$，…，$e_d=(0,\ldots,0,1)$ とする．

E ：d次元空間の中の2次元平面（ここにタイリングを作る）．

$E^{\perp}$ ：Eに直交する$(d-2)$次元空間．

図 4.1 一般の次元の場合のイメージ

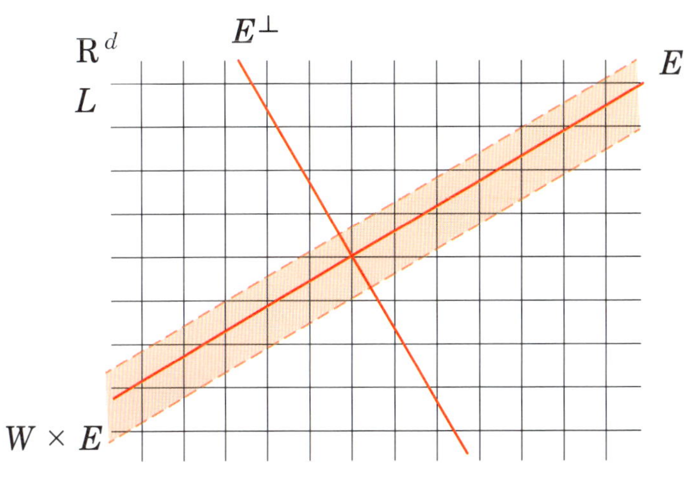

注意 ● タイリングを作るのは，2次元でなくてもよい．3次元なら3次元のタイリング（空間充填）が作られる．

- ウインドウ W の位置を動かすことで，異なるタイリングが得られる.
- L：d 次元標準整格子（d 次元超立方体によるタイリング）の場合にはタイルも射影で得られる.

3.2.1で見たAmmannにより構成された正方形と鋭角が45°のひし形からなるタイリングは，F.P.M Beenkerにより射影法によって，独立に構成された（[63]）．そのため，Ammann-Beenkerタイリングと呼ばれる．射影法で構成するための設定は次のとおりである.

L　：4次元整格子（辺が，次のベクトル と平行，等長な辺からなる4次元超立方体による4次元空間の敷き詰め（タイリング））.

$$
\begin{aligned}
b_1 &= (1,\,0,\,1,\,0)\,,\\
b_2 &= \left(\frac{\sqrt{2}}{2},\,\frac{\sqrt{2}}{2},\,-\frac{\sqrt{2}}{2},\,-\frac{\sqrt{2}}{2}\right),\\
b_3 &= (0,\,1,\,0,\,1)\,,\\
b_4 &= \left(-\frac{\sqrt{2}}{2},\,\frac{\sqrt{2}}{2},\,\frac{\sqrt{2}}{2},\,-\frac{\sqrt{2}}{2}\right).
\end{aligned}
$$

E を4次元空間の中の xy-平面，$E^{\perp}$：E に直交する2次元空間とする.

ここでは，L：4次元標準整格子を傾けてやることで，E を第1，第2座標をもつ xy-平面，$E^{\perp}$ を第3，第4座標をもつ，いわば zw-平面としている.

射影法を説明する際に例としたフィボナッチ列では，立方体（2次元）を1次元に射影して得られる影である線分がウインドウになっていた．この設定では，4次元の標準格子（4次元超立方体によるタイリング）のタイルである4次元超立方体の2次元 $E^{\perp}$ への射影がウインドウとなる．4次元超立方体を2次元に射影するということは，図に描くということと同じである.

正方形→立方体→4次元超立方体の順に見ていこう.

立方体を正方形から作るには，正方形をその面に垂直な方向に平行移動してその間を埋めればよい．これを図に描こうとすると，正方形の面に垂直な方向はそのままでは描けないので，その方向を図では右上に向かう方向にとることにして，描く.

図 4.2　正方形から立方体を作る

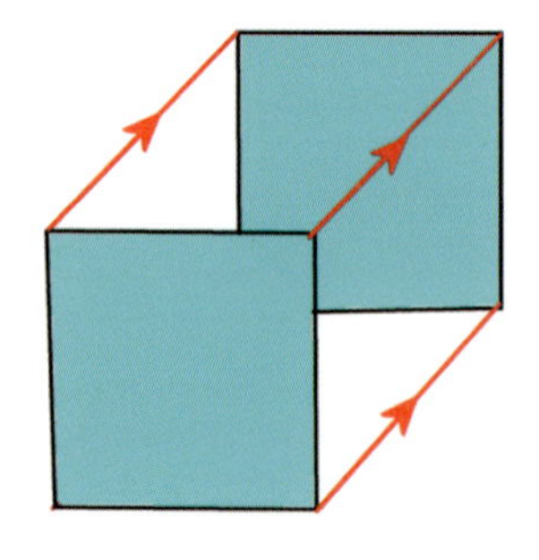

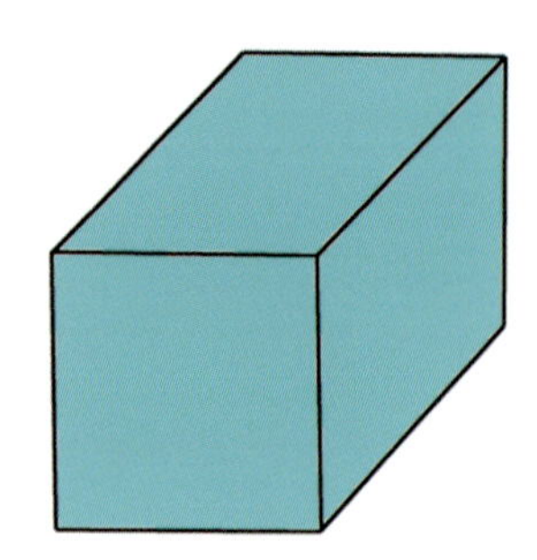

出来上がった図は箱型の立体の慣れ親しんだ見取り図になる．見取り図を透過すると見える6つの正方形を最初の平行移動の色で描いてつなげて広げると，展開図が出来上がる．

図 4.3　立方体の展開図

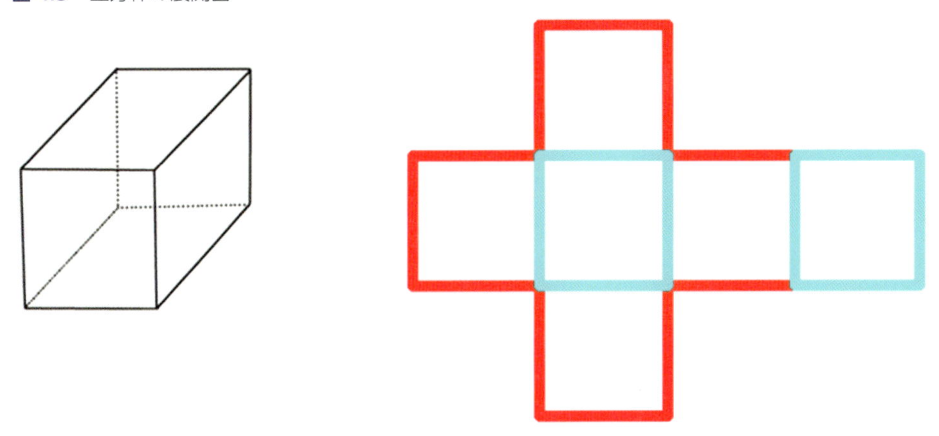

次に，4次元超立方体を立方体から作るには，立方体をその面すべてに垂直な方向である4次元の方向に平行移動しなければならない．もはやその方向は見えないのだが，2次元に射影すると見えるようになるので，その方向を左上に向かう方向にとることにする．下図左のように立方体を用意し，下図中のように左上に向かう赤い矢印の方向に平行移動する．下図右のように平行移動する際の間を埋めればよい．

図 4.4　立方体から 4 次元超立方体を作る

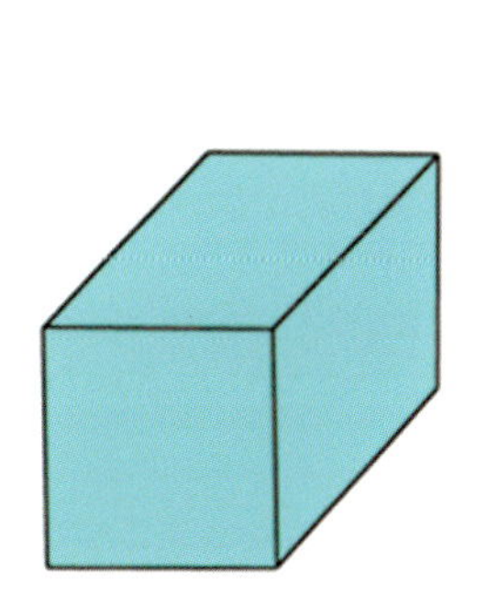

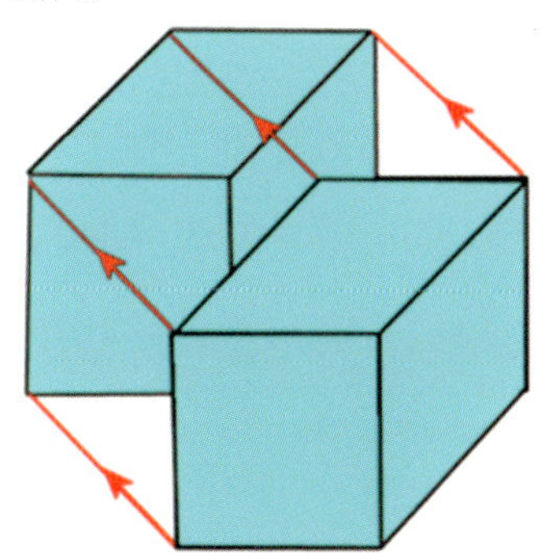

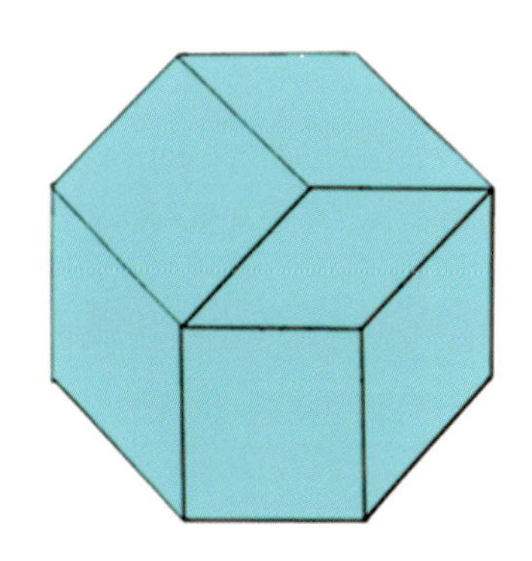

上図右は見える正方形の線を消していないので，4次元超立方体を3次元に射影したものを図に描いたものとみなすこともできる．

4次元超立方体の3次元の面である立方体を，正方形の線を見えないところもすべて描きこんだ右の図の中から探し出してみよう．次のように，8つの立方体を探しだせただろうか？

図 4.5　4 次元超立方体

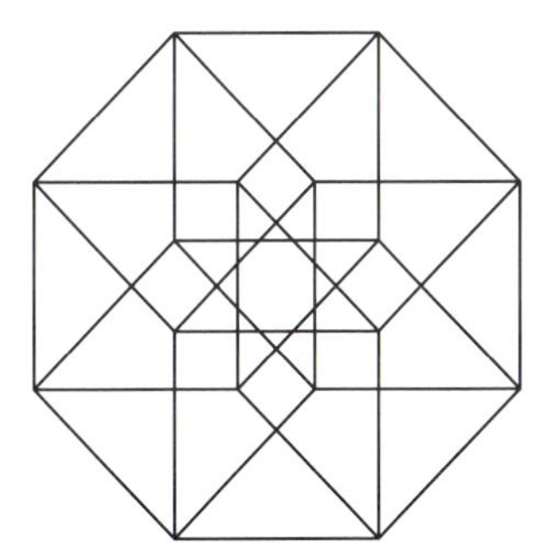

図 4.6　4次元超立方体の中にある8つの立方体

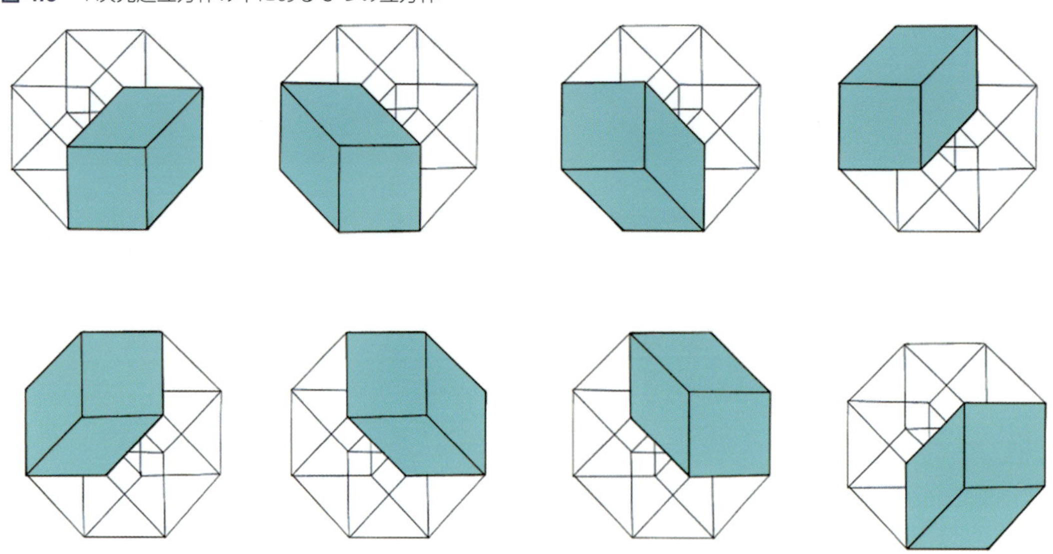

こちらでも8つの立方体を最初の平行移動の色で描いてつなげると，次の展開図が出来上がる．

図 4.7　4次元超立方体の展開図

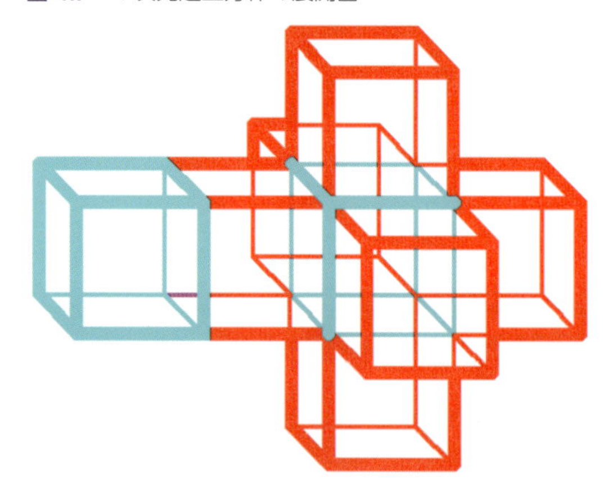

四次元人なら，この展開図を組み立てられる．

射影法に話を戻そう．Ammann-Beenkerタイリングの場合，ウインドウは4次元超立方体の2次元（平面）への射影だから，それは前ページまでのように，内部に線は入らず，次図のように正八角形の内部となる．

図 4.8 Ammann-Beenker タイリングのウインドウ

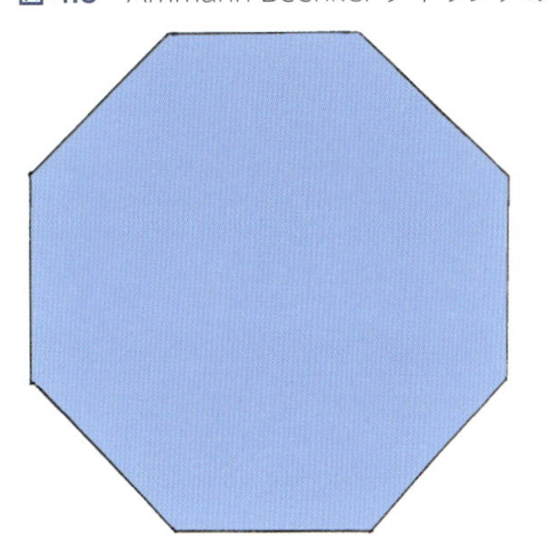

あらためて，次がAmmann-Beenkerタイリングである．

図 4.9 Ammann-Beenker タイリング

ウインドウ W が2次元で考えられるので，Ammann-Beenkerタイリングは射影法のからくりを理解するのに適している．

Ammann-Beenkerタイリングの頂点は，超立方体タイリングの頂点で領域 $E\times W$ の内部に含まれている点を選んで，E に射影して得られる．前にも書いたが，$E\times W$ の内部に含まれている点を選ぶということは，点がウインドウ W を通して見えるということであり，その点はウインドウ W の内部に影を落とす（射影される）ことになる．つまり，

「超立方体タイリングの頂点は$E^{\perp}$の側に射影するときWの内部に入るならば，Eの側に射影することで，構成したいタイリングの頂点になる.」

辺についても同様に対応がある．4次元超立方体の辺を作るベクトルは次の4つであった.

$$
\begin{aligned}
&b_1=(1,\,0,\,1,\,0)\,,\quad b_2=\left(\frac{\sqrt{2}}{2},\,\frac{\sqrt{2}}{2},\,-\frac{\sqrt{2}}{2},\,-\frac{\sqrt{2}}{2}\right),\\
&b_3=(0,\,1,\,0,\,1)\,,\quad b_4=\left(-\frac{\sqrt{2}}{2},\,\frac{\sqrt{2}}{2},\,\frac{\sqrt{2}}{2},\,-\frac{\sqrt{2}}{2}\right).
\end{aligned}
$$

このベクトルを介して，ウインドウにおけるベクトルとタイリングの辺を表すベクトルが対応する．$E^{\perp}$をEに直交する2次元空間zw-平面，Eを4次元空間の中のxy-平面としていたので，次のような対応になる.

$$
\begin{aligned}
b_1^{\perp}&=(1,\,0) &&\Leftrightarrow\quad b_1^{T}=(1,\,0)\,,\\
b_2^{\perp}&=\left(-\frac{\sqrt{2}}{2},\,-\frac{\sqrt{2}}{2}\right) &&\Leftrightarrow\quad b_2^{T}=\left(\frac{\sqrt{2}}{2},\,\frac{\sqrt{2}}{2}\right),\\
b_3^{\perp}&=(0,\,1) &&\Leftrightarrow\quad b_3^{T}=(0,\,1)\,,\\
b_4^{\perp}&=\left(\frac{\sqrt{2}}{2},\,-\frac{\sqrt{2}}{2}\right) &&\Leftrightarrow\quad b_4^{T}=\left(-\frac{\sqrt{2}}{2},\,\frac{\sqrt{2}}{2}\right).
\end{aligned}
$$

ここで，8個のベクトル$b_1^{\perp}$，$b_4^{\perp}$，$-b_3^{\perp}$，$b_2^{\perp}$，$-b_1^{\perp}$，$-b_4^{\perp}$，$b_3^{\perp}$，$-b_2^{\perp}$をこの順につなぐとウインドウと合同な正八角形の周を時計周りに一周することに注意しよう.

「ウインドウ側で射影された点を始点とする$b_k^{\perp}$（または$-b_k^{\perp}$）がウインドウ内に含まれているとき，タイリング側で頂点を始点とするb_k^{T}（または$-b_k^{T}$）を辺としてもつことになる.」

ウインドウ側で対応している点を始点として，どのベクトル$b_k^{\perp}$（または$-b_k^{\perp}$）がウインドウ内に含まれているのかは，4次元超立方体を理解するのに使った3次元の面である立方体を，正方形の線が見えないところもすべて描きこんだ次の図が役に立つ．この線による正八角形のウインドウの分割は，そのままタイリングの頂点配置を決定する.

図 4.10 正八角形ウインドウの分割

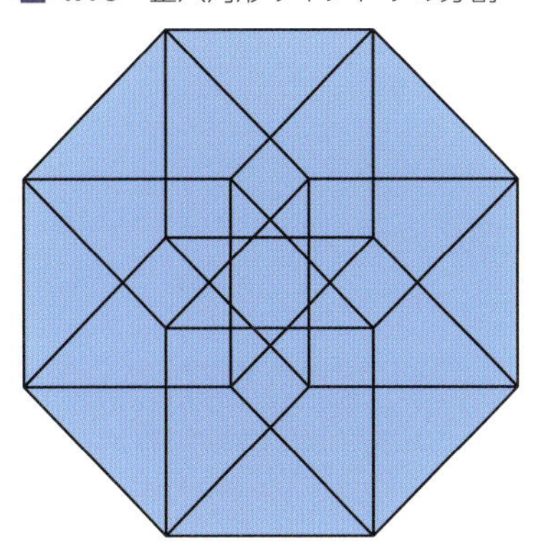

例えば，下図のように，超立方体の1つの頂点がウインドウとタイリングの黒点に射影されているとする．ここでは，ウインドウの黒点はウインドウの中心部分にある小さな正八角形の領域の中にある．この点を始点とする8個の $\pm b_k^{\perp}$ がウインドウ内に含まれる．このとき，対応するタイリングの黒点には8本の辺が接続されることになる．さらに，ウインドウの黒点がウインドウ正八角形の中心ならば，対応するタイリングの黒点は8回対称性の中心となる．

図 4.11 頂点の射影イメージ（黒点が正八角形の中にある例）

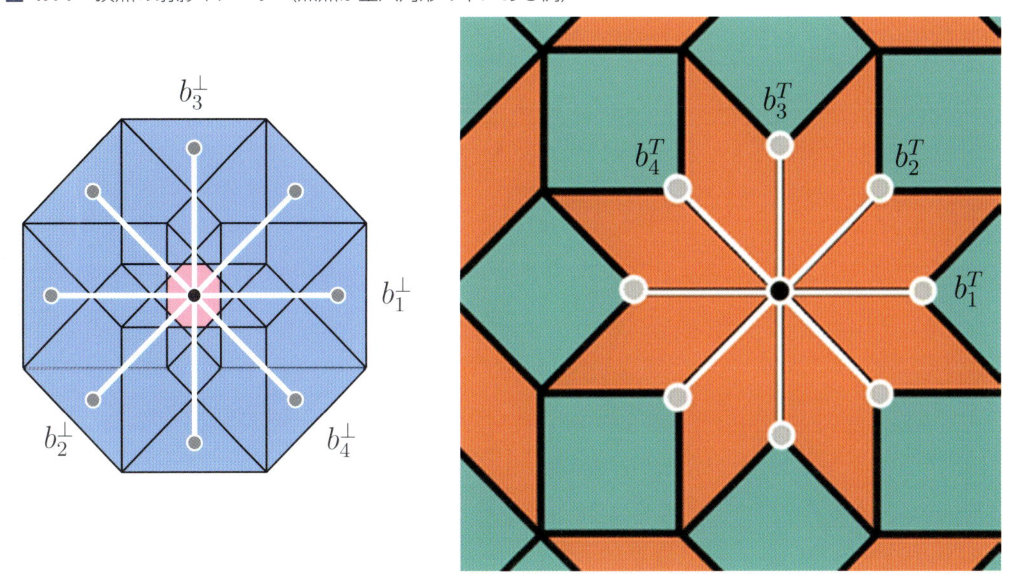

今度は下図のように，超立方体の1つの頂点がウインドウとタイリングの黒点に射影されているとする．ここでは，ウインドウの黒点は小さな四角形の領域の中にある．この点を始点とする $b_1^{\perp}$, $b_2^{\perp}$ はウインドウ内に含まれている．さらに，$b_1^{\perp}$, $b_2^{\perp}$ をつなぐことで，ウインドウにひし形が描かれる．鈍角と鋭角が入れ替わっているが，タイリングには，対応するベクトル b_1^T, b_2^T からなる辺をもつタイルが描かれる．

図 4.12　頂点の射影イメージ（黒点が四角形の中にある例）

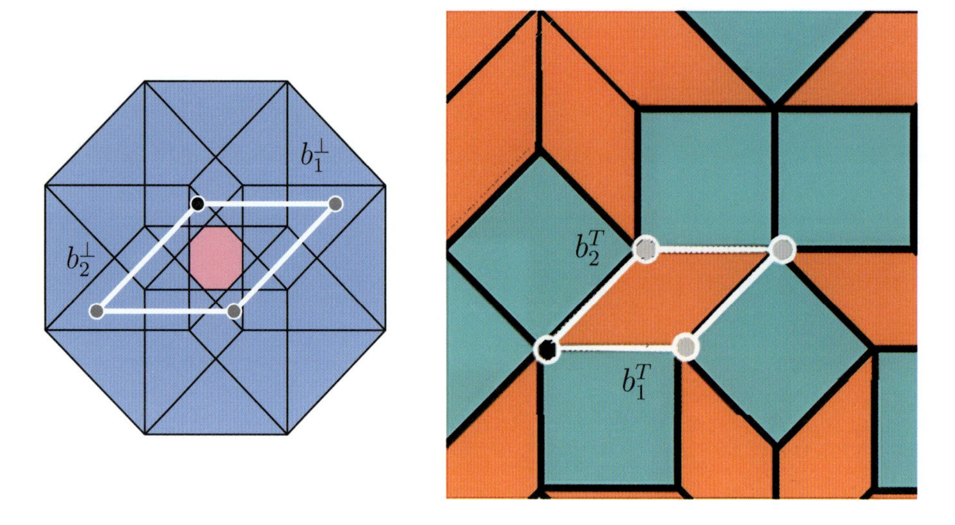

問題

図4.12のウインドウの黒点を始点とし，ウインドウ内に含まれているベクトルは4個ある．残りの2個を特定しよう．

ヒント：実際に，黒点を始点として8個のベクトルを描き込もう．

次はいよいよ，ペンローズタイリングの射影法の設定である（[66]）．

全体の空間は5次元に取る．この5次元空間において，Eを下で定義される平面とする．

$$
\begin{aligned}
b_1 &= (1,\, \cos\theta,\, \cos 2\theta,\, \cos 3\theta,\, \cos 4\theta)\,, \\
b_2 &= (1,\, \sin\theta,\, \sin 2\theta,\, \sin 3\theta,\, \sin 4\theta)\,. \qquad \theta = \frac{2\pi}{5}
\end{aligned}
$$

Eに直交する空間$E^\perp$は3次元になるので，ウインドウは5次元超立方体を3次元に射影した多面体となる．これをきれいに図に描くのは，筆者にとっては難しかった（描かれた図は例えば[86]にある）．ペンローズタイリングの場合には，5次元超立方体の頂点を$E^\perp$に射影した先は，ウインドウのいたるところに散らばるのではなく，ウインドウを輪切りにした断面に集中する．その断面は次のような正五角形になる．ここでも，ウインドウを分割して，タイリングの頂点配置と対応付けることができる．

図 4.13　ペンローズタイリングのウインドウの断面

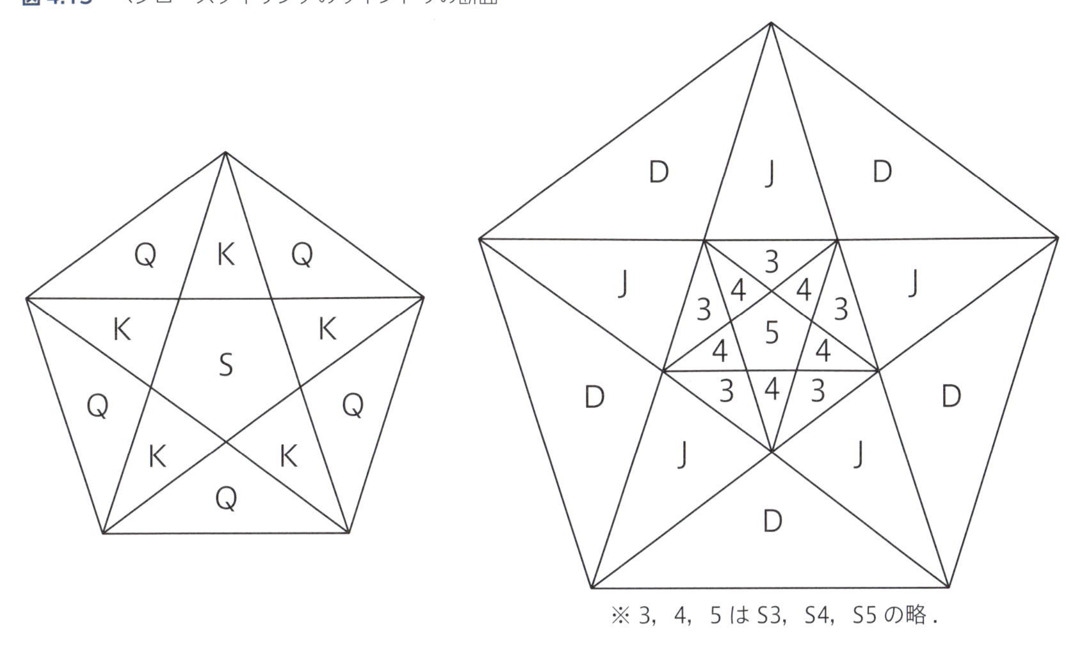

図 4.14　ウインドウの分割とタイリングの頂点配置の対応付け

射影法で作られたタイリングが非周期的であるかどうかの判定法がわかっている（[73]，[80]）．

「超立方体タイリングの頂点を $E^{\perp}$ の側に射影するとき，同じ点に射影されることがなければ，射影法で作られたタイリングは非周期的である．」

さて，射影法の定義を説明するために用いたフィボナッチ列の場合には，フィボナッチ列を1次元のタイリングとしてみたタイルの局所的な配置から，ウインドウの分割に関して自己相似的な構造が導かれる（[72]）．このことを紹介してこのセクションをおしまいにしよう．

表 4.2　フィボナッチ列の局所配置によるウインドウの分割

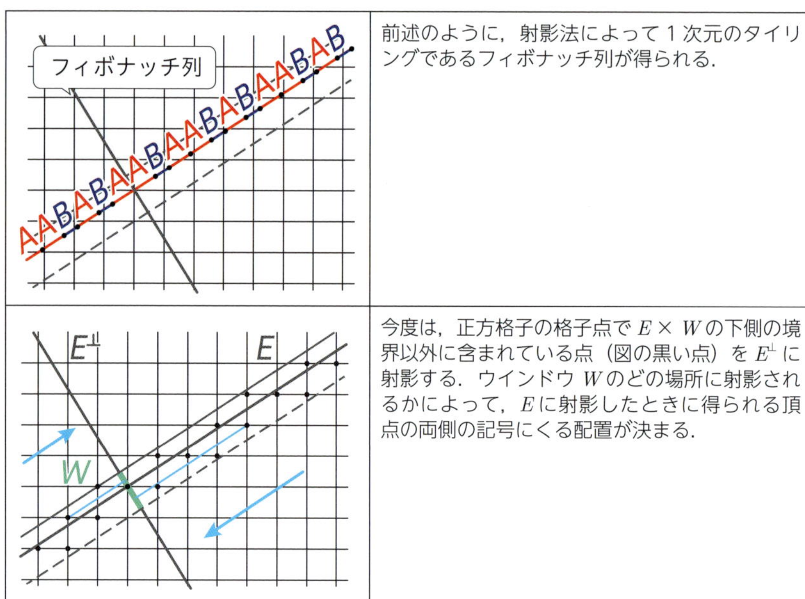

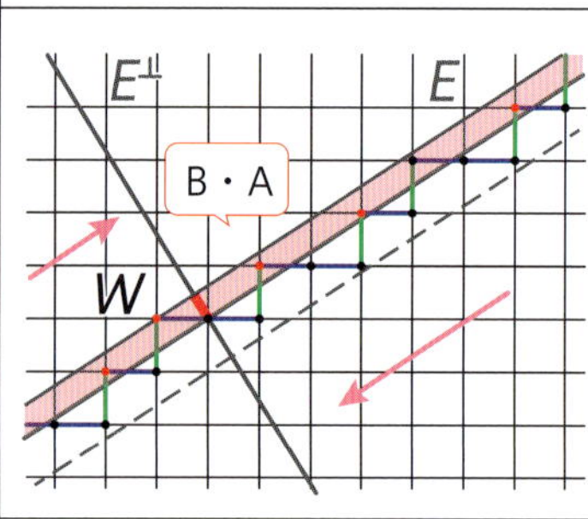

（上段）	前述のように，射影法によって1次元のタイリングであるフィボナッチ列が得られる．
（中段）	今度は，正方格子の格子点で $E\times W$ の下側の境界以外に含まれている点（図の黒い点）を $E^{\perp}$ に射影する．ウインドウ W のどの場所に射影されるかによって，E に射影したときに得られる頂点の両側の記号にくる配置が決まる．
（下段）	例えば，W の赤い線分が表す部分区間に射影されるような点，すなわち $E\times W$ の赤色の領域にある赤い点を E に射影したとき，その頂点の左側は B，右側は A となる．頂点の場所を・で表して，$B\cdot A$ のように表すことにする．

これから先の説明は視点の変更が必要で，わかりにくいかもしれない．そこで，いったん正方格子の格子点がウインドウに射影されているとき，その射影された先の点の状況を説明しておこう．この場合も，Ammann-Beenkerタイリングのときと同じようにフィボナッチ列の頂点のまわりのタイル A, B の配置は，ウインドウから見ることができる．

前の図において，右上から見たウインドウ W を取り出して，説明に必要な書き込みをした2つの図を用意した．まず，月と星のマークから，射影法の設定での位置関係を確認しよう．

図 4.15 射影法の設定での位置関係

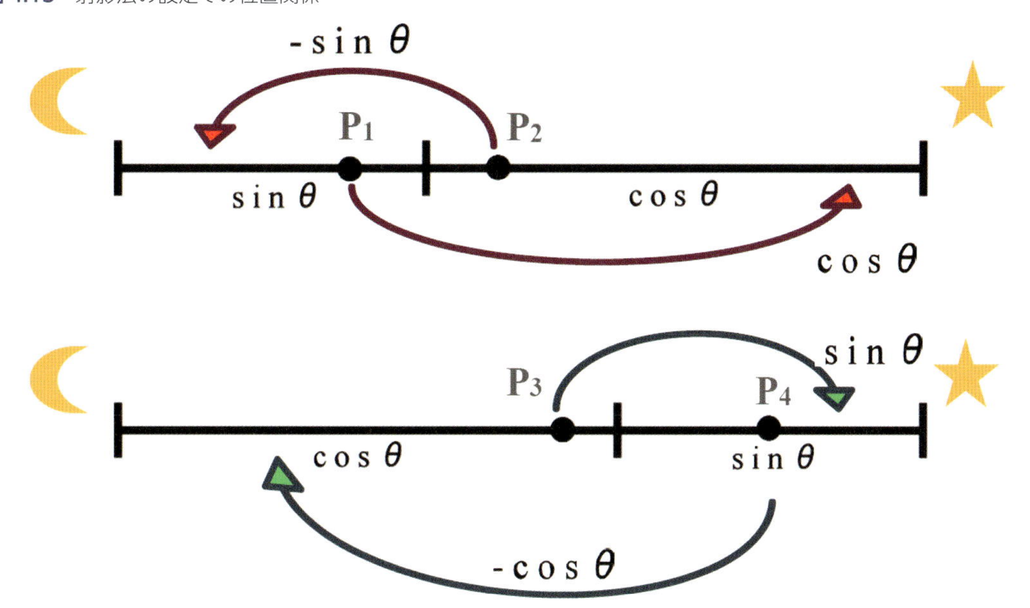

上側のウインドウの図は，sin θ , cos θ の長さに分ける区切りを入れている．点 P_1, P_2 を正方格子の格子点がウインドウに射影された点とする．点 P_1 は赤い矢印のように cos θ だけ平行移動しても W 内の点に移される．このとき，P_1 と対応するフィボナッチ列の頂点の右側には B が来て，$\cdot B$ となる．点 P_2 は赤い矢印のように $-$ sin θ だけ平行移動しても W 内の点に移される．このとき，P_2 と対応するフィボナッチ列の頂点の右側には A が来て，$\cdot A$ となる．

下側のウインドウの図は，cos θ , sin θ の長さに分ける区切りを入れている．点 P_3, P_4 を正方格子の格子点がウインドウに射影された点とする．点 P_3 は緑の矢印のように sin θ だけ平行移動しても W 内の点に移される．このとき，P_3 と対応するフィボナッチ列の頂点の左側には A が来て，$A\cdot$ となる．点 P_4 は緑の矢印のように $-$ cos θ だけ平行移動しても W 内の点に移される．このとき，P_4 と対応するフィボナッチ列の頂点の左側には B が来て，$B\cdot$ となる．

これらのことを踏まえて，タイルの局所的な配置からウインドウの分割を与える話に戻ろう．

表 4.3　タイルの配置とウインドウの分割

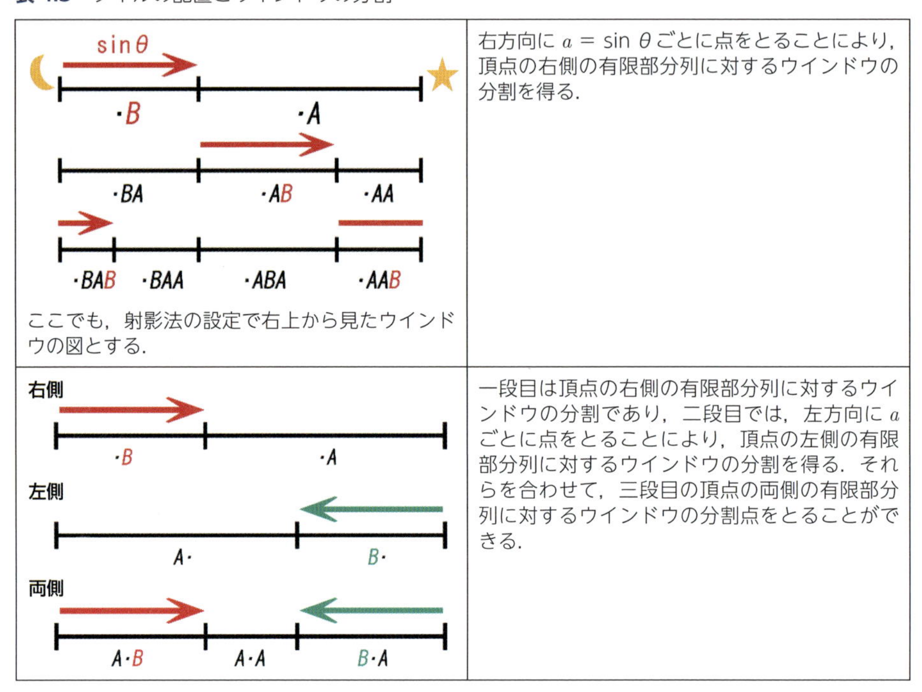

ここでも，射影法の設定で右上から見たウインドウの図とする．	右方向に $a = \sin\theta$ ごとに点をとることにより，頂点の右側の有限部分列に対するウインドウの分割を得る．
	一段目は頂点の右側の有限部分列に対するウインドウの分割であり，二段目では，左方向に a ごとに点をとることにより，頂点の左側の有限部分列に対するウインドウの分割を得る．それらを合わせて，三段目の頂点の両側の有限部分列に対するウインドウの分割点をとることができる．

有限部分列に関して，ウインドウをより小さな部分区間に分割すると，ウインドウに現れる部分区間は図のように1:1/τ :1の比で無限に分割されていく．

図 4.16　$1 : \frac{1}{\tau} : 1$ で分割されていく様子

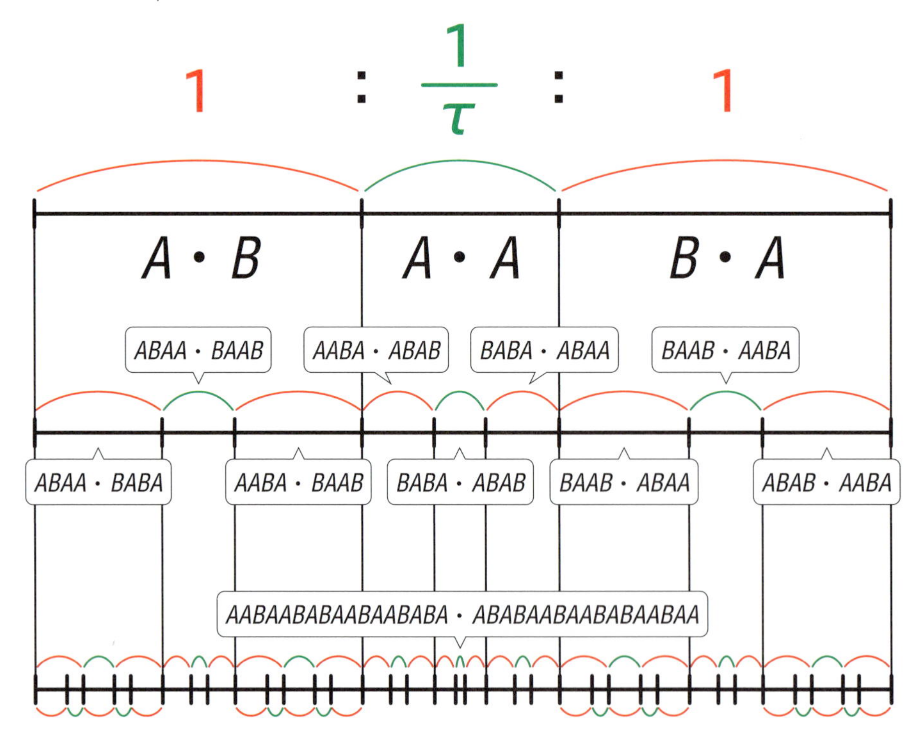

このようなウインドウの分割が起きることは，区間交換力学系（Interval exchange）という力学系を用いて証明することができる．

4.2 タイルの貼り方（環状拡大）

環状拡大とは頂点配置（vertex configuration）をはめ込むことで，一周りずつパッチを広げてタイリングを作る方法のことをいう．環状拡大を制御するための境界許容語の置き換え規則（substitution rule）というアイデア（後述）が，筑波大学教授の秋山茂樹氏によって導入された．

5ページでもふれた次の図のように環状拡大する場合を例にして，環状拡大とその制御の仕方について説明しよう．

図 4.17 正三角形と正方形によるタイリング（三度）

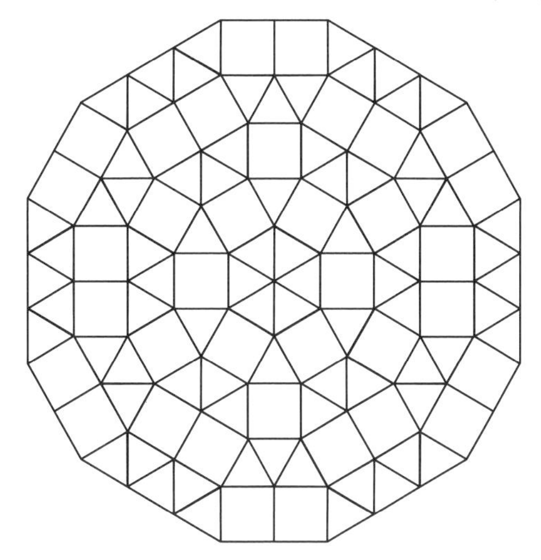

使用する頂点配置（vertex configuration）は次の3つとする．

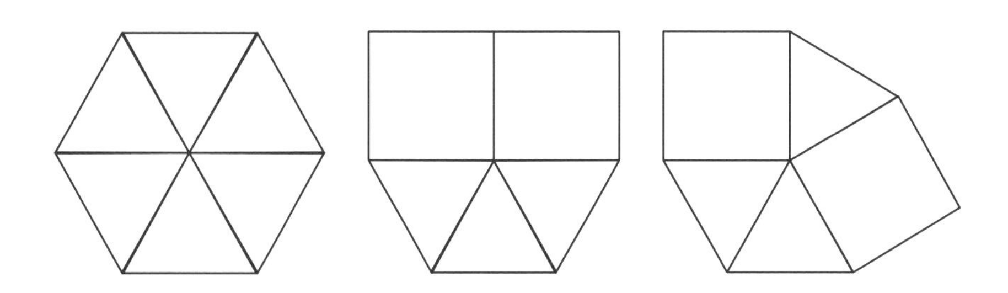

6回対称性をもつタイリングを作りたいので，最初に用意するパッチ（タイル配置）Pを次の配置とする．

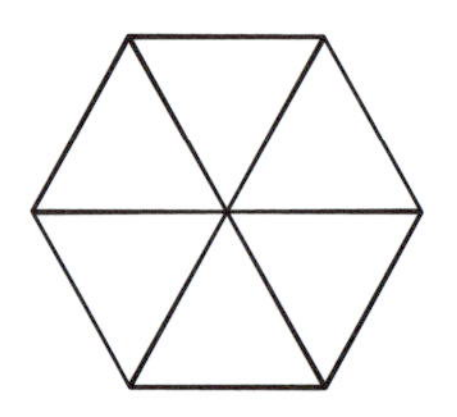

このパッチの境界の1点で，頂点配置をはめ込む．上の3つの頂点配置の中で，一番右のものをはめ込む．

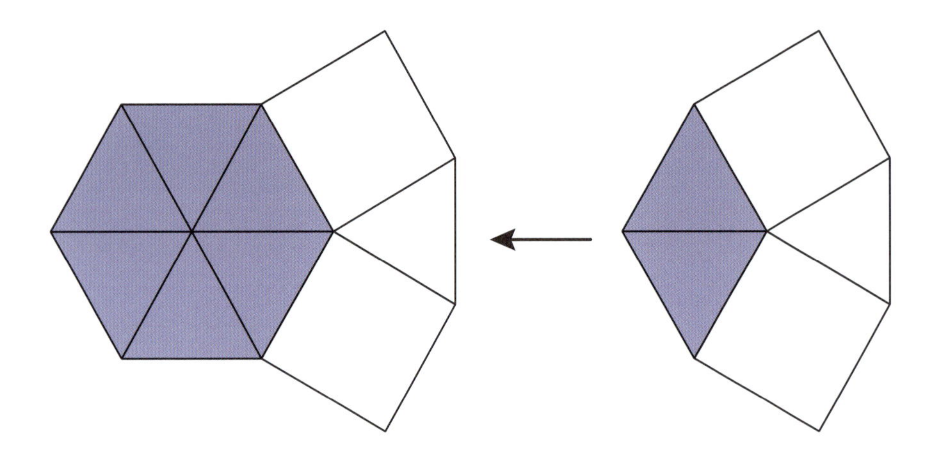

パッチの境界において反時計回りに頂点配置をはめ込んでいく．最初に頂点配置をはめ込んだ頂点に戻ってきたとき，問題なくはめ込みが終了すれば，一周りパッチが拡大されたことになる．

上の図から反時計回りに続けて，同じ頂点配置をはめ込んでいくと，下の図のように一周り拡大されたパッチ P_1 が得られる．

図 4.18　できあがったパッチ P_1

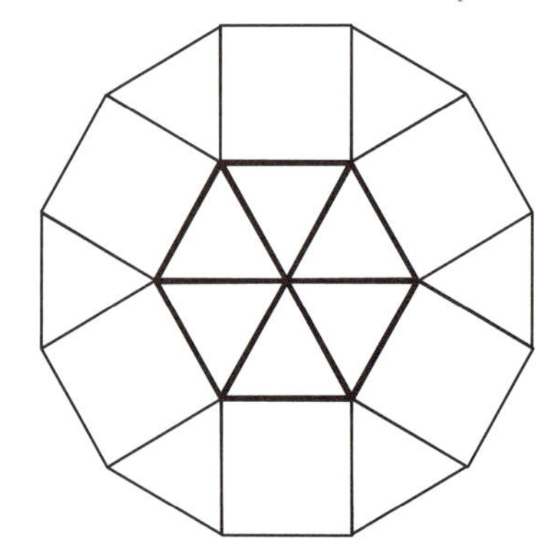

環状拡大を制御するために，パッチの境界に巡回的な記号列を対応させる．最初に図のように正三角形の角に3，正方形のタイルの角に4を割り当てる．

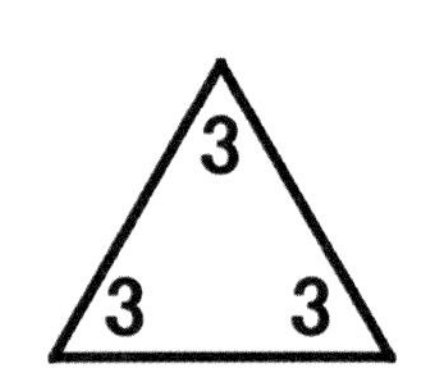

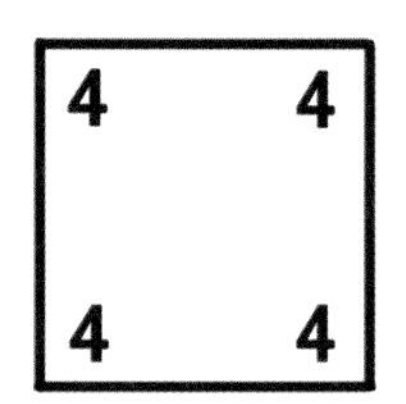

パッチの境界上のある頂点から始めて反時計回りに，頂点に集まる角の記号3,4を始まりの頂点に戻るまで記録していく．このとき1つの頂点に集まる角の記号は，バーを付けてそのことがわかるようにする．これを<u>パッチの境界許容語</u>と呼ぶ．先ほどのパッチPとP_1の境界許容語を下に書いておく．

図 4.19 パッチ P と P_1 の境界許容語

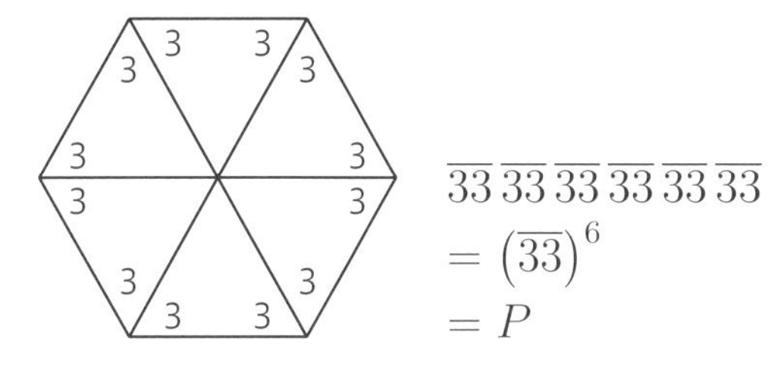

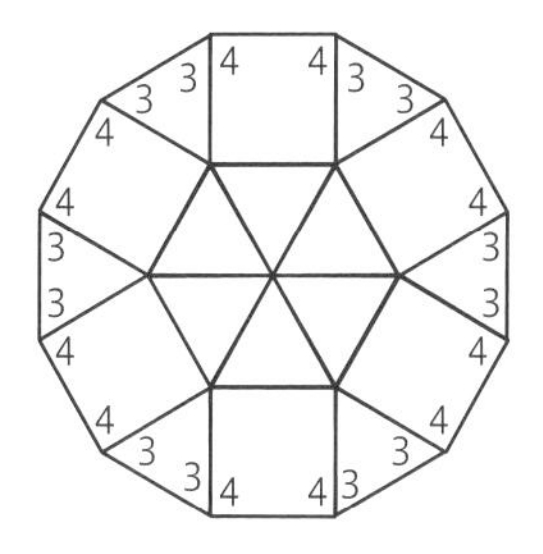

$$\overline{43}\,\overline{34}\,\overline{43}\,\overline{34}\,\overline{43}\,\overline{34}\,\overline{43}\,\overline{34}\,\overline{43}\,\overline{34}\,\overline{43}\,\overline{34}$$
$$=(\overline{43}\,\overline{34})^6$$
$$=P_1$$

環状拡大における，パッチの境界に頂点配置をはめ込んでいく操作は境界許容語を用いて次のように表現できる．先ほどの例では，下図のようにパッチPの$\overline{33}$の頂点で頂点配置をはめ込んで，環状拡大でひと周り大きくなったパッチP_1の境界許容語の一部分が得られる．

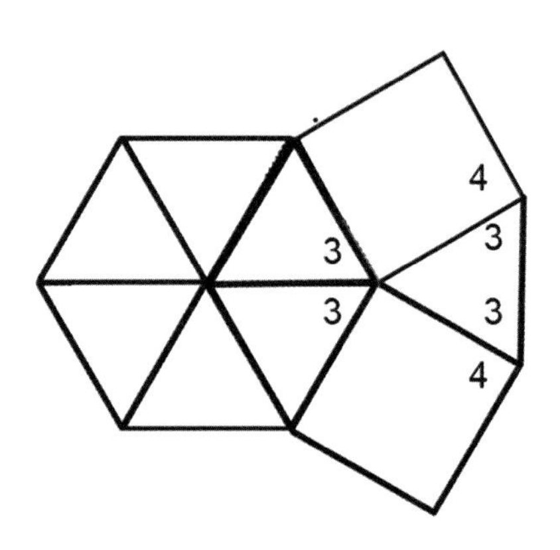

そこで，この境界許容語の変換を $a_5 : \overline{33} \to \overline{43}\,\overline{34}$ と表す．

このように頂点配置を基にして，境界許容語の変換すべてを考えたものを境界許容語の置き換え規則 (substitution rule) という．

今回用いる置き換え規則は上の a_5 と次の4つの変換を合わせた5つとする．

図 4.20　5つの置き換え規則

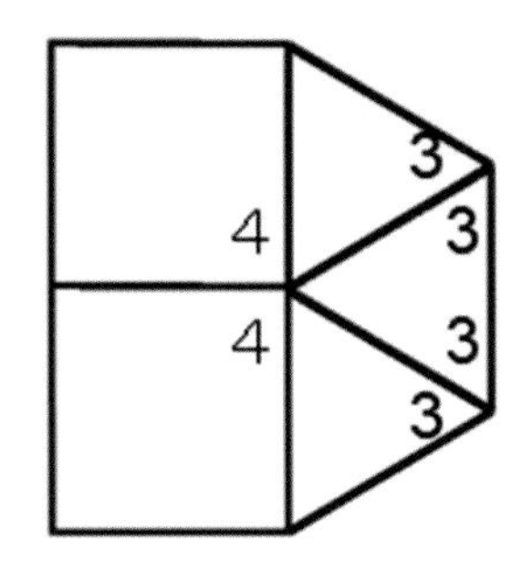

$a_1 : \overline{44} \to \overline{33}\,\overline{33}$

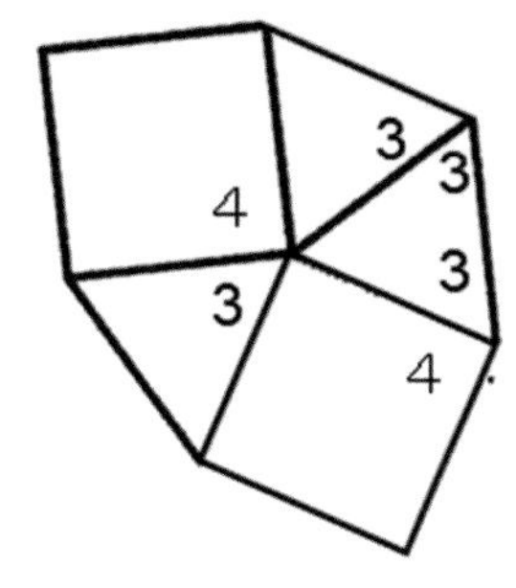

$a_2 : \overline{34} \to \overline{43}\,\overline{33}$

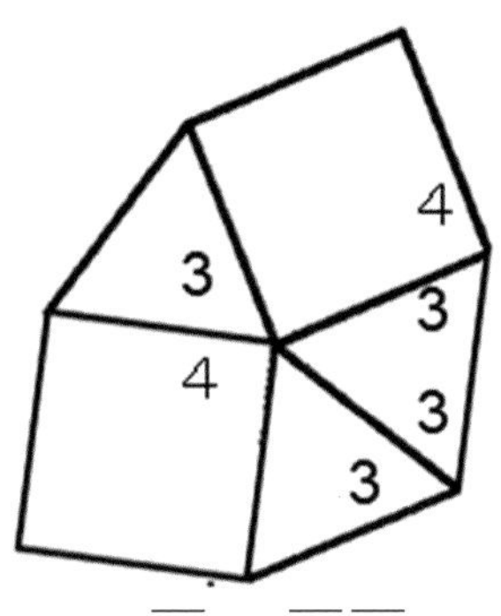

$a_3 : \overline{43} \to \overline{33}\,\overline{34}$

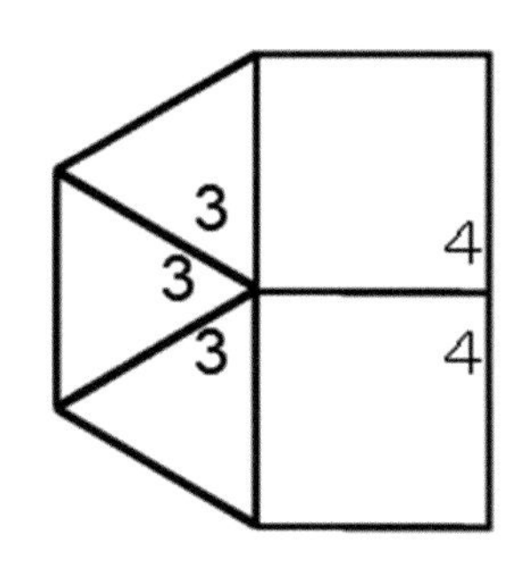

$a_4 : \overline{333} \to \overline{44}$

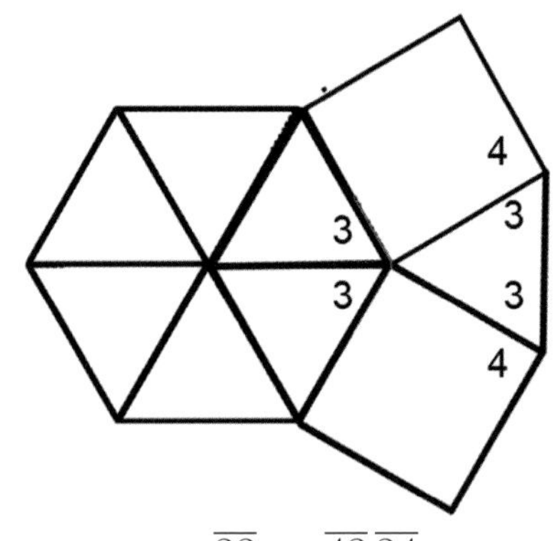

$a_5 : \overline{33} \to \overline{43}\,\overline{34}$

ここで，環状拡大において境界許容語を記述するためには，次の場合のように $\overline{33}\ \overline{33}$ を $\overline{333}$ とする読み替えが必要となるので注意する．

図 4.21 $\overline{33}\,\overline{33}=\overline{333}$ の読み替え

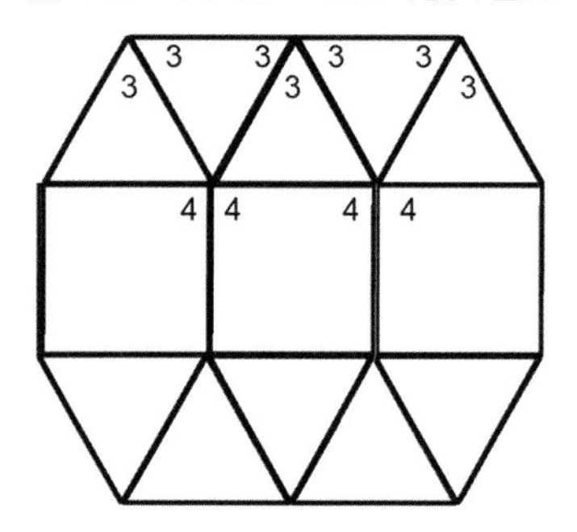

$$\overline{44}\,\overline{44}\to\overline{33}\,\overline{33}\,\overline{33}\,\overline{33}=\overline{33}\,\overline{333}\,\overline{33}$$

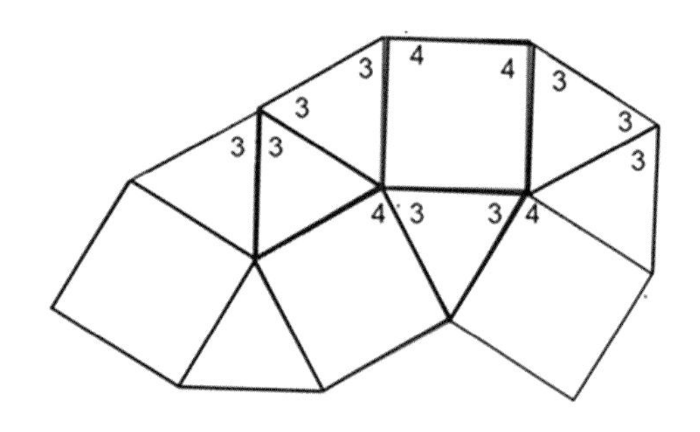

$$(\overline{43}\,\overline{34})^6\to(\overline{33}\,\overline{34}\,\overline{43}\,\overline{33})^6=(\overline{333}\,\overline{34}\,\overline{43})^6$$

それでは，パッチの境界許容語と置き換え規則を用いて，タイリングができることを証明する．

(i) P から P_1 への環状拡大：

上で見たように，P から P_1 へは環状拡大可能であり，a_5 により P の境界許容語から再び境界許容語が生成される．

(ii) P_n から P_{n+1} $(n \geqq 1)$ への環状拡大：

P_n まで環状拡大可能であり，P_n の境界許容語が（必要なら読み替えを行って）下のオートマトン上の閉路であると仮定する．すなわち，$\overline{333}$, $\overline{43}$, $\overline{34}$, $\overline{44}$ のどれかを出発点として，オートマトン上を矢印に沿って進み，再び，出発点に戻るまでに，通った記号を並べてできる記号列であるとする．

図 4.22 $\overline{333}$，$\overline{43}$，$\overline{34}$，$\overline{44}$ を頂点にもつオートマトン

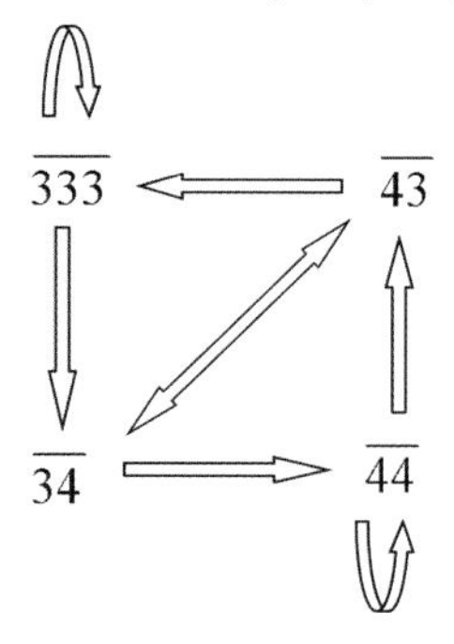

これ以降，用いる置き換え規則は a_1, a_2, a_3, a_4 の4つだけであることに注意する．これら4つの

substitutionを用いて P_n は P_{n+1} に環状拡大可能であり，P_{n+1} の境界許容語は（必要なら読み替えを行って），$\overline{333}$, $\overline{43}$, $\overline{34}$, $\overline{44}$ の置き換え規則による像である $\overline{44}$, $\overline{33}\ \overline{34}$, $\overline{43}\ \overline{33}$, $\overline{33}\ \overline{33}$ を頂点にもつ次のオートマトン上の閉路であることがわかる．

図 4.23　$\overline{44}$, $\overline{33}\ \overline{34}$, $\overline{43}\ \overline{33}$, $\overline{33}\ \overline{33}$ を頂点にもつオートマトン

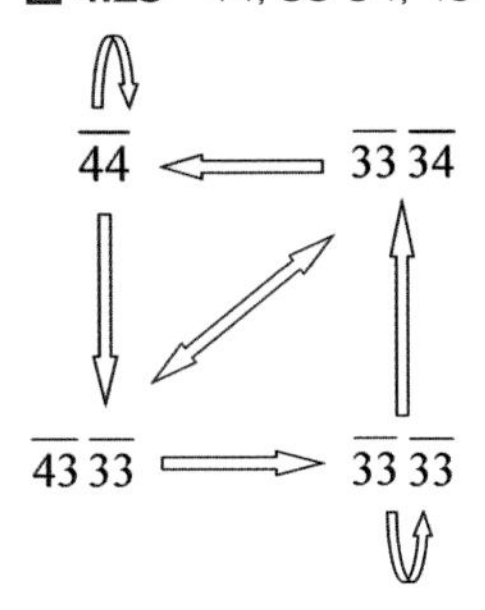

このオートマトン上の閉路は先のオートマトン上の閉路にもなる．

よって，繰り返し環状拡大することができるので，タイリングすることができる．

さらに，正三角形と正方形の両方を使って，次の (1)，(2) をみたす非可算無限種類の異なるタイリングを作るということもできる（[68]，[78]，[90]）．

(1) ずらして重ねられない（非周期的）．

(2) 6回回転対称性をもつ．

[78] においてやっていたことは境界許容語に現れる44（正方形）の横並びの数の増え方を制御することだったが，その証明にミスがあった．[68] および [90] で，証明のミスを修正し，結果は正しいことを境界許容語に現れる $\overline{333}$ の横並びの数の増え方を制御することで，示された．ここでは詳細は省略するが，次の階層的なオートマトンを使って貼り方をコントロールすることで可能となる．$\overline{333}$ の横並びのまわりのタイルがうまく貼れるようにするために，次のような階層的なオートマトンが必要となる．1つ目（図4.24）のオートマトンは環状拡大のステップで用いる置き換え規則を指定するものであり，2つ目（図4.25）の4つのオートマトンは図4.22，図4.23のオートマトンと同様に，それぞれの上の閉路が，指定された置き換え規則により得られる境界許容語を表している．

図 4.24　境界許容語

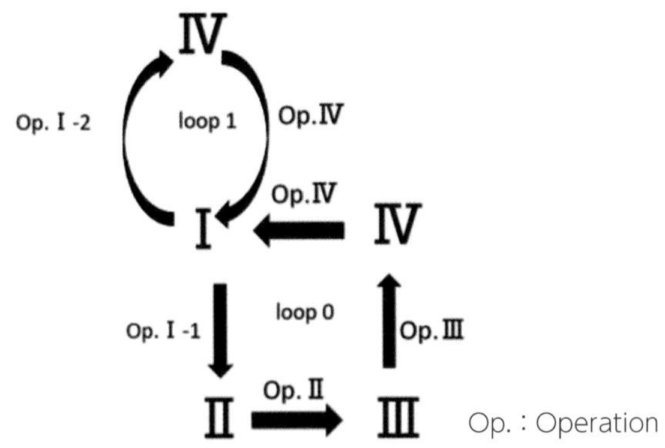

図 4.25 図 4.24 中の I～IV

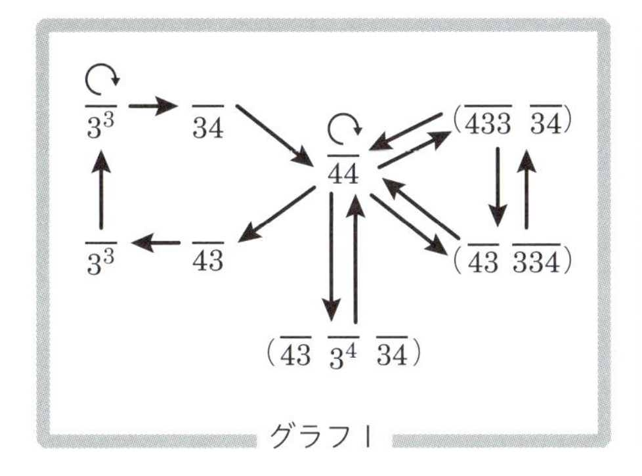

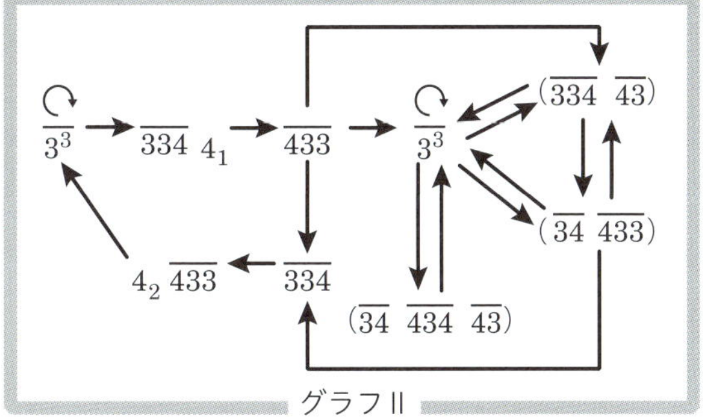

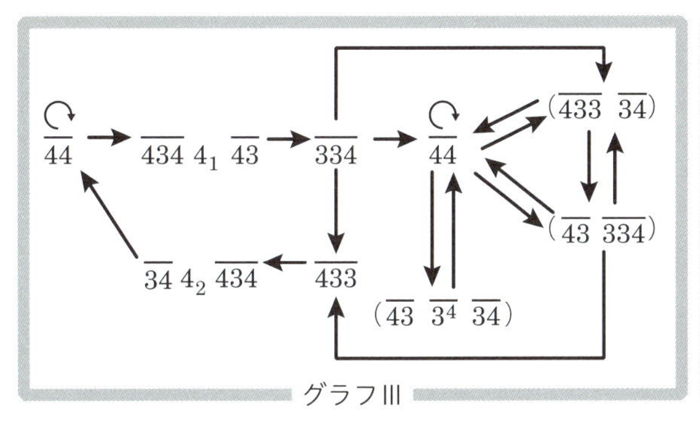

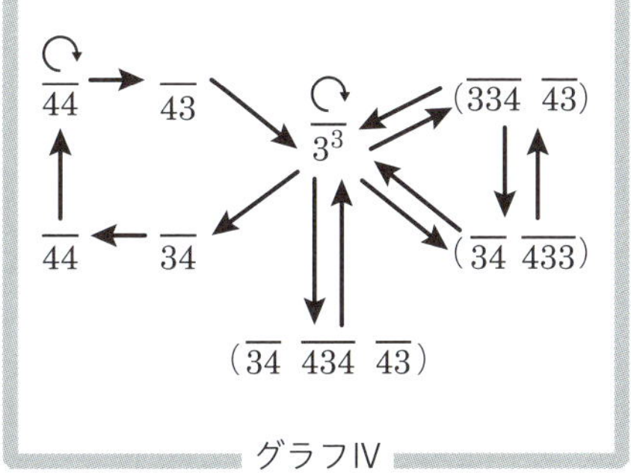

図 4.26 完成したタイリング

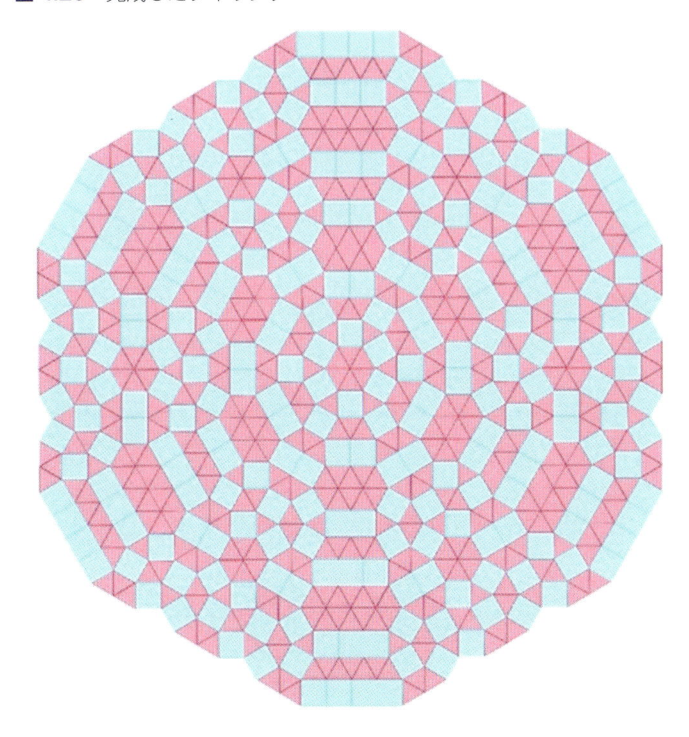

上で作ったタイリングでは，44（正方形）の横並びの数の増え方は，いったん同じ数の並びを経てから増えるというようになっている．「正方形の数を維持する」，「増加させる」を自由に選べる環状拡大を与えよう（[68]）．そのきっかけとなったアイデアは次のようなものである．環状拡大していくと下図左の濃い緑色のように頂点配置がはめ込まれて，ツノのような飛び出しができてしまう．その後，下図右のように環状拡大を継続すると，ますますとんがり，歪さが増す．

図 4.27　環状拡大に修正を加える

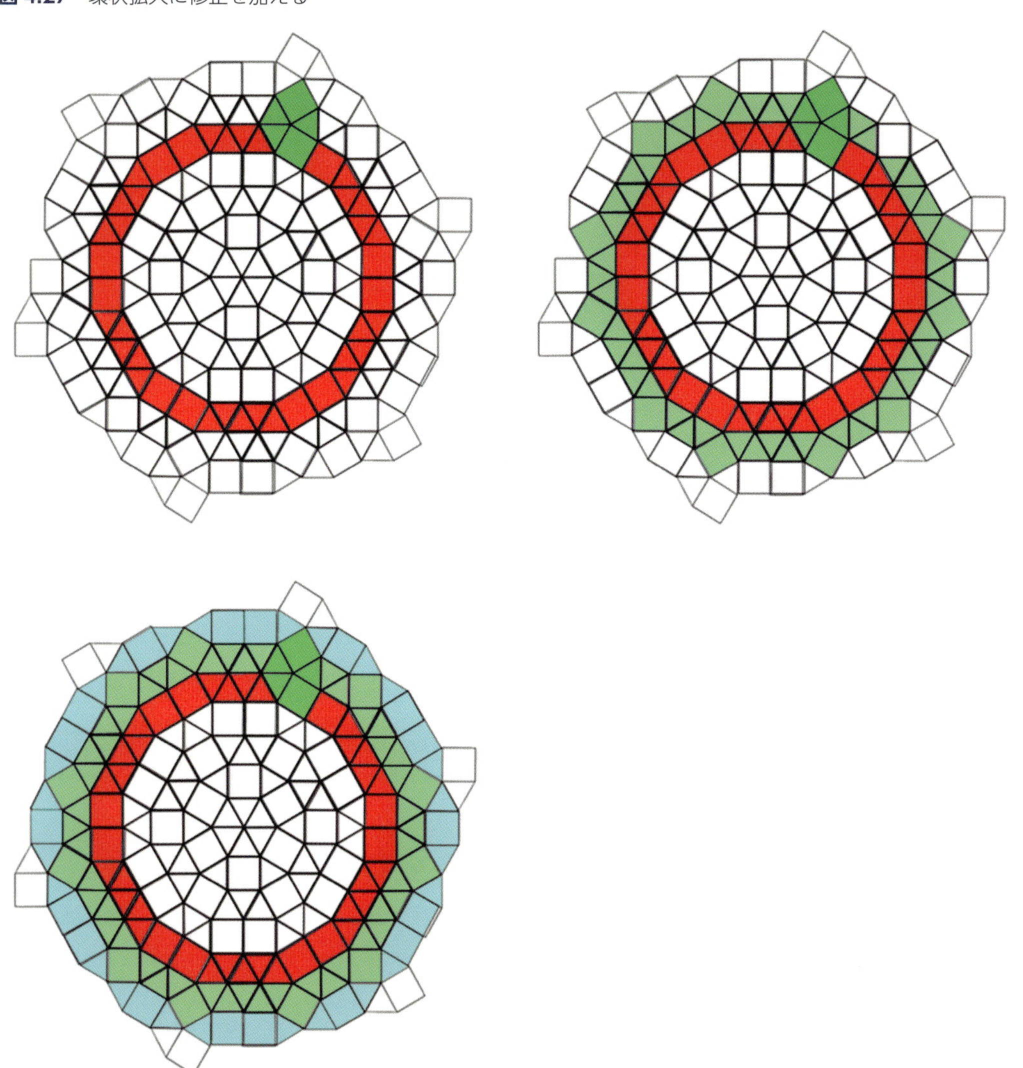

そこで，次のようにツノの間に水色の橋を架けて環状拡大を安定させることを考える．これはツノの部分の単独の記号4のところでは，頂点配置をはめ込むのに1回休みを入れることを表す．このとき，置き換え規則は $r : 4 \to \overline{343}$ となる．環状拡大を安定させることで，制御しやすくなる．

実際，以下のように「正方形の数を維持する」，「増加させる」を自由に選べる環状拡大を設定することができる．

ただし，使っている置き換え規則は分岐（1つの記号に2つの置き換え規則）が多く，分岐の条件を明らかにしないといけないので，オートマトンで表すのは難しそうである．

記号は次を用意する：

$$4,\ \overline{33},\ \overline{34},\ \overline{43},\ \overline{44},\ \overline{333},\ \overline{334},\ \overline{343},\ \overline{433},\ \overline{434}$$

置き換え規則は次を用意する（黒丸は省略）：

$$\begin{array}{lll}
r: 4 \to \overline{343}, & b: \overline{33} \to \overline{33}\,\overline{33}\,\overline{33}, & t: \overline{33} \to \overline{43}\,\overline{34}, \\
t: \overline{34} \to \overline{34443}, & t: \overline{34} \to \overline{43}\,\overline{33}, & t: \overline{43} \to \overline{34443}, \\
t: \overline{43} \to \overline{33}\,\overline{34}, & h: \overline{44} \to \overline{33}\,\overline{33}, & b: \overline{333} \to \overline{33}\,\overline{33}, \\
h: \overline{333} \to \overline{44}, & t: \overline{334} \to \overline{43}, & t: \overline{343} \to \overline{34}, \\
t: \overline{343} \to \overline{43}, & t: \overline{433} \to \overline{34}, & t: \overline{434} \to \overline{33}.
\end{array}$$

扱う語は上の記号からなり，次の条件を満たすものとする．

表 4.4　記号の配置のルール

記号	その右隣に来る記号
4	$\overline{433}, \overline{434}$
$\overline{33}$	$\overline{334}, \overline{343}$
$\overline{34}$	$\overline{43}, \overline{44}, \overline{433}, \overline{434}$
$\overline{43}$	$\overline{34}, \overline{333}, \overline{334}, \overline{343}$
$\overline{44}$	$\overline{43}, \overline{44}, \overline{433}, \overline{434}$
$\overline{333}$	$\overline{34}, \overline{333}, \overline{334}, \overline{343}$
$\overline{334}$	$4, \overline{43}, \overline{44}$
$\overline{343}$	$\overline{33}, \overline{34}, \overline{333}, \overline{334}$
$\overline{433}$	$\overline{33}, \overline{34}, \overline{333}, \overline{334}, \overline{343}$
$\overline{434}$	$4, \overline{43}, \overline{44}$

注意：

(1)　4を置換して得られる$\overline{343}$以外では，

$$\overline{\alpha 3} \cdot \overline{3\beta} = \overline{\alpha 3 \beta},\quad \overline{\alpha_1 \cdots \alpha_k 3} \cdot \overline{3\beta_1 \cdots \beta_l} = \overline{\alpha_1 \cdots \alpha_k 3 \beta_1 \cdots \beta_l}\qquad (k,\ l\text{は自然数})$$

という関係式を使うものとする．$\overline{343}$は他の記号とくっつくことはない．

(2)　置換により得られる語では，$\overline{434}$の左右どちらかの隣は4になることが示される．

添え字0のループは正方形の数を変えず，添え字1のループは正方形の数を1増加させる．

図 4.28　置き換え規則を指定するオートマトン

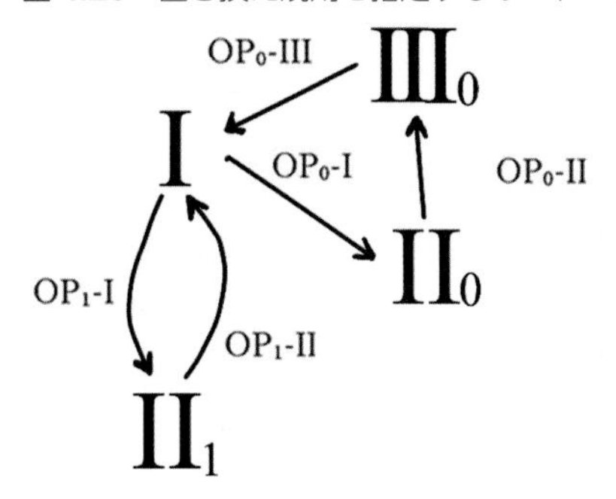

環状拡大での各Step I, II_0, III_0, II_1において，境界許容語が以下の記号列（wと表す）を含むように環状拡大をしていきたい．

$$
\begin{aligned}
&\mathrm{I}: \ \cdots\ \overline{44}\ \left(\mathrm{or}\, 4\,\overline{434}\right)\ \overline{43}\,\overline{333}^k\,\overline{34}\ \overline{44}\ \left(\mathrm{or}\ 4\ \overline{434}\right)\ \cdots \\
&\mathrm{II}_0: \ \cdots\ \overline{334}\ 4\ \overline{433}\ \overline{333}^k\,\overline{334}\ 4\ \overline{433}\ \cdots \\
&\mathrm{III}_0: \ \cdots\ \overline{43}\ \overline{343}\ \overline{34}\ \overline{44}^k\,\overline{43}\ \overline{343}\ \overline{34}\ \cdots \\
&\mathrm{II}_1: \ \cdots\ \overline{333}\ \overline{34}\ \overline{44}^k\,\overline{43}\ \overline{333}\ \cdots
\end{aligned}
$$

これらの部分ではsubstitutionは次を使用する（黒丸は省略）.

OP_0-I：

$$
\begin{aligned}
&b: \overline{333} \to \overline{33}\,\overline{33}, \qquad t: \overline{34} \to \overline{34}\,4\,\overline{43}, \qquad t: \overline{43} \to \overline{34}\,4\,\overline{43}, \\
&h: \overline{44} \to \overline{33}\,\overline{33}, \qquad t: \overline{434} \to \overline{33}.
\end{aligned}
$$

OP_0-II：

$$
h: \overline{333} \to \overline{44},\ \ t: \overline{334} \to \overline{43},\ \ t: \overline{433} \to \overline{34},\ \ r: 4 \to \overline{343}.
$$

OP_0-III：

$$
\begin{aligned}
&h: \overline{44} \to \overline{33}\,\overline{33}, \quad t: \overline{34} \to \overline{34}\,4\,\overline{43}, \\
&t: \overline{34} \to \overline{43}\,\overline{33} \qquad \left(\text{後に}(\overline{44})^k\right), \\
&t: \overline{43} \to \overline{33}\,\overline{34} \qquad \left(\text{前に}(\overline{44})^k\right), \\
&t: \overline{34} \to \overline{34}\,4\,\overline{43} \qquad \left(\text{前に}\overline{333}\text{または}\overline{3333}\right), \\
&t: \overline{43} \to \overline{34}\,4\,\overline{43} \qquad \left(\text{後に}\overline{333}\text{または}\overline{3333}\right).
\end{aligned}
$$

OP_1-I：

$$
\begin{aligned}
&h: \overline{333} \to \overline{44}, \quad t: \overline{34} \to \overline{43}\,\overline{33}, \\
&t: \overline{43} \to \overline{33}\,\overline{34}, \quad h: \overline{44} \to \overline{33}\,\overline{33}, \quad t: \overline{434} \to \overline{33}.
\end{aligned}
$$

OP_1-II：

$$
\begin{aligned}
&h: \overline{44} \to \overline{33}\,\overline{33}, \quad t: \overline{43} \to \overline{33}\,\overline{34}, \\
&t: \overline{34} \to \overline{43}\,\overline{33}, \quad h: \overline{333} \to \overline{44}.
\end{aligned}
$$

wは回文（左から右に普通に読んだものと，逆に右から左に読んだものが同じになる）であることに注意しよう．環状拡大で得られるパッチPの境界許容語$w(P)$が$w(P)=(w\cdot w')^6$と表され，w'も回文になるように環状拡大をしていきたい．拡大がうまくいくことを確かめるには，回文w'が折り返す部分でうまくいくことと置換が支障なく続けてできることを示せばよい．

回文w'が折り返す部分でうまくいくことを示す際には，折り返し地点（鏡像対称のライン）が記号の真ん中になる場合を検証すればよい．

置換が支障なく続けてできることを示すためには，次の3つのことを示せばよい．

① 置換ができる．

② 置換した結果は与えられた記号による語になる（特に長さ4以上の記号が現れない）．

③ 置換した結果は再び，161ページの表4.4の条件を満たす記号列になる．

最後に，$\overline{44}$（正方形）の横並びの数の増え方を変えた4パターンの環状拡大の図を紹介する．6回対称性をもつタイリングを作っているので，6分の1だけ描いている．

図 4.29 4パターンの環状拡大の例

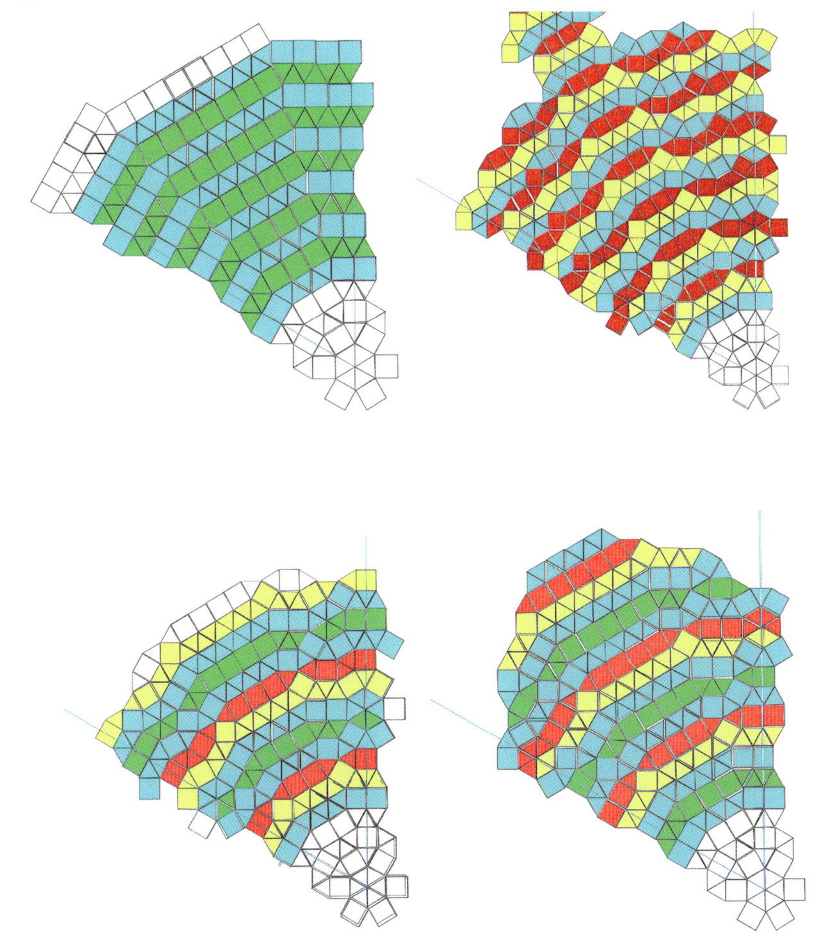

ここまで，正三角形と正方形をタイルにして，環状拡大でタイリングすることを考えてきた．これまで見てきた有名どころのタイリングは環状拡大で作れないのだろうか? Ammann-Beenkerタイリングが環状拡大されているならという「もしそうなら」で拡大の一周りごとに色を変えて塗り絵をしてみた．結果は，色の付いていない正方形のところだけ困るところがあったが，解消できないほどではなく，色を塗ることができた．

図 4.30　Ammann-Beenker タイリングは環状拡大で得られるか？

Ammann-Beenkerタイリングは環状拡大で得られることはわかっているようだ([64])．Ammann barがうまく使われている．だからというわけでもないが，Penroseタイリングでもできそうだ．よさそうなタイリングを見かけたら，環状拡大塗り絵をしてみよう．わざと，回転対称の中心から始めないのも面白い．

4.3　双曲平面タイリング

1.3まででタイリングを考えてきたユークリッド平面では，「平行線の公理」が成り立っていた．つまり，ある直線とその上にない一点が与えられたとき，その一点を通って与えられた直線に交わらない直線はただ1本だけある．この「平行線の公理」が成立しない非ユークリッド幾何には，与えられた直線に交わらない直線が2本以上あるという双曲幾何がある．このセクションでは，双曲平面において双曲多角形によるタイリングを考える．双曲幾何の世界は日常の世界とは異なる，言わば異世界である．そこでモデルを構築することで，世界を観測する．双曲平面のモデルには，上半平面モデルやポアンカレの円盤モデルがある．

上半平面モデル H^2

- H^2の全体は平面に引かれた水平な直線の上半部分（正確には複素平面の上半部分）.
- 無限遠点は最初に引かれた水平な直線上の点や上方の無限の彼方にある（図では∞と模式的に表した）点.
- 直線は実軸に直交する複素数平面上の円または直線.
- 角度は交点における接ベクトルのなす角度.

図 4.31　上半平面モデル

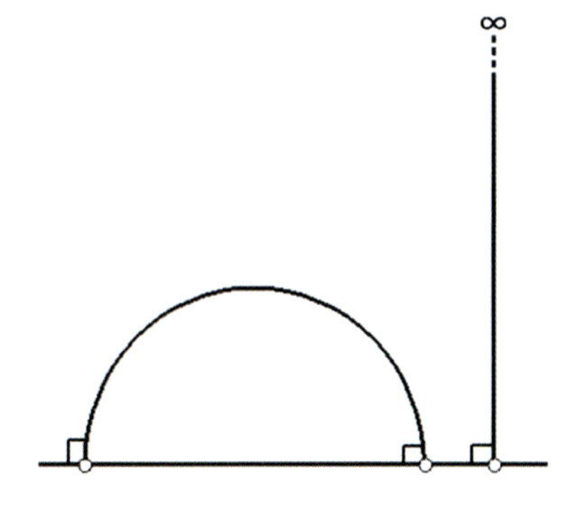

水平な直線に近づくにつれて，双曲五角形が縮小し，上方に向かうほど，拡大していくように見えるが，この世界ではそれらすべては同じ大きさである.

図 4.32　単一の双曲五角形によるタイリング

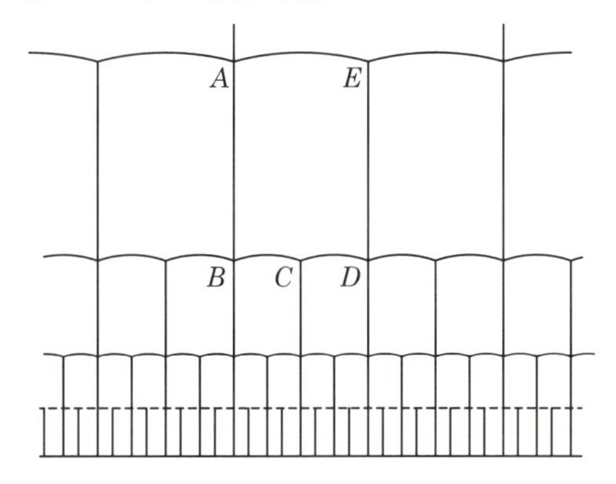

ポアンカレの円盤モデル D^2

図 4.33　ポアンカレの円盤モデル

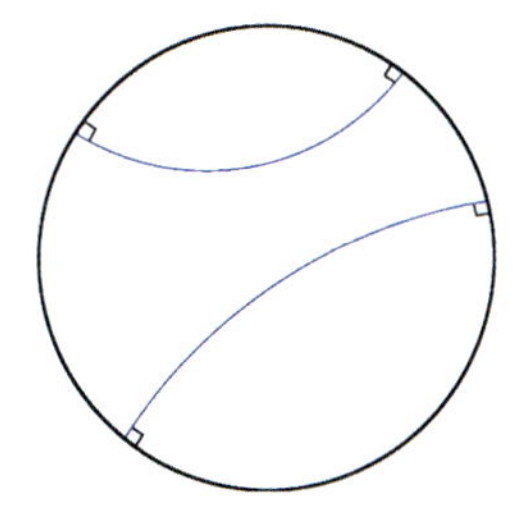

- 全空間は単位円盤.
- 無限遠点は境界の円周.
- 無限遠点に直交する円弧は直線.
- 角度は円弧同士の角度.

図 4.34　単一の双曲ひし形によるタイリング

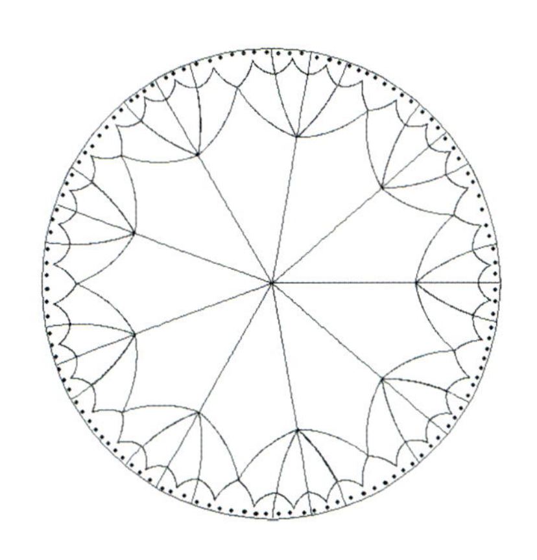

境界に近づくにつれて，ひし形が縮小していくように見えるが，この世界ではそれらすべては同じ大きさである.

上半平面モデルとポアンカレの円盤モデルは同型である．その対応のイメージを言葉で説明しよう．上半平面モデルの水平な直線を曲げながら縮めて，円盤モデルの，境界の円周から1点を除いたものに変形する．その際に上半平面を単位円板の内部に巻き込む．上半平面の上方の無限遠点は，円盤モデルの境界の円周から除いていた1点に来るようにする．

双曲n角形を鏡映により敷き詰めた双曲平面のタイリングに関しては，次のポアンカレの定理が知られている：

ポアンカレの定理

双曲n角形を鏡映により敷き詰めてタイリングができるための必要十分条件は「そのn角形の各内角がπを2以上の自然数で割った数となる」である．

例えば各内角が45°の双曲八角形でタイリング可能である．

必要性は，球面タイリングのところの38ページ下方と同じような議論をすればすぐわかる．十分性のほうは小島［91］が詳しい．［91］では双曲平面（2次元）のときだけでなく，一般次元の場合に証明が与えられている．

特に，双曲三角形による市松模様タイリングでは，a, b, cは2以上の自然数，内角がそれぞれ$180/a°$, $180/b°$, $180/c°$とするとき，双曲三角形の内角の和が180°より小さいので，$1/a + 1/b + 1/c < 1$となる．これをみたすa, b, c（$a \geq b \geq c$）の組は，例えば$(a, b, c) = (4, 4, 3)$がそうであるし，$(a,b,c) = (n,3,2)$，$n \geq 7$ $(a,b,c) = (n,4,2)$，$n \geq 5$ などのように無限に存在する．

エッシャー氏の作品に，「円の極限IV（天国と地獄）」という天使と悪魔がタイリングされた作品がある．エッシャー氏は，親交のあったコクセター氏から双曲幾何を学び，$(a,b,c) = (4,4,3)$ の双曲平面の市松模様タイリングをモチーフにしてこの作品を完成させたそうだ．

ここで，ユークリッド平面のタイリングにおける「周期性」,「非周期性」を振り返って，双曲平面のタイリングにおける「周期性」,「非周期性」について考えてみよう．

ここでも，基本領域から考える．

定義

領域が変換の基本領域（fundamental domain）であるとは，変換を続けて行うこと（合成）や逆に移すこと（逆変換）をすべて考え，これらの変換を使えば，その領域の点を全平面に散らばらせることができる過不足のない極小の領域であるときをいう．

領域がタイリングの基本領域（fundamental domain）であるとは，タイリングをそれ自身に移動する変換（タイリングを不変にする変換）をすべて考え，その変換を使えば，領域の点を全平面に散らばらせることができる過不足のない極小の領域であるときをいう．

双曲平面のタイリングにおける「周期性」,「非周期性」を考えるには，双曲平面において，平行移動といえるものがどのような変換かを考える必要がある．ユークリッド平面において扱ってきた平行移動や回転変換をもう一度，見直そう．ユークリッド平面には，点を決められた直線を対称軸にして，線対称な点に移すというよく知られている変換がある．線対称の軸である直線を鏡に見立てて，鏡映変換と呼ばれる．

- ユークリッド平面において，平行移動は平行な2つの直線を軸とする鏡映変換を続けて行ったものとみなせる．平行移動の移動の幅は平行な2つの直線の間隔の2倍になる．
- ユークリッド平面において，回転変換は交わる2つの直線を軸とする鏡映変換を続けて行ったものとみなせる．回転変換の回転角は交わる2つの直線のなす角度の2倍になる．

双曲平面において，2つの双曲平面での「直線」(円弧か直線）を軸とする鏡映変換を続けて行って得られる変換がどのような変換なのかを見てみよう．

双曲型変換

無限遠点でも交わらない平行な2直線を軸とする鏡映変換を続けて行ったもの．この変換は双曲平面上に不動点をもたない．基本領域は図の水色部分で与えられる．

図 4.35 双曲型変換のイメージ

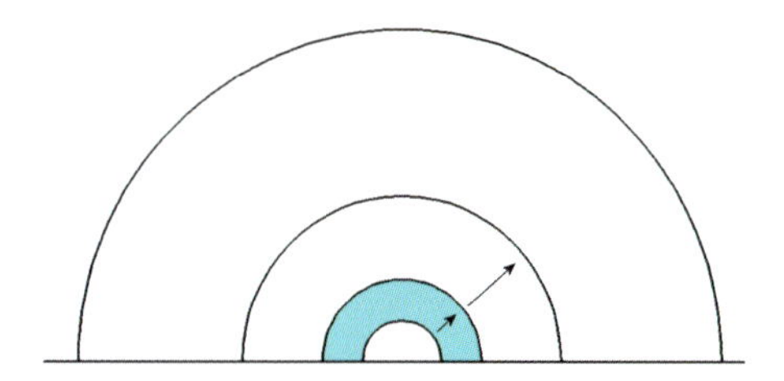

楕円型変換

交わる2直線を軸とする鏡映変換を続けて行ったもの．1点を不動点にもつ（図の場合は，iが不動点である）．基本領域は図の水色部分で与えられる．

図 4.36 楕円型変換のイメージ

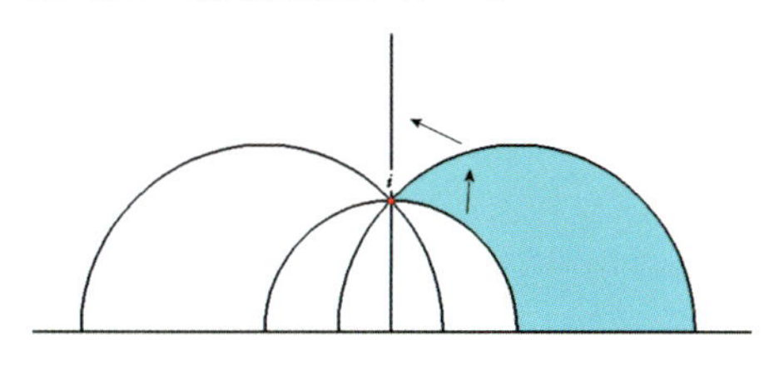

放物型変換

無限遠点で交わる平行な2直線を軸とする鏡映変換を続けて行ったもの．無限遠点が不動点である．基本領域は図の水色部分で与えられる．

図 4.37 放物型変換のイメージ

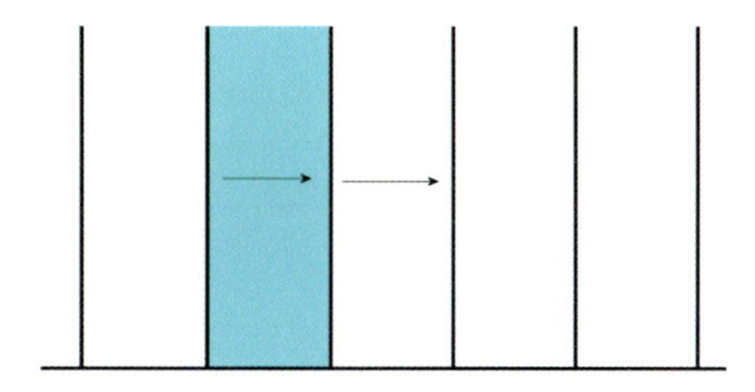

一見すると，放物型変換が双曲平面での平行移動にふさわしいと思ってしまいそうだが，タイリングに使用するタイルは，普通の多角形有限種類であり，無限遠点を頂点にもつものや辺の数が無限のものは使用しないので，放物型変換はタイリングと相性がよくない．放物型変換は言わば無限遠点を中心とする回転変換である．

双曲平面の平行移動として双曲型変換を採用する．

双曲平面におけるタイリングの非周期性の定義

(a) タイリングの基本領域が有界でない.

(b) タイリングが双曲型変換による対称性をもたない,

ユークリッド平面の場合と同様に，(b) ⇒ (a) は正しく，(a) ⇒ (b) は正しくない．[79] では，これら2つの証明の他に，(b) と同値な条件についても述べられている．

ここで，ユークリッド平面および双曲平面のタイリングにおいて，次の定義を与えることができる．ここより前に非周期と呼ばれていたのは，強非周期のことになる．

- タイリングが (a) を満たすとき，そのタイリングを弱非周期的 (weakly non − periodic) タイリングと呼ぶ．また，タイリングが (b) を満たすとき，そのタイリングを強非周期的 (strongly non − periodic) タイリングと呼ぶ．
- (a) を満たすようなタイリングの存在だけを許すプロトタイルの組を弱非周期 (weakly aperiodic) プロトタイルと呼ぶ．また，(b) を満たすようなタイリングの存在だけを許すタイルの組を強非周期 (strongly aperiodic) プロトタイルと呼ぶ．

注意：(b) は「タイリングが無限位数をもつ変換による対称性をもたない」と言い換えることができる．変換が無限位数をもつとは，その変換を何度繰り返したとしても，すべての点を動かすことのない変換 (恒等変換) にならないときをいう．このように言い換えられた (b) は一般の場合に適用できる．平面では平行移動，空間では平行移動やスクリュー回転は無限位数をもつ．これより，2.2.3の「コンウェイの二重プリズム」は弱非周期的となる．

(b) ⇒ (a) の反例となるタイリングを描いていくことにしよう．それはPenroseにより与えられた次の上半平面モデルにおける双曲五角形によるタイリングである ([85])．

上半平面モデルにおける「直線」には円や直線がある．ここでは，上半平面モデルにおける「直線」をすべて測地線と呼ぶことにする．

図 4.38　Penrose の双曲五角形

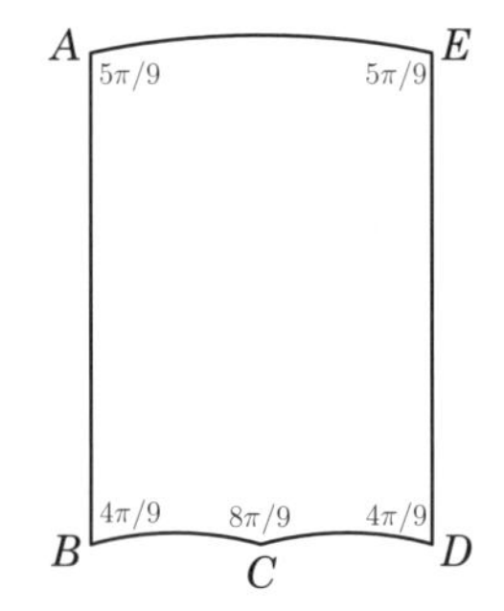

図 4.39 測地線 l, m

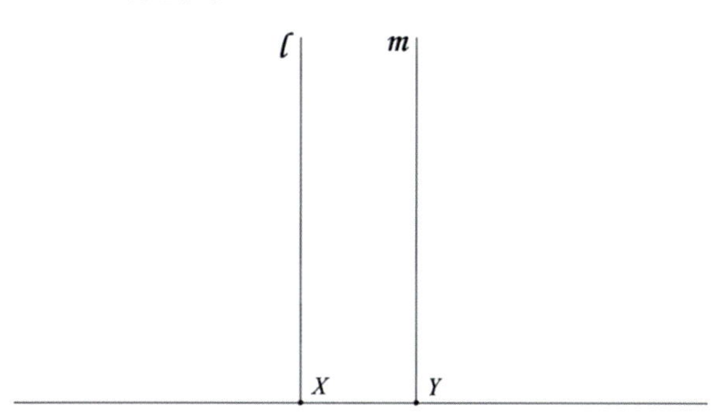

測地線l, mを引く.

図 4.40 測地線 a

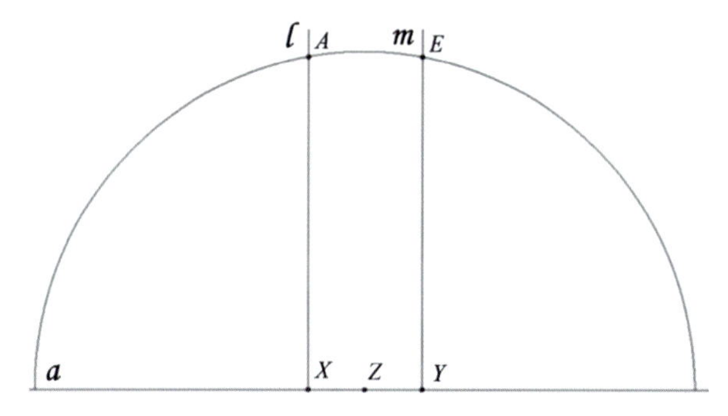

次に, ∠XAE = ∠YEA = 5π/9となるような測地線aを引く.

図 4.41 測地線 b

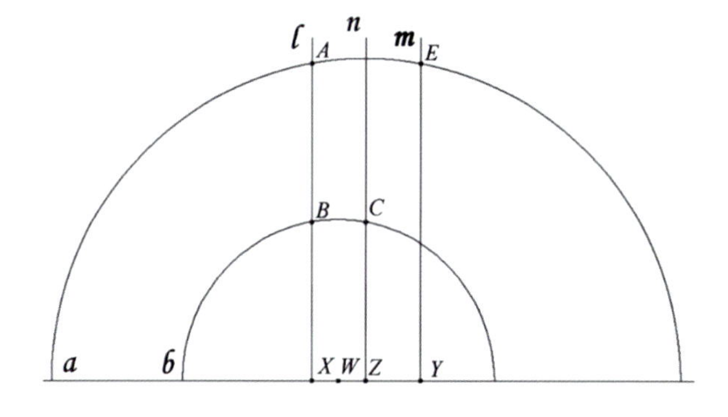

さらに, ∠XBC = ∠ZCB = 5π/9となる測地線bを引く.

図 4.42 双曲五角形 ABCDE

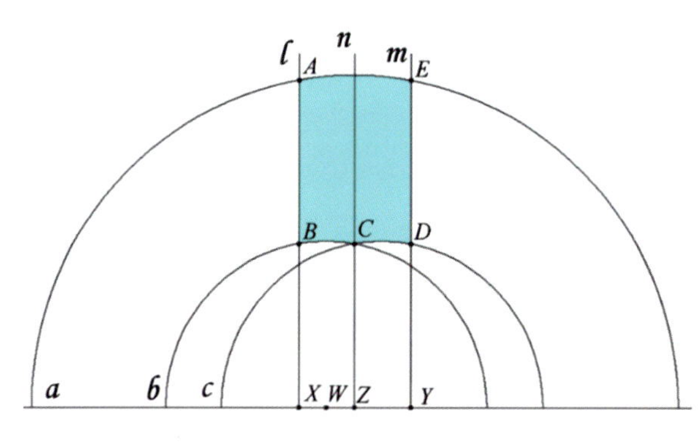

cをnにおける鏡映とする. このとき, ∠ZCD = ∠YDC = 5π/9となる. そうして, 角度∠BAE = ∠DEA = 5π/9, ∠ABC = ∠EDC = 4π/9, ∠BCD = 8π/9をもつ水色の双曲五角形を描くことができる.

図 4.43　双曲五角形 BFGHC

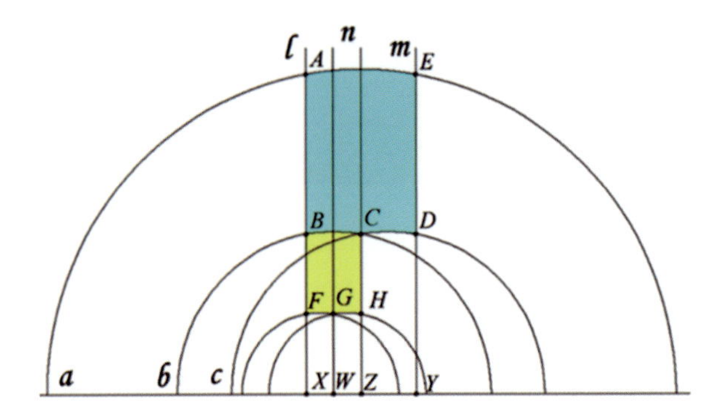

同様にして，角度$\angle FBC = \angle HCB = 5\pi/9$, $\angle BFG = \angle CHG = 4\pi/9$, $\angle FGH = 8\pi/9$をもつ黄色の双曲五角形を描くことができる．

水色と黄色の双曲五角形は双曲変換で合同である．

図 4.44　双曲五角形間の双曲変換

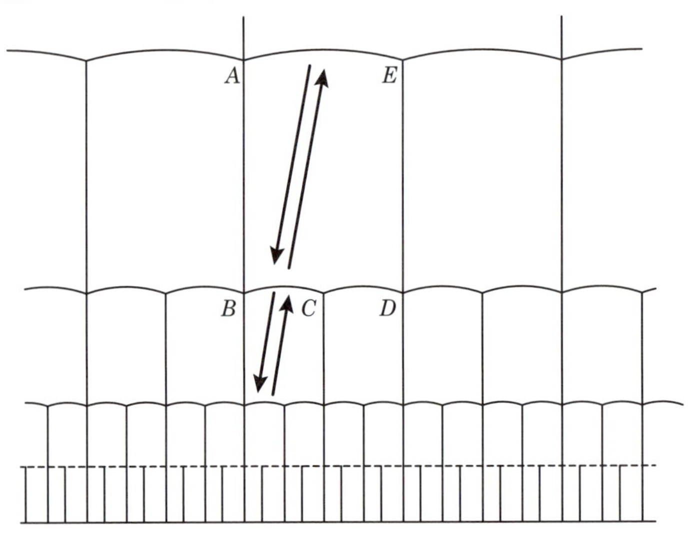

この要領で次のタイリングが描かれる．双曲変換で矢印のように移り合う．

基本領域は次の図の水色の領域となり，有界ではない．

図 4.45 基本領域（水色）

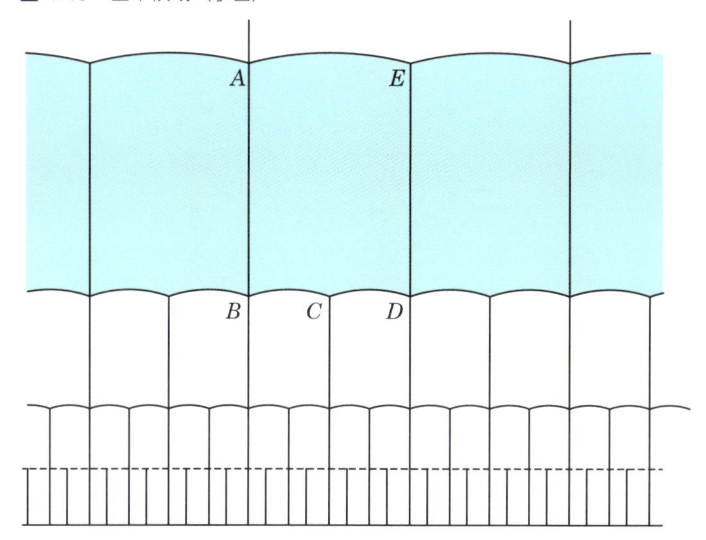

今度は楕円型変換（ユークリッド平面における回転に相当）による対称性のみをもつタイリングを構成してみよう．単位円盤モデルにおいて，右の双曲ひし形 T によるタイリングを考える．

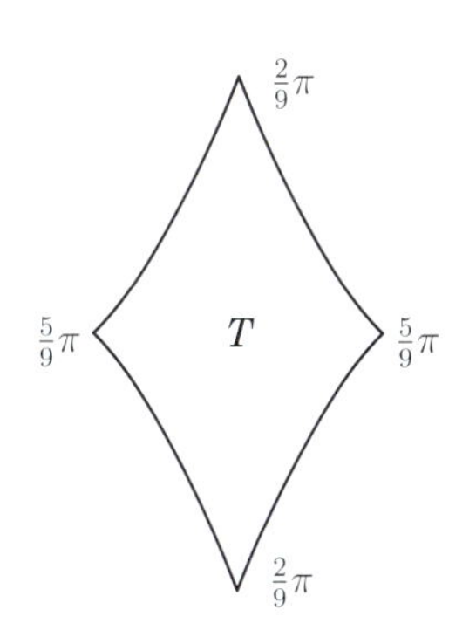

6つの文字 $2, 5, \overline{22}, \overline{55}, \overline{25}, \overline{52}$ を用意（22, 55なども1文字と考える）する．

2, 5は境界上の次数2の頂点で，それぞれ角度 $\dfrac{2}{9}\pi$，$\dfrac{5}{9}\pi$ をもつ．

$\overline{22}, \overline{55}, \overline{25}, \overline{52}$ は次数3の頂点で，角度を反時計まわりに記述したものである．

境界許容語になるための条件は隣り合う2つの文字において $\overline{25}$ または $\overline{52}$ のパターンで巡回的につながっていなければならないというものである．例えば，

$2\ \overline{55}\ 2\ \overline{55}\ 2\ \overline{52}\ 5\ \overline{25}\ 2\ \overline{52}\ 5\ \overline{25}\cdots$ ○

$2\ \overline{55}\ 2\ \overline{55}\ 2\ \overline{52}$ **2** $\overline{25}\ 2\ \overline{52}\ 5\ \overline{25}\cdots$ ×

2 $\overline{55}\ 2\ \overline{55}\ 2\ \overline{52}\ 5\ \overline{25}\ 2\ \overline{52}\ 5\ \overline{22}\cdots$ ×

である．

パッチの境界許容語から置き換え規則によって再び境界許容語が生成されるためには，置き換え規則の像の終わりが2であるもの $\overline{22}$，$\overline{52}$ の次が5で始まるもの $\overline{52}, \overline{55}$ でなければならない．置き換え規則によって再び境界許容語が生成されれば環状拡大が可能である．

図 4.46　使用する頂点配置

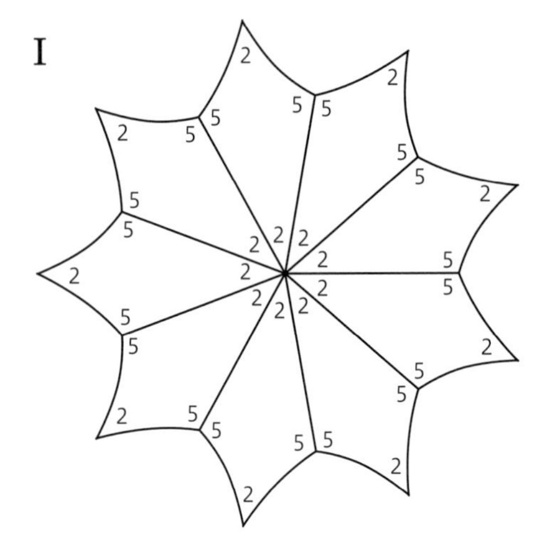

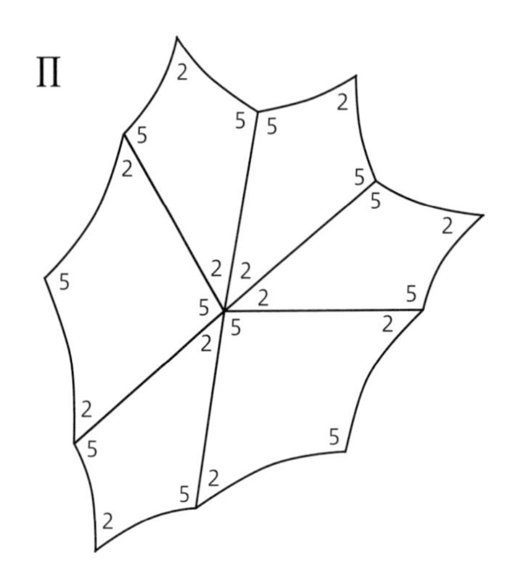

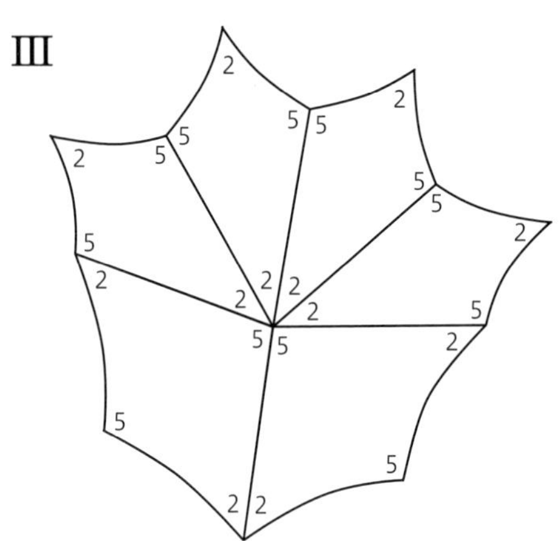

頂点配置I（Pとする）から始め，置き換え規則を繰り返して環状拡大していくことを考える．置き換え規則を次の4つに制約して，Pから環状拡大可能であることを証明することができる．

$\alpha : 2 \to \overline{25}\,2\,\overline{55}\,2\,\overline{55}\,2\,\overline{52}$　（頂点配置IIをはめ込む）

$\beta : \overline{55} \to \overline{55}\,2\,\overline{55}\,2\,\overline{55}$　（頂点配置IIIをはめ込む）

$\gamma : \overline{25} \to \overline{25}\,2\,\overline{55}\,2\,\overline{55}$　（頂点配置IIをはめ込む）

$\delta : \overline{52} \to \overline{55}\,2\,\overline{55}\,2\,\overline{52}$　（頂点配置IIをはめ込む）

Pは9回対称性をもっている．Pの境界許容語は，
$2\,\overline{55}\,2\,\overline{55}\,2\,\overline{55}\,2\,\overline{55}\,2\,\overline{55}\,2\,\overline{55}\,2\,\overline{55}\,2\,\overline{55}\,2\,\overline{55} = \left(2\,\overline{55}\right)^9$ である．

制約された3つの置き換え規則によってPから環状拡大されたパッチは，9回対称性をもつ．また，Pと合同な頂点配置は最初の1つのみとなるので回転以外の対称性はもたない．

$P \Rightarrow P_1$ への環状拡大

置き換え規則 α, β によって再び境界許容語が生成されるので，環状拡大が可能である．

$Pn \Rightarrow P_{n+1}$ $(n \geqq 1)$ への環状拡大

P_n まで環状拡大可能と仮定する．4つの置き換え規則による像に現れる文字は $2, \overline{55}, \overline{25}, \overline{52}$ の4つのみなので，P_n の境界許容語はこれら4つの文字で生成されている．

境界許容語になるための条件は，次のオートマトン上の閉路となることである．

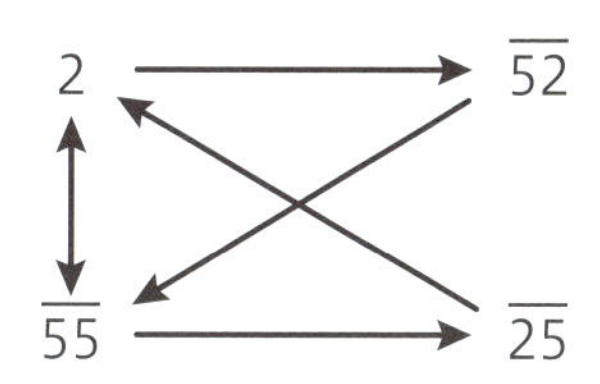

境界許容語のsubstitution α, β, γ, δ による像は次のオートマトンの閉路になる．

図 4.47 α, β, γ, δ が作るオートマトンの閉路

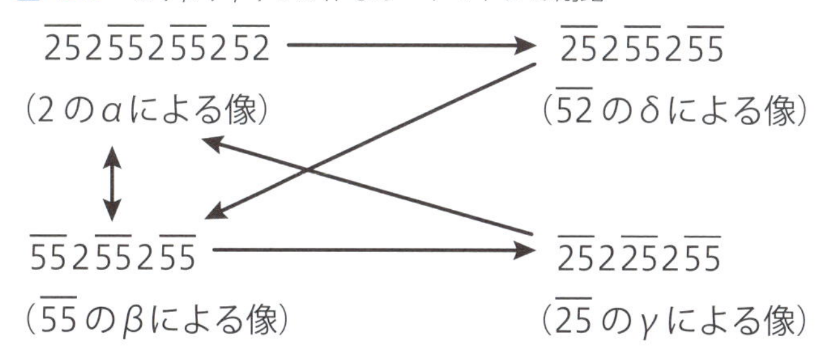

この閉路は前ページのオートマトンの閉路になることが確かめられ，境界許容語を与える．

ゆえに，P_n から P_{n+1} $(n \geqq 1)$ への環状拡大が可能である．

図 4.48　楕円型変換による９回対称性をもつ双曲タイリング

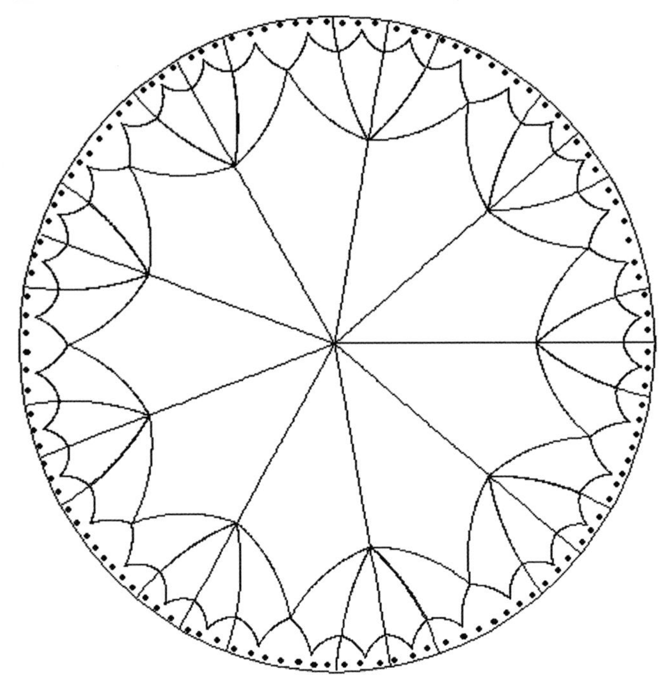

さらに，環状拡大を用いてみよう．ユークリッド平面の場合，厳密に11個のアルキメデスタイリングが存在して，それらのすべては周期的で一様であるということは知られている．双曲平面はユークリッド平面より自由度が高いので，単純な分類を期待することはできない．Goodman-Straussは数えきれないほどたくさん（非可算個）の，2つのプロトタイルによるnon-periodicアルキメデスタイリングの構造を与えた（[70]）．

ここでは，次のようなタイリングを考えよう（[1]）．

定理（[1]）

弱非周期プロトタイルである1つの双曲菱形による単一の頂点配置をもつ非可算種類からなる強非周期双曲平面タイリングの族が構成できる．

環状拡大のプロセスを思い出そう．パッチから始めて，そのパッチの境界の各頂点に頂点配置をはめ込む．境界のすべての頂点に頂点配置をうまくはめ込むことができれば，ひと周り大きなパッチが得られる．このひと周り大きなパッチを1番目の拡大パッチと呼ぶ．$k = 2, 3, \ldots$ に対して，k番目の拡大パッチを，$(k-1)$番目の拡大パッチの境界にあるすべての頂点にうまく頂点配置をはめ込んだことによって得られるパッチであると帰納的に定義する．同様の拡大を無限に繰り返すことができれば，タイリングが得られる．拡大の各ステップは，パッチの境界の角度の語によって表すことができる．

MargulisとMozesによって発見された弱非周期性プロトタイルを使用する．環状拡大を用いて，動かせない（動く変換を許さない）強非周期双曲タイリングを構成する．[83]において，Margulis

とMosesは補題として次のことを示している．

「面積がπの有理数倍ではない単一のタイルで構成されるプロトタイルは，弱非周期的である．」

この補題を使用することで，図4.49に示すように，単一の双曲線ひし形タイルで構成される弱非周期プロトタイルを構成する．

図 4.49 双曲ひし形タイル

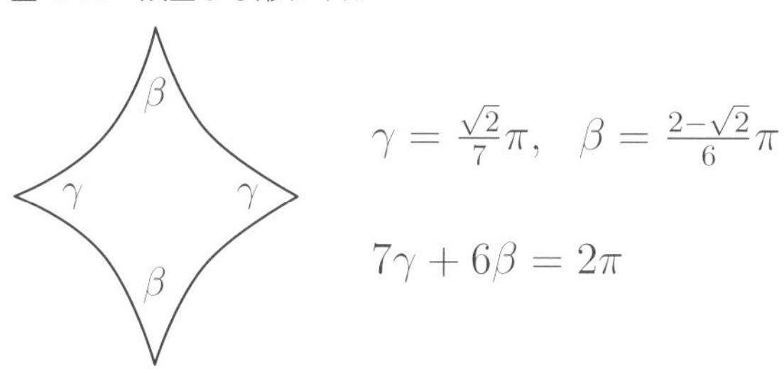

図4.49では，記号βまたはγは，それぞれ角度$\beta = \dfrac{(2-\sqrt{2})\,\pi}{6}$または$\gamma = \dfrac{\sqrt{2}\pi}{7}$をもつ頂点を表す．

β，γおよびπの間には，$6\beta + 7\gamma = 2\pi$ が整数を係数とする（整数倍を除いて）唯一の関係式であることに注意する．この双曲線ひし形タイルを使う．次の14個の記号を用意する：

$$\beta,\ \gamma,\ \overline{\beta\beta},\ \overline{\beta\gamma},\ \overline{\gamma\beta},\ \overline{\gamma\gamma},$$
$$\overline{\beta\beta\beta},\ \overline{\beta\beta\gamma},\ \overline{\beta\gamma\beta},\ \overline{\beta\gamma\gamma},\ \overline{\gamma\beta\beta},\ \overline{\lambda\beta\gamma},\ \overline{\gamma\gamma\beta},\ \overline{\gamma\gamma\gamma}.$$

ここで，a, $\overline{ab}$または$\overline{abc}$は，それぞれパッチの境界にある次数2，3，または4の頂点を表す．

例えば，図4.50に示すように，$\overline{\beta\beta\gamma}$ は，角度β，β，γが反時計回りに集まる境界にある次数4の頂点を示す．

図 4.50 頂点を表す記号

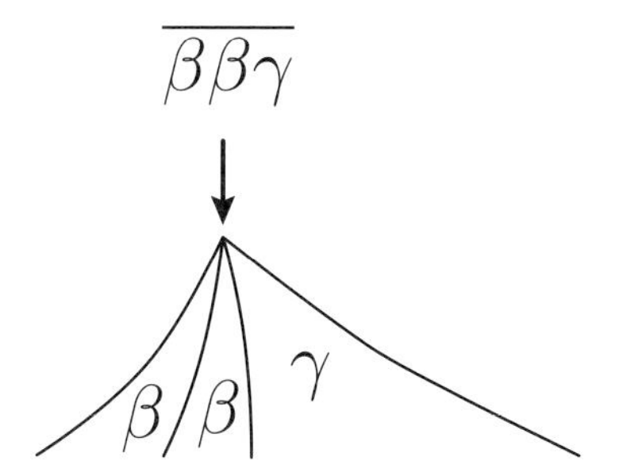

図 4.51　頂点配置

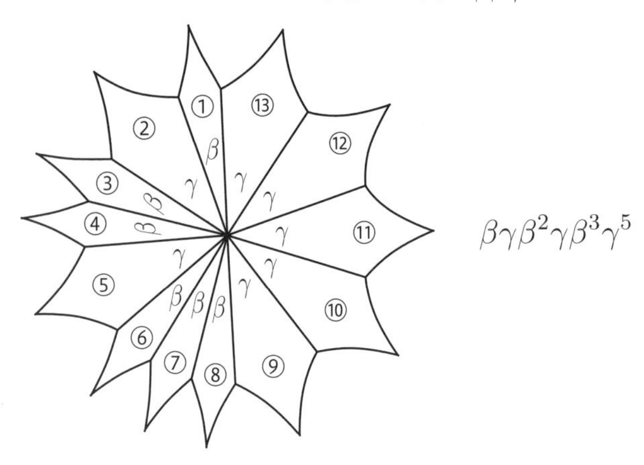

図4.51のような，中心$(\beta, \gamma, \beta^2, \gamma, \beta^3, \gamma^5)$をもつ頂点配置を用いる．

また，便宜上，図4.51に示すように，インデックス①～⑬を追加する．

$C = \{$①, ⋯, ⑬$\}$をインデックスのセットとし，C内のインデックス「色（color）」と呼ぶ．頂点配置をパッチの境界の頂点にはめ込むとき，この置き換え規則を記号で表すために，境界に表示される角度の記号に色を追加することにする．例えば，図4.52では，パッチの境界にある頂点$\beta\ \gamma$を色④⑤で重ねることで頂点配置をはめ込んでいる．

図 4.52　置き換え規則 $\beta\ \gamma$ ＝④⑤

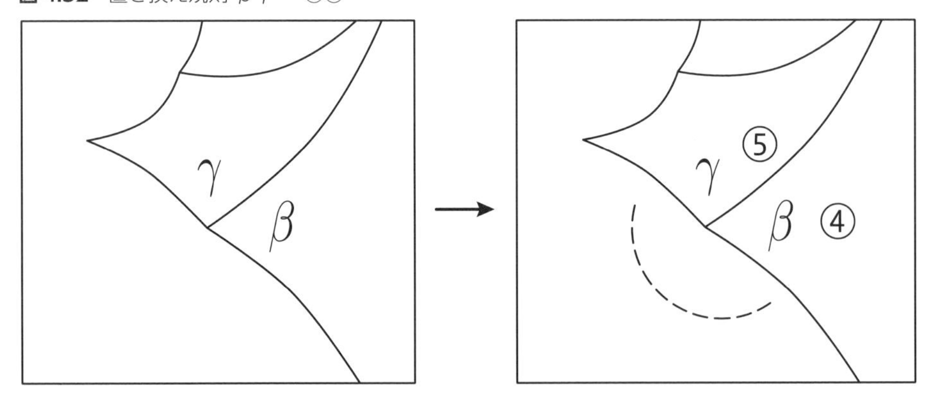

頂点のシンボルの場合，頂点配置をはめ込む方法がいくつかある場合がある．図4.52のように色の追加 $\beta\gamma$ ＝④⑤で置き換え規則を表す．環状拡大によって双曲面上のタイリングを得るには，頂点配置をパッチの境界のすべての頂点にはめ込む必要がある．

図 4.53 色付きタイルα，$\overline{\alpha}$

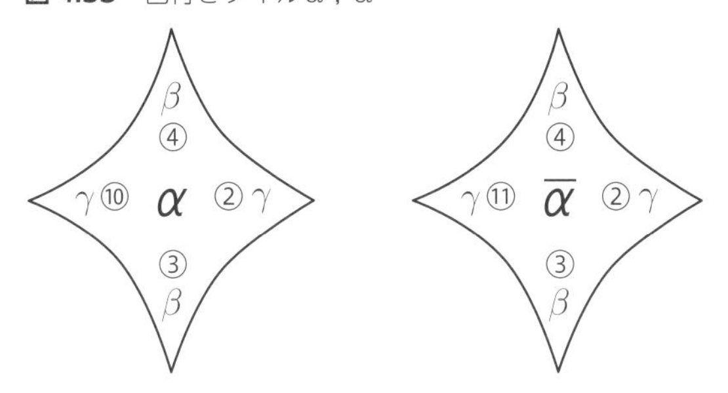

図4.53に示すように，特定の色付きタイルαと$\overline{\alpha}$を考える．つまり，色付きαには，時計回りの順で④②③⑩という色が指定されている．色付き$\overline{\alpha}$には，時計回りの順で④②③⑪という色が指定されている．

図 4.54 αから始めた最初の環状拡大

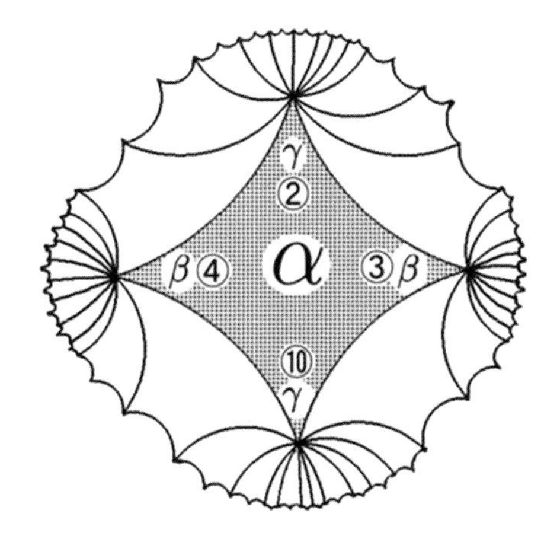

環状拡大を1つのαから始める．

図4.51の頂点配置により，最初の環状拡大の結果は図4.54に示すとおりであることがわかる．このパッチの境界の角度にまだ色を割り当てていないことに注意する．2番目の環状拡大は，図4.54のパッチの境界にあるタイルに色を割り当てることによって指定される．

図4.55のように，αと$\overline{\alpha}$の列が角度γで接続されたタイリングを構成することが戦略となる．この列（αと$\overline{\alpha}$の列）を「螺旋列」と呼ぶ．この列内の隣接するタイルは，色②の角度と，⑩または⑪のいずれかの角度で接合される．さらに，タイリング内のすべてのαタイルは，螺旋列に含まれている必要がある．つまり，螺旋列の外側はα以外のタイルで構成されている必要があり，そのために，どの置き換え規則をどのように使うかも，この構成において重要となる．環状拡大を繰り返すことで，このようなタイリングを構成することができる．

図 4.55　$\overline{\alpha}$，α の螺旋列をもつ双曲タイリング

螺旋列において，色付きタイル α または $\overline{\alpha}$ がどのように接合されるかは論文において次の図のように示されている（これらの図は，林浩子さん（論文 [60]）によるものである）．

図 4.56 論文より

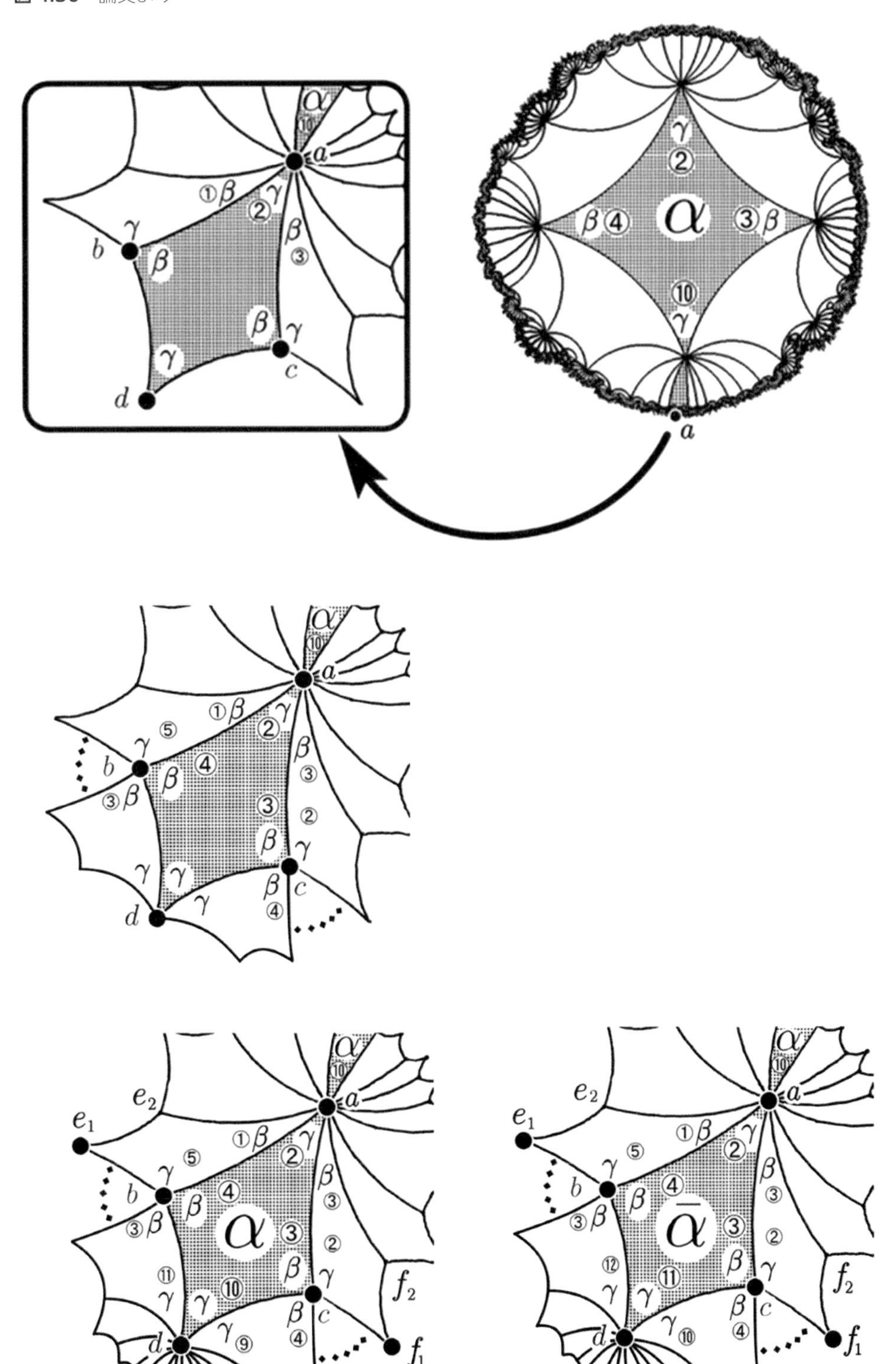

おわりに

私はこれまでいろいろなことを研究テーマにしてきましたが，タイリングが一番研究年数が長くなっています．

これからもタイリングの研究を続けていくことでしょう．

この本を読んでいただいて，タイリングの面白さが少しでもお伝えできていれば嬉しいです．本に書いているのは，タイリングとその周辺のほんの入り口にすぎません．

タイリングにはまってもらって，ぜひ一緒に楽しみましょう。

参考文献

第1章・第2章

[1] Y. Agaoka and Y. Ueno, Classification of tilings of the 2-dimensional sphere by congruent triangles,Hiroshima Math. J., 32, (2002), 463-540.

[2] Y. Akashi, H. Ei and K. Komatsu, On folding of planar regular hexagon rings, Preprint.

[3] R. Byrnes, Metamorphs: Transforming Mathematical Surprises 英語版 Tarquin Pubns (1999).

[4] H.S.M. Coxeter, The simplicial helix and the equation tan n θ = n tan θ, Canad. Math. Bull., Vol.28(4), (1985), 385-393.

[5] H. Ei, H. Hayashi and K. Komatsu, Analysis of the motion of the pop-up spinner,Forma 31, (2016), 1-5.

[6] H. Ei, H. Hayashi and K. Komatsu, On folding of planar regular pentagon rings, Nihonkai Math. J., 31, (2020), 45-58.

[7] G. Escher, Folding Rings of Eight Cubes, M.C. Escher's Legacy (eds. M.Emmer and D.Schattschneider), Springer-Verlag, (2003), 343-352.

[8] S. Goto and K. Komatsu, The configuration space of a model for ringed hydrocarbon molecules, Hiroshima Math.J., 42, (2012), 115–126.

[9] S. Goto, K. Komatsu and J. Yagi, The configuration space of almost regular polygons, Hiroshima Math.J., 50, (2020), 185-197.

[10] K. Hayashida, T. Dotera, A. Takano, and Y. Matsushita, Polymeric Quasicrystal: Mesoscopic Quasicrystalline Tiling in ABC Star Polymers, Phys. Rev. Lett., 98, 195502, (2007).

[11] T. Hull, Project Origami: Activities for Exploring Mathematics (2nd Ed.), A K Peters/CRC Press; (2012) (邦訳 羽鳥 公士郎(翻訳), ドクター・ハルの折り紙数学教室, 日本評論社 (2015)).

[12] K.S. Kedlaya, A. Kolpakov, B. Poonen, M. Rubinstein, Space vectors forming rational angles, arXiv:2011.14232v1 [math.MG].

[13] J. O'Rourke, How to fold it: The Mathematics of Linkages, Origami and Polyhedra. Cambridge University Press (2011),（日本語訳「折り紙のすうり」近代科学社, (2012), 上原隆平訳）.

[14] R. Penrose, The of aesthetics in pure and applied mathematical research. Bull.Inst.Math. Appl. 10, (1974), 266-271.

[15] (2 章 [85]), R. Penrose, Pentaplexity:A class of non-periodic tilings of the plane, Math. Intelligencer 2, (1979), 32–37.

[16] J.F. Sadoc and N. Rivier Boerdijk-Coxeter helix and biological helices, Eur. Phys. J. B 12, (1999), 309–318.

[17] Doris Schattschneider, John Conway, Tilings, and Me
The Mathematical Intelligencer, volume 43, pages124–129 (2021)

[18] Doris Schattschneider, Wallace Walker, M.C. Escher Kaleidocycles, Taschen America Llc, (2022).

[19] M. Senechal, Which tetrahedra fill space ?, Mathematics Magazine, 54, (1981), 227–243.

[20] M. Senechal, Shaping Space: Exploring Polyhedra in Nature, Art, and the Geometrical Imagination, Springer, (2013).

[21] D. Shechtman, I. Blech, D. Gratias, and J. W. Cahn, Metallic Phase with Long-Range Orientational Order and No Translational Symmetry: Phys. Rev. Lett., 53, (1984), 1951–1953.

[22] M. Yoshida and E. Osawa, Formalized Drawing of Fullerene Nets. 1. Algorithm and Exhaustive Generation of Isomeric Structures,Bull.Chem.Soc.Jpn., 68, (1995), 2073-2081.

[23] 明石悠平, 江居宏美, 小松和志, 正六角形リングパズル, (Regular hexagon ring puzzule), プレプリント.

[24] 秋山仁, 松永清子, 新しい算数の話 6年生 (シリーズ朝の読書の本だな), 東京書籍, (2013).

[25] 秋山久義, キューブパズル読本, 新紀元社, (2004).

[26] 池野信一, 高木茂男, 土橋創作, 中村義作, 数理パズル, (中公新書 427), 中央公論新社, (1982).

[27] 上地明徳, 与儀奈央, 山内昌哲, Substitution rule による大きな平面的正五角形リングの構成, 高知大学理工学部紀要, 第5巻(2022), No. 1.

[28] 江居宏美, 林浩子, 小松和志, 正五角形リングパズル, (Regular pentagon ring puzzle), 高知大学理工学部紀要, 第1巻, (2018), No. 6.

[29] 大澤 映二, Q&A(第3回), 炭素, 2003巻 208号, (2003), 150-153.

[30] 岡村駿, フラーレン多面体の組み合わせ構造についての研究. 修士論文, 高知大学, (2016).

[31] 小沢健一 (編), 数学教育協議会 (編), 算数・数学おもちゃ箱—作って・さわって・遊ぶ (「数学教室」別冊 (6)), 国土社, (1998).

[32] 河内美智, 久保田典子, 小松和志, 筒井公平, ものづくり幾何教材を用いた小学校における授業の設計と実践例, 高知大学理工学部紀要, 第2巻(2019), No. 11.

[33] 川村みゆき, 多面体の折紙—正多面体・準正多面体およびその双対, 日本評論社, (1995).

[34] 木村夏綺, 小松和志, 螺旋の伸縮とポップアップスピナー, 投稿中.

[35] 銀林浩 (編), 数学教育協議会 (編), 算数・数学なぜなぜ事典, 日本評論社, (1993).

[36] 小松和志, 静川早希, キューブ・リングについての考察, (On Cube・rings), 高知大学理工学部紀要, Vol. 4, (2021), No. 7.

[37] 小松和志, 外山海仁, 切稜立方体を用いた球形ユニット曲線折り紙, 高知大学理工学部紀要, Vol. 6, (2023), No. 2.

[38] 小松和志, 平口敦基, 森本雅智, キャンディの包み紙原理, (Candy wrapping paper principle), 高知大学理工学部紀要, Vol.2, (2019), No. 7.

[39] 小松和志, 星志津李, 球面タイル貼りを用いた「しぼり」をもつ球形曲線折り, 高知大学理工学部紀要, Vol.5, (2022), No. 7.

[40] 佐藤郁郎, 中川宏, 多面体木工 (増補版), NPO法人 科学協力学際センター, (2011).

[41] 篠原昭, 衣服の幾何学, 光生館, (1997).

[42] 高木茂男, Play puzzle―パズルの百科2, 平凡社, (1981).

[43] 谷克彦, 美しい幾何学, 技術評論社, (2019).

[44] 坪田耕三, ハンズオンで算数しよう―見て, さわって, 遊べる活動, 東洋館出版社, (1998).

[45] 戸村浩, 時空の積木, 日本評論社, (1992).

[46] 難波誠, 群と幾何学, 現代数学社, (1997).

[47] 福田すずか, 等面菱形多面体を用いた球形曲線折り紙, 卒業論文, 高知大学理工学部数学物理学科数学コース, (2023年度).

[48] 深谷賢治, 双曲幾何 (現代数学への入門), 岩波書店.

[49] 前川淳, 空想の補助線―-幾何学, 折り紙, ときどき宇宙, みすず書房, (2023).

[50] 前原潤, 桑田孝泰, 知っておきたい幾何の定理 (数学のかんどころ 3), 共立出版.

[51] 政春尋志, 地図投影法, 朝倉書店, (2011).

[52] 松田道雄, パズルと数学II (数学教育叢書〈第4〉), 明治図書, (1958).

[53] 三谷純, ふしぎな球体・立体折り紙, 二見書房, (2009).

[54] 三谷純, 立体ふしぎな折り紙, 二見書房, (2011).

[55] 三谷純, 立体折り紙アート 数理がおりなす美しさの秘密, 日本評論社. (2015).

[56] 三谷純, 曲線が美しい立体折り紙 (レディブティックシリーズno.4463), ブティック社, (2017).

[57] 三谷純, 曲線 折り紙デザイン 曲線で折る7つの技法, 日本評論社, (2018).

[58] 山本陽平, 三谷純, 文様折り紙テクニック 1枚の紙から幾何学模様を生み出す「平織り」の技法, 日本評論社, (2022).

[59] トゥンケン・ラム, 折り紙と数学: 折って考える美しい形 (アルケミスト双書), 創元社, (2023).

第3章・第4章

[60] K. Ahara, S. Akiyama, H. Hayashi and K. Komatsu, Strongly nonperiodic hyperbolic tilings using single vertex configuration, Hiroshima Math. J., Vol.48, Number 2, (2018), 133-140.

[61] S. Akiyama and Y. Araki, An alternative proof for an aperiodic monotile [arXiv:2307.12322].

[62] R. Ammann, R,B. Grunbaum and G. C. Shephard, Aperiodic tiles, Discrete Comput. Geom., 8, (1992), 1-25.

[63] F.P.M. Beenker: Algebraic theory of non-periodic tilings of the plane by two simple building blocks:a square and a rhombus, PhD. thesis, Eindhoven University of Technology, 82-WSK04, (1982).

[64] Cheng Cai, Longguang Liao, Xiujun Fu , Vertex configuration rules to grow an octagonal Ammann-Beenker tiling, Physics Letters A, Vol. 383, (2019), 2213-2216.

[65] K. Culik, 1996 An Aperiodic Set of 13 Wang TilesDiscrete Mathematics Volume 160 Issue 1-3, 245-251.

[66] N.G. de Bruijn, Algebraic theory of penrose's non-periodic tilings of the plane I,II, Indag.

Math., 43, (1981), 39-66.

[67] N.G. de Bruijn, Updown generation of penrose patterns, Indag. Math. New Series, 1, (1990), 201-220.

[68] H. Ei, T. Kasashima and K. Komatsu, On non-periodic 3-Archimedean tilings with 6-fold rotational symmetry using regular triangles and squares, Preprint.

[69] C. Goodman-Strauss, Matching rules and substitution tilings, Annals of Mathematics, 147, (1988), 181-223.

[70] C. Goodman-Strauss, Regular production systems and triangle tilings, Theoret. Comput. Sci. 410 (2009), no. 16, 1534–1549.

[71] B. Grünbaum and G.C. Shephard, Tilings and Patterns, W.H.Freeman and Company, New York, (1987).

[72] H. Hayashi and Kazushi Komatsu, The Subdivision of the Window Derived from Finite Subsequences of Fibonacci Sequences,Nihonkai Math. J., 22, (2011), 59-66.

[73] C. Hillman: Sturmian dynamical systems, PhD. thesis, University of Washington, (1998).

[74] E. Jeandel and M. Rao. An aperiodic set of 11 Wang tiles. Adv. Comb., pp. Paper No. 1, 37, (2021).

[75] J. Kari, A small aperiodic set of Wang tiles, Discrete Mathematics, Volume 160 Issue 1-3, (1996), 259-264.

[76] K. Kato, K. Komatsu, F. Nakano, K. Nomakuchi, M. Yamauchi, Remarks on 2-dimensional quasiperiodic tilings with rotational symmetries, Hiroshima Math.J.38, (2008), 385–395.

[77] N. Kinoshita and K. Komatsu, An example of a quasiperiodic 3-Archimedean tiling by regular triangles and squares, Kochi Journal of Math., 9, (2014), 121-125.

[78] N. Kinoshita and K. Komatsu, On non-periodic 3-Archimedean tilings with 6-fold rotational symmetry, Hiroshima Math. Journal, 45, (2015), 137-146.

[79] S. Kishimoto and K. Komatsu, On non-periodicity for tilings in the hyperbolic plane, Kochi Journal of Math., 9, (2014), 145-152.

[80] K. Komatsu, Periods of cut-and-project tiling spaces obtained from root lattices, Hiroshima Math. J.Volume 31, Number 3, (2001), 435-438.

[81] Peter J. Lu and Paul J. Steinhardt, Decagonal and Quasi-Crystalline Tilings in Medieval Islamic Architecture, Science 315, (2007), 1106-1110

[82] Peter J. Lu and Paul J. Steinhardt, Supporting Online Material for Decagonal and Quasi-crystalline Tilings in Medieval Islamic Architecture. Retrieved on April 15, (2007) from http://www.sciencemag.org/cgi/content/full/315/5815/1106/DC1.

[83] G.A. Margulis and S. Mozes, Aperiodic tilings of the hyperbolic plane by convex polygons, Israel J. Math. 107, (1998), 319–325.

[84] K. -P. Nischke and L. Danzer, A construction of inflation rules based on -fold symmetryr, Discrete Comput. Geom., 15, (1996), 221-236.

[85] (1 章 [14]) R. Penrose, Pentaplexity: A class of non-periodic tilings of the plane, Math.

Intelligencer 2, (1979), 32–37.

[86] M. Senechal, Quasicrystals and geometry. Cambridge University Press. 1995.

[87] D. Smith, J.S. Myers, C.S. Kaplan. and C. GoodmanStrauss. An aperiodic monotile. arXiv:2303. 10798.

[88] D. Smith, J.S. Myers, C.S. Kaplan, and C. GoodmanStrauss. A chiral aperiodic mono tile. arXiv:2305. 17743.

[89] J.E.S. Socolar and J.M. Taylor, An aperiodic hexagonal tile, Journal of Combinatorial Theory, Vol.18, (2011), 2207-2231.

[90] 笠嶋拓也, 正三角形と正方形を用いた6回回転対称性を持つ非周期的3-Archimedean タイリングについて, 修士論文, 弘前大学理工学研究科理工学専攻数物科学コース, (2022).

[91] 小島定吉, 多角形の現代幾何学, 牧野書店, (1993).

索引

英字

あ行

か行

さ行

ま行

や行

ら行

わ行

著者プロフィール

小松 和志（こまつ かずし）

広島大学大学院理学研究科博士課程後期数学専攻 修了（博士（理学））

現在 高知大学理工学部数学物理学科数学コース 教授

専門：トポロジー・幾何的数理モデルの研究

(特に、配置空間モデル、タイリング、折り紙)

アクティブラーニング、問題解決型授業である共通教育「体験する数学」、専門科目「数学課題探究」を長い期間担当。

それらの授業やゼミでは、いつでも誰かが何かしらを作っている。

Memo

本書の最新情報は右の QR コードから
書籍サポートページにアクセスのうえ
ご活用ください。

本書へのご意見、ご感想は、以下のあて先で、書面または FAX にてお受けいたします。電話でのお問い合わせにはお答えいたしかねますので、あらかじめご了承ください。

〒 162-0846　東京都新宿区市谷左内町 21-13
株式会社技術評論社 書籍編集部
『タイリングで実感する幾何学〜どんな形で敷き詰めることができるか〜』係
FAX:03-3267-2271

●装丁　小川 純（オガワデザイン）
●本文デザイン・DTP　株式会社トップスタジオ

タイリングで実感する幾何学
〜どんな形で敷き詰めることができるか〜

2024 年 11 月 27 日　初版　第 1 版発行

著　　者　小松 和志
発 行 者　片岡　巌
発 行 所　株式会社技術評論社
東京都新宿区市谷左内町 21-13
電話　03-3513-6150　販売促進部
03-3267-2270　書籍編集部
印刷／製本　株式会社シナノ

定価はカバーに表示してあります。

ISBN978-4-297-14554-5 C3041
Printed in Japan